城市轨道交通环境影响控制与管理

王 彧 吴云波 李 健◎编著

河海大学出版社
HOHAI UNIVERSITY PRESS
·南京·

图书在版编目(CIP)数据

城市轨道交通环境影响控制与管理 / 王彧，吴云波，李健编著. --南京 ：河海大学出版社，2022.3

ISBN 978-7-5630-7491-4

Ⅰ. ①城… Ⅱ. ①王… ②吴… ③李… Ⅲ. ①城市铁路—轨道交通—交通环境—环境控制②城市铁路—轨道交通—交通环境—环境管理 Ⅳ. ①X731

中国版本图书馆 CIP 数据核字(2022)第 047751 号

书　　名　城市轨道交通环境影响控制与管理
CHENGSHI GUIDAO JIAOTONG HUANJING YINGXIANG KONGZHI YU GUANLI

书　　号　ISBN 978-7-5630-7491-4

责任编辑　彭志诚

特约校对　薛艳萍

封面设计　徐娟娟

出版发行　河海大学出版社

地　　址　南京市西康路 1 号(邮编:210098)

电　　话　(025)83737852(总编室)
(025)83722833(营销部)

经　　销　江苏省新华发行集团有限公司

排　　版　南京布克文化发展有限公司

印　　刷　苏州市古得堡数码印刷有限公司

开　　本　718 毫米×1000 毫米　1/16

印　　张　15.75

字　　数　300 千字

版　　次　2022 年 3 月第 1 版

印　　次　2022 年 3 月第 1 次印刷

定　　价　122.00 元

前言 Preface

交通拥堵与环境污染是目前城市化进程中最严重的问题，大力发展城市轨道交通，能缓解交通压力，改善空气、用地等方面的问题，国际上人口在100万以上的城市基本都发展了轨道交通。近60年来，伴随着中国经济社会的快速增长，我国的城市轨道交通建设得到了迅猛发展，特别是近年来建设规模与速度世界罕见，从1969年中国第一条地铁——北京地铁1号线开通的23.6 km到今天，中国城市轨道交通已发生了翻天覆地的变化。

根据中国城市轨道交通协会《城市轨道交通2020年度统计和分析报告》统计，截至2020年底，中国内地共有北京、上海、天津、重庆、广州、深圳、武汉、南京、沈阳、长春、大连、成都、西安、哈尔滨、苏州、郑州、昆明、杭州、佛山、长沙、宁波、无锡、南昌、兰州、青岛、淮安、福州、东莞、南宁、合肥、石家庄、贵阳、厦门、珠海、乌鲁木齐、温州、济南、常州、徐州、呼和浩特、天水、三亚、太原、株洲、宜宾45个城市拥有城市轨道交通运营线路，运营总里程达到7 969.7 km(不包括铁路总公司运营的市郊铁路)。城市轨道交通的建设，带动了GDP的增长，增加了就业，节约了资源，降低了能耗和减少了环境污染，在极大改善人们出行方式的同时，也从根本上提高了城市生活的品质和水准，对城市经济社会的发展起到了日益明显的带动作用，是实现经济社会和城市可持续发展的重要组成部分。

当前我国的城市道路交通压力，因城市轨道交通的建设及发展得到了一定程度的缓解，我国城市道路交通网也得到了进一步的完善。城市轨道建设凭借其越来越方便、快捷、稳定、安全的交通特点，使得我国城市道路交通得到了良性的发展。与城市中其他交通方式相比，轨道交通更便捷化和智能化，因此，更适于城市建设，满足居民的出行需求。现阶段，针对怎样一步步强化城市轨道交通建设，使轨道交通成为城市现代化中重要的交通服务。

在城市快速发展的今天，汽车保有量大幅度上升，城市交通问题逐渐成为城市发展的一个重要瓶颈。沿海城市由于历史和政策的原因，经济社会发展程度相对更快，城市交通的问题也相对更显著。因此，迫切需要一种大运量、可以快速疏散大客流的交通方式来缓解日益严重的交通拥堵，而城市轨道交通正是解决城市交通问题的一种有效手段。城市轨道交通具有城市道路交通所不可比拟的优势。

第一，城市轨道交通是一种大容量的交通系统，容量远高于传统公交，将其建在客流密集的城市中心区域可以明显疏解客流；第二是准时和快速，由于城市轨道交通大多为全封闭式、有专用线路的交通系统，不受气候和其他交通方式的干扰，不会出现类似交通堵塞等情况，因此其准时性和快速性可以得到很大程度的保障；第三是节约土地资源，城市轨道交通一般采用地下和高架的形式，在寸土寸金的现代城市中，可以有效地节约土地资源；第四，引领城市发展，城市轨道交通具有大容量的特性，会给其沿线带来大量的人气，非常适合商业的发展，可以有效地促进城市经济的增长。

本书对于过去几十年间我国城市轨道交通系统的快速发展做出了简要总结，分别从城市轨道交通建设施工期及运营期对周边环境的影响，以及城市轨道交通规划期、建设期及运营期的环境影响评价等方面展开，并辅以案例分析，较为系统地介绍了我国城市轨道交通的现状及发展历程。

本书在内容选择上，既注重基本概念的介绍，又紧紧围绕轨道交通的未来趋势，既适合以轨道交通作为研究方向的学生，也适合从事轨道交通及其他相关领域的城市建设者参考。孙利娜、毛凯、张楠楠、支晓杰、侯兴等同志也参加了本书部分内容的编写和校对工作，编者在此一并表示感谢。

由于编者水平和时间有限，有疏漏之处在所难免，敬请读者批评指正，不胜感激。

目录 Contents

1 城市轨道交通的发展演变

1.1 城市轨道交通概述

2000年初，我国开始将城市轨道交通的建设作为拉动国民经济增长的一项发展战略，各部门陆续出台了多项政策鼓励城市轨道交通行业的发展，如明确申报建设城市基本条件、充分发挥补贴补偿机制在城市公共交通投入的应用、提高社会资本投资经营的积极性与参与度等。近年来，随着我国国民经济飞速发展、城市化进程加快，城市人口数量及交通需求也随之上升，发展轨道交通、建立城市轨道交通网络成了城市现代化对公共交通的自然要求。

1.1.1 城市轨道交通定义、分类及特点

城市轨道交通(Urban Rail Transit)是采用专用轨道结构进行承重和导向的车辆运输系统，依据城市交通总体规划的要求，设置全封闭或者部分封闭的专用轨道线路，以列车或单车形式，运输相当规模客流量的公共交通方式。按照车辆类型、运送范围及技术参数等特征分类，城市轨道交通可分为地铁系统、轻轨系统、单轨系统、有轨电车等7种。而按照修建方式分类，城市轨道交通主要分为地面线、高架线和地下线3种。

根据中华人民共和国建设部发布的《城市公共交通分类标准》(CJJ/T 114—2007)，城市轨道交通的具体分类如下：

(1) 地铁系统(Metro，Underground Railway，Subway System)

修建于城市地下的快速、大运量、用电力牵引的城市轨道交通系统。列车在全封闭线路上运行，中心城区的线路基本设于地下隧道内，中心城区以外的线路一般设于高架桥或地面上。地铁系统高峰单小时单向客运能力一般在30 000～70 000人次，最高设计速度不超过100 km/h。地铁最初产生于英国伦敦，由蒸汽机驱动，而第一条电力驱动的地铁于1890年在伦敦开通。我国最早的地铁是在1969年于北京建成并通车，现在国内几个大城市如北京、上海、广州等已有约

250 km 地铁在运营。许多地铁为降低工程造价，在地铁线路延伸至市郊时采用地面或者高架铺设技术。所以，"地铁"的概念不仅仅是地下铁道的简称，而是指某一类具有相同运行性质和特点的铁道运输方式。纽约、旧金山以及中国香港也称其为"大容量轨道交通系统"(Mass Rail Transit)或者"快速交通系统"(Rapid Transit System)。

(2) 轻轨系统(Light Rail System)

采用专用轨道在全封闭或半封闭的线路上，以独立运营为主的中运量城市轨道交通系统。轻轨线路一般设在地面或高架结构上，也有部分延伸到地下隧道内。轻轨系统高峰单小时客运能力一般在 10 000～30 000 人次，最高设计速度不超过 100 km/h。轻轨交通最初使用的的确是轻型轨道，而如今的轻轨已经采用与地铁相同质量的钢轨。所以，目前国内外都以客运量或车辆轴重(每根轮轴传给轨道的压力)的大小来区分地铁和轻轨。现在的轻轨指客运量或车辆轴重稍小于地铁的轻型快速轨道交通。

(3) 单轨系统(Monorail Transit System)

通过电力牵引、采用橡胶车轮跨行于梁轨合一的轨道梁上的中运量城市轨道交通系统，最高设计速度不超过 100 km/h。

(4) 有轨电车(Tramcar)

采用新型低地板、钢轮钢轨、模块化、电力牵引的现代有轨电车车辆，多种路权模式，以地面线路为主的中低运量的城市轨道交通系统，最高设计速度不超过 70 km/h。新型有轨电车是介于公共汽车和地铁之间的一种中低运量的城市轨道交通系统。现代有轨电车不同于原有轨电车，它除了保留全地面、不封闭、无信号等原有轨电车特点外，对轨道结构按国际通用标准进行改造，对中小城市单小时单向客运量为 15 000 人的线路具有良好的经济性。

(5) 磁浮系统(Maglev Transportation System)

利用电导磁力悬浮技术使列车悬浮，并采用直线电机驱动形式的城市轨道交通系统。最高设计速度不超过 100 km/h。

(6) 自动导向轨道系统(Automatic Guide Rail System)

采用橡胶轮胎在专用轨道上运行的中运量城市轨道交通系统，列车沿着特制的导向装置行驶，车辆运行与车站管理采用计算机控制，可实现全自动化和无人驾驶技术。自动导向轨道系统适用于城市机场专用线或城市中客流相对集中的点对点运营线路，必要时中间可设置少量停靠站。

(7) 市域快速轨道系统(Metropolitan Rapid Rail Transit System)

通常采用钢轮钢轨体系，是一种大运量的轨道运输系统，每日客运量可达

20～45 万人次。市域快速轨道系统适用于城市区域内重大经济区之间中长距离的客运交通。

城市轨道交通是现代化都市的重要基础设施，与其他公共交通方式相比，在运量大小、运行速度快慢、运行安全性能、节能环保等方面均具有显著优势，可以有效地缓解城市交通拥堵、出行乘车困难、环境污染等问题。城市公共交通运输能力和服务水平在几百年的发展之中得到了显著改善，大大促进了城市公共交通的发展，进而展示了城市轨道交通在促进城市经济发展方面的强大能力。

城市轨道交通在我国交通设施上具有举足轻重的地位，其主要特点为：

(1) 大运力

城市轨道交通每小时的单向运输能力可同时运送 7 万余人，相较于其他运输工具，已成为运量最大、速度最快的城市交通工具。

(2) 更安全

城市轨道交通采用了先进的列车运行控制系统，与行车有关的固定设施与移动设备几乎都有信息化程度很高的诊断与监测设备，对一些有可能危及行车安全的自然灾害设有预报预警装置。相较于其他的城市公共交通工具，城市轨道交通的安全系数最高。城市轨道交通具有良好的自控体系，确保了城市轨道交通的运行环境和性能，可以实现高速、低耗运行且达到了绿色环保的目的。

(3) 准时准点

城市轨道交通线路设定的特点使其通常不受地面交通的影响，成为城市公共交通中可靠性最强的一种交通工具，特别是在高峰时段、交通拥堵的情况下该优势更为突出，且准时性、速达性优势明显。

(4) 低能耗

从单位能耗来看，若以城市轨道交通每人每千米消耗的能量为基准 1，则公共汽车为 1.5，小汽车为 8.8。日本每人每千米消耗能源的实际统计是：城市铁路为 136 大卡，小汽车为 765 大卡，飞机为 714 大卡。城市轨道交通单位能耗大约是小汽车和飞机的五分之一。此外，由于城市轨道交通使用的是二次能源，在一次能源相对缺乏的情况下，在能源消耗方面城市轨道交通的优势将会更加突出。

(5) 乘坐舒适

城市轨道交通线路平顺，由于采用先进的缓震设备，除非出现极端天气，否则全程平稳运输。车厢布置舒适，宽敞的座位、先进的设施、齐全的装备，并且配有现代化的环控措施以保证良好的空气质量。

城市轨道交通与其他公共交通方式相比优越性明显。①城市轨道交通大大提高城市公共交通的运输能力,以及在缓解交通拥堵方面也具备显著的优势。例如:市郊铁路客运量最大可达 8 万人次/h、地铁最大可达 6 万人次/h、轻轨最高达 3 万至 4 万人次/h,而公共汽车最高也就能达到 1 万至 2 万人/h。此外,城市轨道交通由于其先进的电子化自动控制系统,运行速度优势明显,地铁最高时速可达 80～120 km/h,而公共汽车仅为 10 km/h 左右。②城市轨道交通多占用地下空间和少部分地上空间,有利于节约土地资源。例如:就旅客平均占用的道路面积而言,轻轨和城市铁路约为 0.2 m^2/人,而公共汽车约为 9.2 m^2/人。此外,城市交通将城市中的住宅区、办公区以及商业圈紧密联接,为人们生活交流提供了便利的交通条件。③城市轨道交通可以有效缓解城市交通拥堵现状,且运行中安全性较高,出现事故概率较低。④从能源消耗来看,城市轨道交通不仅运量大,而且能耗低、污染少,符合我国节能减排的发展战略要求。此外,城市轨道交通的运行噪声在先进科技的帮助下能够有效降低噪声污染,例如轨道减震技术和声屏障等。⑤城市轨道交通产业链延伸涉及的相关行业较多,诸如装备制造行业、电力及电气化系统行业、建筑施工行业等。

1.1.2 城市轨道交通的起源与发展

世界上第一条有轨公共马车路线于 1827 年出现在纽约百老汇大街上。1853 年,法国工程师卢巴(E · Loubat)将它带入巴黎,因它比无轨电车更有效、更舒适,因而大受人们欢迎。1879 年,大巴黎区已有 38 条公共马车路线。有轨公共马车是现代城市轨道交通的雏形。

法国工程师克里佐(M. de Kerizouet)曾于 1845 年向巴黎市政府提出过修建地下铁道计划,但因 1848 年发生法国大革命无疾而终。1860 年法国工程师又想象出城市高架铁路,凡尔纳(J. Verne)在《八十天环游地球》中对此曾有精彩的描述。伦敦是世界上地铁的诞生地,一条由英国律师皮尔逊(C. Pearson)推进并投资建设的地下城市铁路(Metropolitan Railway)于 1863 年 1 月 10 日正式通车运营,该地铁线路从帕丁顿(Paddington)到弗灵顿(Farrington),总长 6.5 km。皮尔逊因此被誉为“地铁之父”;“Metro”成了世界上绝大多数国家城市轨道交通的标志和代号。早期的地铁由蒸汽机车牵引,为排放烟雾,车站没有顶棚。虽然当时地铁设施简陋、污染严重,但由于它无拥堵、速度快的特点,广受上班族的欢迎。

1890 年,第一条电气化地铁开通,地铁进入电力牵引时代。由于环境大为改善,地铁显现出强大的生命力。在此之前,除伦敦的地下铁道外,只有纽约于

1870 年在第九大街上建造了城市高架铁路。1890 年以后，建造地铁的城市开始多了起来。根据日本地铁协会统计，到 1999 年，全世界已经有 125 个城市建成地铁，线路总长度超过 7 000 km。发达国家的主要大城市纽约、芝加哥、伦敦、巴黎、柏林、东京、莫斯科等已经完成了地铁网络的建设。此外，华盛顿、马德里、斯德哥尔摩、大阪、首尔和墨西哥城的地下铁道运营线路也超过了 100 km。

我国国民经济快速发展，城市化进程明显加快，特别是 1990 年代以后，城镇人口迅速增长，市区常住 100 万人口以上的城市已经达到 43 个，超过 200 万人口的特大城市已有 14 个。我国城市综合经济实力进一步增强，城市规模不断扩大，城市人口急剧增长，给城市交通带来困难，城市道路通行条件恶化，特别是特大城市的交通堵塞日益严重，为了解决城市交通和环境问题，大城市把发展轨道交通作为发展公共交通的根本方针。

城市轨道交通的发展有以下几点动因：

(1) 城市化趋势及经济的集聚发展

19 世纪下半叶以来，伴随着世界范围内城市化发展进程，世界各国的城市区域逐渐扩大，城市人口也逐渐上升。东京、纽约、巴黎等城市区域人口突破 1 000万人，形成了强大的通道式客流需求。城市经济的集聚发展也为建设轨道交通提供了资金条件。这是一些发达国家大城市在 20 世纪大规模迅速发展轨道交通的一个根本原因。

(2) 能源紧张

20 世纪 70 年代发生的能源危机，使世界各国，尤其是发达国家调整了经济发展战略，时刻关注节能。从单位(km/人)能耗看，轨道交通、公共汽车、私人小汽车能耗比为 1∶1.8∶5.9，因此，轨道交通运输方式是较节能的。轨道交通的发展，还遏制了由于私人小汽车发展而引起的耗能型分散居住方式的蔓延。

(3) 效率与安全

小汽车在发展初期曾一度显示了快速、便捷的优点，但是，当居民人均汽车拥有量大量提高后，其优势大减，尤其在人口密集的区域。由于道路上过量小汽车行驶造成道路堵塞，许多大城市机动车平均行驶速度已经由 20～25 km/h 下降到 10～15 km/h，高峰时段甚至下降到 6～8 km/h，这使得整个城市的居民出行时间大量延长；大量的汽车占用了很多停车用地，并在繁华地区产生了停车问题；拥挤的道路交通还增加了交通事故的发生概率。相比而言，轨道交通的平均速度可达 30～40 km/h，占地少，并且事故率很低。

(4) 环境问题

小汽车与地面公共汽车大量排放 NO_x、CO 等有害污染物，已经成为城市公害。城市噪声总量和分布的分散性，使城市环境越来越恶劣。随着各种汽车数量的增长，为治理道路交通安全和环境污染，道路交通的社会成本大幅增加。

（5）社会公平性

小汽车运输方式是一种个人消费行为，而城市轨道交通系统是提供给公众使用的。快速、安全、舒适是所有市民的共同享受和需要，因而城市轨道交通具有社会公平性。轨道交通系统的广泛使用还有利于促进社会各阶层人员的接触与交流。

我国城市轨道交通的建设最早从北京地铁开始，1950 年代开始筹备，1965 年开工，一期工程 23.6 km，于 1969 年建成。一直到 1980 年代末，我国只有北京地铁 1 号线和环线两条线路，共计 40 km。之后天津地铁 7.5 km 线路投入运营。1990 年代后，地铁项目陆续建设，进入一个高速发展的时期，先后有北京、上海、广州、大连、长春、天津、武汉等城市建成了城市轨道交通。中国城市轨道交通的发展历史仅仅 30 余年，但目前发展势头迅猛，已有 30 多个大城市正在建设和筹建自己的轨道交通。2010 年前，中国仅北京、上海、广州三个城市的轨道交通总长度就已达到 1 000 km 以上。这些项目的建成承担了大量的客流，在城市交通中逐步发挥了不可替代的作用，占公共交通运量的比重逐年上升。同时，也促进了沿线土地开发，加快了城市发展，产生了明显的国民经济效益和社会效益。

20 世纪 90 年代末至今为我国城市轨道交通建设与运营规模高速发展时期，特别是“十二五”的 5 年间开通的线路里程较过去翻了一番，载客量逐年攀升；建设规模持续增长，累计投资过万亿；地铁、轻轨系统的自主化水平不断提升，同时还开始了现代有轨电车、磁浮交通、跨座式单轨、市域快轨等四种新制式车辆的研发，并着手产业化，部分关键核心技术实现自主创新，自主化信号系统已投入应用，大幅降低了工程及设备造价；推动了全自动运行、互联互通及城市轨道交通车地综合通信系统（LTE-M）等新兴技术的应用和发展，部分成果居世界领先地位；城市轨道交通已成为居民出行的重要交通工具，在惠及民生的同时，有力带动了地方经济和产业链发展，是名副其实的朝阳产业。然而，在飞速发展的同时，轨道交通施工安全问题和运营安全问题也时有出现，安全事故较为频繁。例如，我国多个城市轨道交通在施工中遇到过塌陷、渗水、爆炸、火灾等事故，地铁运营线上出现过列车追尾、供电系统跳闸断电、信号错误、火灾等事故。这些事故的发生说明我国城市轨道交通发展还面临着诸多的工程技术难题。

（1）复杂地质环境下城市轨道交通的施工安全

城市轨道交通建设兼具隧道工程、市政工程、公路工程等施工特点，同时又存在体量大、工期紧、工程地质条件复杂、周边环境复杂、工艺工法多样、质量安全风险高等特殊性，因此，施工建设过程中的安全问题显得尤为重要。城市轨道交通多为地下工程，我国幅员辽阔，各地的大地构造、地形地貌、水文气象等基础条件不同，地质现象众多，导致各地城轨施工的地质条件具有明显的复杂性和差异性，且伴随着城市建设的高速发展，留给城轨交通的修建空间在不断压缩，大深度、急曲线、复杂立交、多重交叉等困难情况不断涌现。这对城市轨道交通的施工工法、施工装备、施工状态监测与控制等提出了巨大挑战。为了避免施工坍塌、沼气释放、渗水等现象的发生，保障施工安全，需要明确掌握当地地质特征及周边环境特征，针对不同的施工条件合理选择施工工法，深化施工过程中相关力学理论研究，包括散体力学、流固耦合理论等，并结合实际情况不断改进、完善现有的施工技术设备及施工力学理论。

另外，大城市建设密度普遍较高，城市轨道交通的施工环境越来越苛刻，建设过程中不可避免地出现近接既有铁路、下穿站场、毗邻古建筑等情况。近接施工面临着复杂的工程挑战，例如，如何在抵御既有结构影响(如铁路行车荷载、货车动力作用等)的前提下，减小对既有结构本身的干扰，防止既有结构发生倾斜、变形、破损等。又如，为保护近接结构不受影响，城市轨道交通工程对施工变形控制提出了极为严苛的要求，尤其是下穿高速铁路线时，需要同时满足无砟轨道的变形要求和高速列车的舒适性要求，常常面临着毫米级的变形控制技术。因此，明确近接结构的特点和要求，建立合理、细致的施工力学模型，提出有针对性的施工变形控制技术及其指标限值，对保护城市轨道交通施工中的近接结构十分重要，这也是颇具科学性的基础研究工作。

(2) 地下结构服役性能劣化

城市轨道交通地下结构的变形、沉降和伤损，短期内影响列车运行的平稳性，长期发展就有可能产生大的结构病变，诱发重大的工程灾害，引发重大安全事故。特别是近年来我国城市轨道交通建设快，开通运营的新线多，地下结构的安全服役面临考验，其安全运营与维护面临巨大挑战。

受土层差异、临近建筑施工加卸载、地基水土流失等因素的影响，城市轨道交通在服役期间长期受到线路变形的困扰。例如，上海地铁1、2号线运营不久后结构即发生了大范围的沉降，且沉降一直在持续；又如，自2006年6月至2013年6月，南京地铁1号线西延线某区段最大累积沉降差高达240 mm，因而不得不对地基进行十分困难的加固处理。今后，我国长三角地区投入运营的地铁线路将越来越多，地铁隧道的长期沉降问题将日益突出。隧道结构过大的不均匀沉降会导致轨道不平顺超标，轮轨动力作用加剧，影响旅客乘车舒适性，甚至危及行车安全；而且，运营地铁隧道天窗时间短、维修空间小，在运营期间进行沉降治理极为困难。因此，为确保地铁运营安全，加强隧道结构变形与沉降的检测，掌握地铁线路状态演变机制和规律，确定合理的控制指标限值，研发相应的修复与控制技术，是非常紧迫的重要任务。

地下结构服役期内，混凝土隧道普遍存在结构性能劣化现象，主要病害有结构开裂、水渗漏和结构腐蚀劣化等。这些问题在国内外老旧线和新开通地铁线上都曾出现过，而且已有一些关于腐蚀开裂原因及改进技术方面的探索研究。我国由于地铁大规模建设较晚，运营时间较短，对此问题还不够重视，因此，加强地铁隧道结构全寿命周期设计与管理，前瞻性地开展地铁隧道抗老化技术和修复技术研究，对我国地铁安全服役十分重要。

地下结构性能劣化除了会引起地铁运营安全、服役寿命问题之外，根据美国土木工程协会提出的五倍定律，如果维修不及时，服役期土木结构的维修费用将以其建造费的 5 倍级数增长，因此预防控制很重要。解决城市轨道交通结构服役问题的关键科学问题和技术突破点在于，要明确结构性能的演化机制，开发相应的结构健康状态识别与评估技术，实现结构变形的快速修复及控制。

(3) 城市轨道交通环境振动与噪声控制

近年来人们的环保意识日益增强，对城市轨道交通引起的环境振动和噪声的重视程度也越来越高，高要求的减振降噪成为城市轨道交通发展面临的一项重大挑战。以北京地铁为例，高峰时段内同时有 490 列编组车在地下运行，再叠加日益增加的路面交通量，导致市区距离行车道 100 m 以内区域的环境振动水平在短期内提高了近 20 dB，对临近人员的工作生活、毗邻研究机构精密仪器的正常使用和附近历史文物古建筑的保护产生了不良影响。

城市轨道交通引起的振动和噪声与诸多因素有关，如车辆状况、行车速度、线路及轨道条件、铺设方式、地质条件、敏感目标的类型及其与线路的距离等。因此，轨道交通减振降噪应该从系统的角度综合整治。但在近年来的轨道交通工程设计中，一旦涉及振动和噪声问题，就在“轨道减振”上做文章，使减振轨道的铺设比例逐年上升。然而，减振轨道并非万能，有时反而会引起新的问题，比如导致钢轨出现异常波浪形磨耗。即便是减振性能较好的钢弹簧浮置板轨道，对于衰减缓慢、传播距离远、对建筑和人体影响较大的地铁低频振动的减弱效果也并不理想，想要扩大其隔振频带，提高减振效率，不能一味地增厚浮置板，而需要在掌握其动力特性的基础上，针对不同的使用环境进行结构优化设计。城市轨道交通减振降噪宜从源头入手，针对具体场合与应用要求，遵循以下技术路线开展系统研究：掌握轨道交通的振源特性和传播途径及规律，采用合理的振动和噪声预测理论与方法，结合必要的现场试验，发展高效的减振降噪技术。

此外，一些新型轨道交通如跨座式单轨交通、空中悬挂式轨道交通和直线电机轨道交通等，虽然它们引起的环境振动和噪声要小于传统轮轨交通，但也应积极开展各自有针对性的减振降噪技术研究，最大限度地发挥它们的优越性。

(4) 城市轨道交通通信信号可靠性

尽管轨道交通的安全性和可靠性要远高于其他城市交通方式，但近年来各城市轨道交通系统中因通信信号问题而引发的事故时有发生。例如，2011 年 9 月27 日，上海地铁 10 号线因信号设备故障，采用人工调度的方式，导致隧道内列车追尾；2011 年 11 月，深圳地铁多次出现列车紧急制动(停运)事件。可见，通信信号系统作为列车运行控制的核心装备，其安全性和可靠性与城市轨道交通运行安全息息相关，而目前我国城市轨道交通已有相当规模的运营网络，其运行控制更显重要，也更加复杂。因此，发展高安全、高可靠的通信信号系统，是摆在我们面前的重要任务。

我国轨道交通信号系统的研究、开发起步晚，前期工程建设中大量使用了国外核心装备。近年来，随着我国城市轨道交通技术的蓬勃发展，国内自主开发的城市轨道交通信号系统开始得到应用，但在信号系统的互联互通、自动化、全天候、全生命周期可靠性等方面，全面实现技术突破还相当艰巨，这也是我国城市轨道交通发展中面临的一项科技挑战。

1.1.3　全球城市轨道交通现状

(1) 线网规模

据《都市快轨交通》2021 年 2 月发布的《2020 年世界城市轨道交通运营统计与分析综述》统计，截至 2020 年底，全球共有 77 个国家和地区的 538 座城市开通了城市轨道交通，运营里程达到 33 346.37 km，车站数超过 34 220 个。其中，57 个国家和地区的 178 座城市开通地铁，总里程达 17 584.77 km，车站数达 12 567个；23 个国家和地区的 71 座城市开通轻轨，总里程达 1 586.85 km，车站数为2 303个；49 个国家和地区的 305 座城市开通有轨电车，总里程达 14 174.75 km，车站数为 19 350 个。

全球各大洲城市轨道交通总体规模(注：俄罗斯的全部城市划入欧洲计算)见表 1.1-1。总体上看，欧亚大陆总运营里程占全球的 88.60%，其中欧洲总运营里程最长，为 16 302.33 km。分制式看，亚洲地铁和轻轨里程最长，各占全球地铁和轻轨里程的 63.73%和 62.19%;欧洲有轨电车里程最长,占全球有轨电车里程的 86.81%。

从各类别运营里程看,地铁和有轨电车的运营里程均远大于轻轨的运营里程,这说明地铁和有轨电车是目前全球主流制式。从分布区域看,全球城轨交通主要集中在亚欧大陆的城市,其中地铁和轻轨主要分布在以中国为代表的亚洲国家,有轨电车集中分布在欧洲尤其是西欧国家。

表 1.1-1　全球主要城市轨道交通运营规模　　单位:km

大洲	地铁	轻轨	有轨电车	总计
欧洲	3 638.80	358.83	12 304.70	16 302.33
亚洲	11 207.37	986.79	931.90	13 126.06
非洲	107.90	107.03	201.44	416.37
大洋洲	36.00	—	251.50	287.50
北美洲	1 892.40	122.70	419.21	2 434.31
南美洲	702.30	11.50	66.00	779.80
总计	17 584.77	1 586.85	14 174.75	33 346.37

表 1.1-2 展示了已开通城市轨道交通的国家和地区线网情况。总体上看,中国(含港澳台)总运营里程排名世界第一,占全球总里程的 25.45%;德国以 3 604.16 km 的里程排名第二。分制式看,中国的地铁和轻轨里程均世界排名第一,各占全球地铁和轻轨里程的 40.42%和 24.19%;德国的有轨电车里程达 3 213.16 km,世界排名第一,占全球有轨电车里程的 22.67%。

从城市层面上看,全球共 97 座城市开通的轨道交通运营总里程超过 100 km,其中中国有 24 座城市;全球共 19 座城市开通的轨道交通运营总里程超过 300 km,其中中国有 8 座城市;上海、北京、成都、广州、莫斯科、首尔的轨道交通运营总里程超过 500 km,其中上海以 834.20 km 运营里程居世界第一。

图 1.1-1 列出了全求各类城轨交通运营总里程和分制式里程排名前 10 名的城市情况。其中,地铁、轻轨、有轨电车里程排名为前 10 城市的里程之和,占各自总里程的比例分别为 29.49%、16.72%和 48.67%,反映出有轨电车分布的城市更广泛。

表 1.1-2 2020 年世界各国(或地区)城市轨道交通运营里程汇总

排名	大洲	国家/地区	地铁	轻轨	有轨电车	总计	排名	大洲	国家/地区	地铁	轻轨	有轨电车	总计	排名	大洲	国家/地区	地铁	轻轨	有轨电车	总计
1	亚洲	中国内地	7 108.49	384.00	485.70	7 978.19	27	欧洲	挪威	85.00	—	160.60	245.60	53	欧洲	克罗地亚	—	—	66.20	66.20
2	欧洲	德国	391.00	—	3 213.16	3 604.16	28	亚洲	伊朗	242.30	—	—	242.30	54	亚洲	乌兹别克斯坦	50.10			50.10
3	欧洲	俄罗斯	611.50	10.00	1 219.00	1 840.50	29	欧洲	瑞士	5.90	—	235.95	241.85	55	亚洲	印度尼西亚	15.70	29.20	—	44.90
4	北美洲	美国	1 325.90	28.70	334.31	1 688.91	30	亚洲	马来西亚	142.50	91.50	—	234.00	56	欧洲	塞尔维亚	—	—	43.50	43.50
5	欧洲	法国	350.90	89.80	860.50	1 301.20	31	欧洲	匈牙利	38.20	—	191.45	229.65	57	欧洲	爱尔兰	—	—	42.10	42.10
6	欧洲	乌克兰	112.80	—	1 102.00	1 214.80	32	欧洲	保加利亚	48.00	16.00	154.00	218.00	58	欧洲	爱沙尼亚	—	—	39.00	39.00
7	亚洲	日本	788.50	81.10	167.20	1 036.80	33	欧洲	拉脱维亚	—	—	214.90	214.90	59	北美洲	巴拿马	36.80	—	—	36.80
8	欧洲	波兰	35.50	18.40	968.10	1 022.00	34	亚洲	中国香港	174.70	11.20	13.00	198.90	60	亚洲	阿塞拜疆	36.60	—	—	36.60
9	亚洲	韩国	863.30	128.31	—	991.61	35	欧洲	丹麦	38.20	38.20	110.00	186.40	61	南美洲	哥伦比亚	31.30	—	4.30	35.60
10	欧洲	西班牙	455.90	59.00	383.02	897.92	36	欧洲	葡萄牙	44.20	—	132.00	176.20	62	南美洲	秘鲁	34.60	—	—	34.60
11	欧洲	英国	523.90	48.50	317.80	890.20	37	欧洲	白俄罗斯	37.30	—	129.40	166.70	63	非洲	埃塞俄比亚	—	31.03	—	31.03
12	亚洲	印度	682.27	11.70	28.00	721.97	38	亚洲	泰国	129.30	23.00	—	152.30	64	北美洲	多米尼加	31.00	—	—	31.00
13	欧洲	意大利	220.10	78.93	415.73	714.76	39	南美洲	智利	140.00	—	—	140.00	65	亚洲	巴基斯坦	27.10	—	—	27.10
14	欧洲	荷兰	141.80	—	402.00	543.80	40	欧洲	芬兰	35.00	—	96.00	131.00	66	亚洲	格鲁吉亚	27.10	—	—	27.10
15	欧洲	罗马尼亚	78.50	—	393.10	471.60	41	非洲	埃及	89.40	—	32.00	121.40	67	亚洲	以色列	—	23.50	—	23.50
16	欧洲	比利时	39.90	—	387.70	427.60	42	欧洲	希腊	88.70	—	32.40	121.10	68	欧洲	波黑	—	—	22.90	22.90
17	欧洲	捷克	65.20	—	352.60	417.80	43	非洲	阿尔及利亚	18.50	—	102.44	120.94	69	亚洲	沙特阿拉伯	18.10	—	—	18.10
18	欧洲	奥地利	83.30	—	323.89	407.19	44	亚洲	朝鲜	22.00	—	72.50	94.50	70	北美洲	波多黎各	17.20	—	—	17.20
19	南美洲	巴西	372.50	—	34.00	406.50	45	亚洲	菲律宾	50.30	36.55	—	86.85	71	亚洲	亚美尼亚	13.40	—	—	13.40
20	北美洲	加拿大	227.10	94.00	83.00	404.10	46	亚洲	阿联酋	74.60	—	10.60	85.50	72	亚洲	哈萨克斯坦	11.30			11.30
21	亚洲	土耳其	192.60	35.33	154.90	382.83	47	南美洲	委内瑞拉	67.20	11.50	—	78.70	73	南美洲	厄瓜多尔	—	—	10.70	10.70
22	欧洲	瑞典	108.00	—	219.10	327.10	48	亚洲	卡塔尔	76.00	—	—	76.00	74	亚洲	中国澳门	—	9.30	—	9.30

（续表）

排名	大洲	国家/地区	地铁	轻轨	有轨电车	总计	排名	大洲	国家/地区	地铁	轻轨	有轨电车	总计	排名	大洲	国家/地区	地铁	轻轨	有轨电车	总计
23	亚洲	中国台湾	258.71	40.50	—	299.21	49	非洲	突尼斯	—	76.00	—	76.00	75	欧洲	卢森堡	—	—	6.00	6.00
24	大洋洲	澳大利亚	36.00	—	250.00	286.00	50	南美洲	阿根廷	56.70	—	17.00	73.70	76	北美洲	阿鲁巴	—	—	1.90	1.90
25	亚洲	新加坡	202.40	81.60	—	284.00	51	欧洲	斯洛伐克	—	—	70.60	70.60	77	大洋洲	新西兰	—	—	1.50	1.50
26	北美洲	墨西哥	254.40	—	—	254.40	52	非洲	摩洛哥	—	—	67.00	67.00							

注：空格表示无数据来源；“—”表示无该制式，中国内地的市域快轨暂时并入地铁统计。

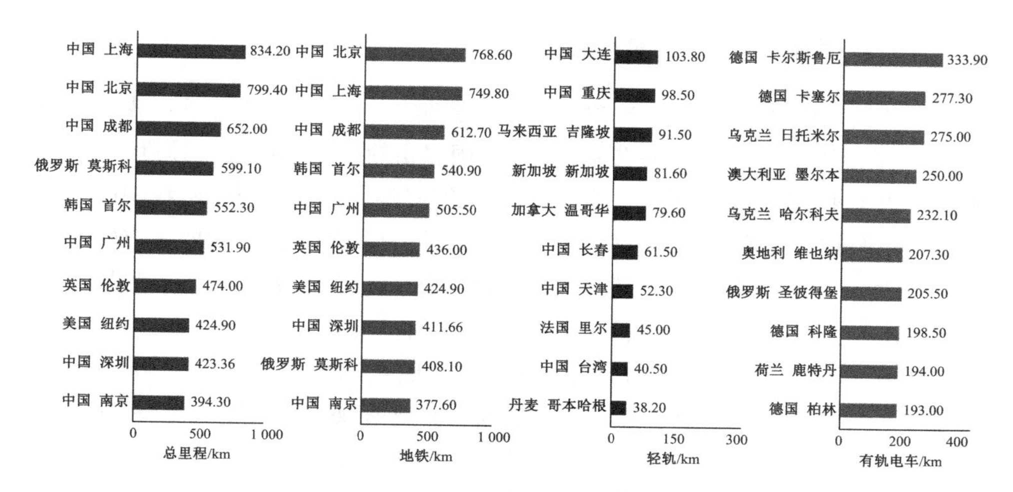

图 1.1-1　全球各类城轨交通运营里程排名前 10 的城市

(2) 客流规模

根据中国城市轨道交通协会和维基百科的客流数据统计和计算，2019 年，全球地铁和轻轨累计运送客流量 707.94 亿人次，城市平均客流量 4.07 亿人次，平均负荷强度 1.03 万人次/(d・km)。全球轨道交通客流量排名前 15 的国家如图 1.1-2 所示，中国、日本、韩国居前三位，中国(含港澳台)以 264.55 亿人次的总客流量居全球首位，日本、韩国分别以 65.34 亿人次、41.76 亿人次的总客流量排名第二、三位。

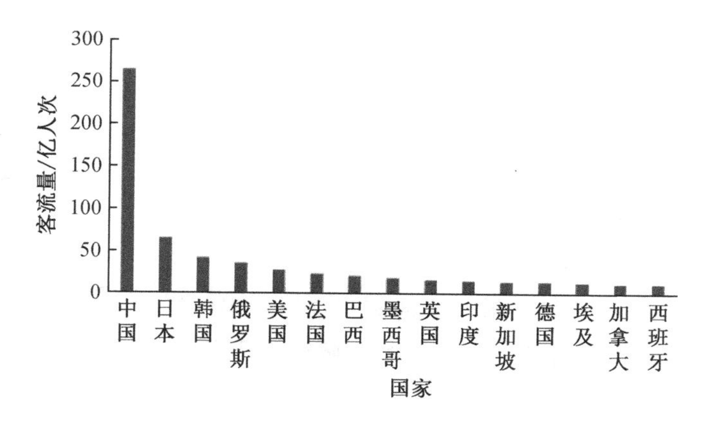

图 1.1-2　全球轨道交通客流量排名前 15 的国家

1.1.4 我国城市轨道交通现状

改革开放以来，中国城市轨道交通由弱到强、从小到大，经历了一波三折的历程，正在逐步进入有序快速发展阶段，中国城市轨道交通的发展速度、产业规模和技术水平，进一步突显了中国轨道交通的前景和优势。近年来，我国政府部门积极出台相关政策鼓励城市轨道交通发展，收效显著。大力发展城市轨道交通已经成为促进我国城市化发展的重要组成部分，尤其是新型城镇化建设，另外对于解决城市交通拥堵、环境污染等具有巨大的现实意义。截至 2020 年底，我国大陆地区（不含港澳台）城市轨道交通运营线路数达 244 条，较 2015 年的 105 条增长了 2.32 倍，说明“十三五”期间城市轨道交通取得了迅速的发展；城市轨道交通运营线路长度达 7 969.7 km，较 2015 年增加了 4 351.7 km，增幅达 120%；2020 年全年城市轨道交通客流量达 175.9 亿人次；共完成建设投资6 286 亿元，较 2015 年增加了 2 603 亿元。由此可以看出我国城市轨道交通在“十三五”期间持续快速的发展势头。

我国城市轨道交通在“十三五”期间主要有以下几点成果：

(1) 运营规模位居世界第一

在“十三五”期间，我国城轨行业取得了诸多成果。2020 年底“十三五”结束时，我国城轨交通的运营规模已稳居世界第一，运营里程数的总长度超过 6 000 km。

(2) 开通城轨交通运营的城市持续增长

截至 2020 年底，中国内地开通城轨交通的城市已经达到 45 座。

(3) 客流规模稳步增长

近年来，城轨交通在公共交通中的地位稳步上升、客流规模稳步增长。其中，上海、北京等 6 座城市已位列 2019 年底全球主要城市城轨交通运营规模的前十名（见图 1.1-3）。

(4) 制式多样性凸显

与此同时，地铁之外的城轨交通制式也呈现出多样化发展的特点，中运量轻轨、市域快轨、现代有轨电车等多制式城轨协调发展的新格局开始逐步显现如图 1.1-4 所示。

(5) 运营管理基础体系不断健全

在构建运营管理制度体系方面：①行业层面，印发了 9 个规范性文件和 4 个配套规范，基本构建起了城市轨道交通运营管理制度体系；②地方层面，苏州、无锡、宁波等 29 个城市出台了城市轨道交通地方性法规，天津、哈尔滨、济南等 27

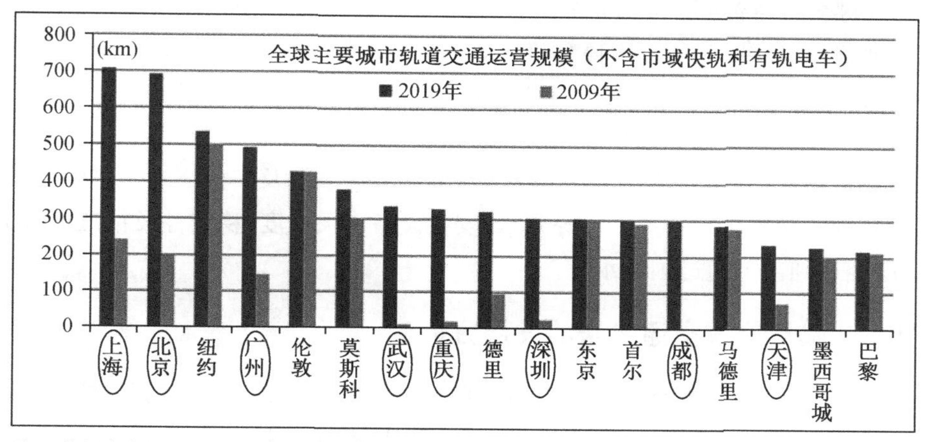

注：数据来自COMET指标数据统计

图 1.1-3　全球主要城市轨道交通运营规模

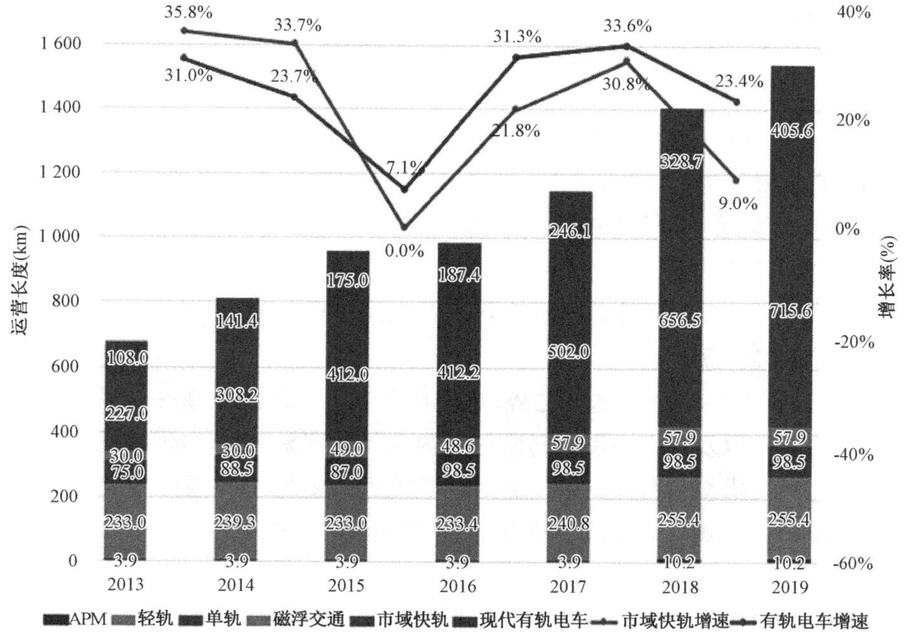

图 1.1-4　我国不同制式城轨交通的发展情况

个城市出台了政府规章，北京、石家庄、沈阳等 15 个城市同时出台了城市轨道交通地方性法规和政府规章。

在健全运营标准体系方面：发布城市轨道交通运营标准15项(其中国家标准3项，行业标准12项)；团体标准方面，协会运营管理专业委员会积极推动7项运营管理类标准正式立项，其中2项已进入报批阶段。

(6) 装备自主化水平不断提升

在车辆系统、信号系统、通信系统、自动售检票系统及安检技术等方面，城轨行业装备的自主化水平进一步提升，如安检设备在灵敏度、稳定性及精准度等方面，已经达到甚至超过国际水平。

1.1.5　城市轨道交通未来的发展方向

大体上，城市轨道交通在我国的发展可分为四个阶段。第一阶段是起步阶段(20世纪60—70年代)，其标志性项目是我国首条地铁——北京地铁1号线的开工建设；第二阶段是初始阶段(20世纪80—90年代末)，这段时间的发展速度较为缓慢，年均通车线路里程仅为6.6 km；第三阶段是快速发展阶段(20世纪90年代末—2020年)，年均通车线路里程超过300 km；2020年后，开始进入高质量发展的第四阶段。各个阶段的发展特征也在不断转变。其中，第一、第二阶段以建设为主，第三阶段开始建管并重，进入第四阶段以后，主要以运营、经营为主。

城市轨道交通的发展要适应和应对百年未有的国际大变局的外部形势。适应变局、服务社会、健康发展、支撑未来，建设符合国情的中国特色城轨交通，是新时代对城市轨道交通发展提出的新要求。

(1) 外部形势要求

内循环主体：适应国家战略要求，适应“以内循环为主、国际国内双循环相互促进”的社会经济新格局。

工业革命4.0：借创新迭代之势，赋能技术动力。特别是新一轮科技革命和产业革命发展，以及包括中美贸易摩擦在内的国际贸易和政治经济形势变化。

交通强国：借交通强国之势，凝聚政策推力。支持交通强国战略规划和实施，与其他交通方式共同建成快捷舒适、人民满意的立体交通网。

(2) 内部发展态势

网络化时代：内部发展态势呈现出形态网络化、系统规模化、制式多样化、客流差异化、风险叠加化、关联紧密化、影响扩散化、运行复杂化。城轨交通已进入网络化时代，面临一系列问题，需要以网络化理念开展统筹综合：实现运维、应急等资源上的统筹共享；实现生产、经营等业务上的协同运作；实现作业、管理等工具上的智慧助力。

转型过渡期:未来城轨交通建设规模增速放缓,行业重心逐步向管理效能提升、运营可靠度提高、服务质量升级过渡。

可持续发展:运营收支缺口逐步增大、维护成本递增、客流效益随网络外延递减;人民对公共交通的功能完备和服务品质要求不断提升;低能耗、高效率成为行业的发展趋势。

要实现:财务可持续——开源节流、降本增效;服务可持续——聚焦需求、提升品质;资源可持续——能源节约、环境友好。

城市轨道交通未来发展的总体战略目标是提供高质量的轨道交通服务,保持城轨交通行业持续健康的发展,提升人民群众的获得感、幸福感,有效支撑引领新型城镇化、都市圈与区域一体化发展等国家战略。"十四五"期间,我国城轨的工作重点将由以建设为主,逐步转向运营、管理并重发展的新阶段,相应的发展思路也需要调整。"十四五"期间,城轨交通需要因地制宜、一体融合,量力有序、固本开源,管建并重、需求导向,自主突破、智慧赋能,从而实现全行业协调、持续、高效的创新发展。

1.2 城市轨道交通的环境保护

1.2.1 城市轨道交通规划环境评价

(1) 国外规划环境影响评价的发展

环境影响评价这一概念是 1964 年在加拿大召开的国际环境质量评价会议上首次提出的。之后,美国于 1969 年通过《国家环境政策法》(*National Environmental Policy Act*,NEPA),提出"凡是联邦政府的立法建议或其他对人类环境有重大影响的联邦行动,都必须进行环境影响评价",此类行动不仅包括建设项目,还包括政策、法规、规划和计划。通常认为,NEPA 是战略环境评价(Strategic Environmental Assessment,SEA)的起源。

作为实施可持续发展战略的有效手段,SEA 的提出受到了学术界、政府及相关国际组织的高度重视,瑞典、加拿大、澳大利亚和德国等国家相继建立了环境影响评价制度。20 世纪 80 年代末,由于认识到单个建设项目环境影响评价的不足,许多欧美国家开始将环境影响评价的应用扩展到政策层次,战略环境评价开始得到世界范围的广泛接受,许多国家和地区制定了相应的法律法规和实施导则。

1992 年,Therivel、Walson 和 Thompson 等人正式给出了战略环境评价的定义。其中英国学者 Riki Therivel 认为战略环境评价是指对政策、计划、规划及其替代方案的环境影响进行规范的、系统的、综合的评价过程，包括依据评价结果提交书面报告以及把评价结果应用于决策中。

战略环境评价在其发展过程中有几个重要的里程碑(见表 1.2-1)，它们推动着战略环境影响评价的快速发展。

表 1.2-1　国外战略环境评价的重要里程碑

时间	里程碑
1969 年	美国通过《国家环境政策法》
1989 年	世界银行首次发布《世界银行环境影响评价方针》(Directive 4.00)
1992 年	英国发布了《规划导则 12》(PPG12)，指出大多数政策和计划提案会产生环境影响，这些环境影响应在计划制订过程中给予评价。环境评价应识别、定量、评估以及报告所提措施在环境方面的费用和效益，应分析所有备选方案的经济效益、社会效益和环境效益，并进行系统评价
1995 年	荷兰提出了环境评估(Environment Test)，要求提交内阁审议的立法草案应包括有关环境问题的说明。该环境评估并不针对法律草案的内容，而是针对其环境影响，与经济评估、可行性评估一起进行，由立法草案编制部门负责实施
1999 年	加拿大内阁通过了《政策、规划和计划建议的环境评价内阁指令》，并制订了实施指南。该指令规定了政策、计划和规划的战略环境评价的方法，建议开展战略环境评价的程序，包括指导原则、适用性、评价方法、公众参与、文件报告以及所涉及各部门和单位的角色与职责等，鼓励各部门和机构根据其制定政策、计划和规划的需要完善该指南
1999 年	世界银行发布了 3 个新的代替 1989 年的 Directive 4.00 有关环境影响评价的文件，要求所有接受世界银行赠款或贷款的项目都要按照规定程序进行环境影响评价或类似的评估，这极大地促进了发展中国家环境影响评价的发展
2001 年	欧盟通过了《关于对特定规划和计划的环境影响评价导则》，该导则要求成员国在 2004 年 7 月之前完成本国法律的建立和修改。导则提出要对有关农业、林业、渔业、能源、工业、交通运输、废物管理、水管理、通信、旅游、城镇和乡村的规划和土地利用计划等进行环境影响评价。之后，各成员国纷纷修改各自国家的法律规定、制定导则以满足欧盟议会的要求。至 2006 年 7 月，欧盟成员国大多已有关于开展 SEA 的法律规定和技术指南

巴黎、柏林等国外大城市，其轨道交通建设始于 20 世纪初，因受当时交通规划水平及认识程度的限制，网络规划所考虑的时限较短，主要从具体某条或几条线路的角度进行局部性效益评价。20 世纪 60 年代以后，随着交通需求分析理论的发展，考虑到交通网络对城市土地利用的动态作用及其社会效益，开始重视路网方案评价。法国巴黎在 70 年代规划建设的地区快速铁路网(RER)，主要是

支持60年代初提出的城市总体规划，为开发建设距巴黎市中心8～10 km的9个副中心及距巴黎市中心25～30 km的5座新城服务。美国在70年代末制定的大城市轨道交通发展规划的评价指标为：重构节省能源的城镇体系，恢复中心区活力，促进旧城改建，改善环境等。

国际上发达国家对于轨道交通规划环评的做法是将环境因素纳入规划中，与交通、经济等因素一起进行方案比选，即将环境因素纳入规划方案的评价因子中去，应算作规划自身对环境问题的考虑，属于“基于可持续发展的规划”范畴，严格来讲在制度、程序、技术方法上均与我国的规划环境影响评价有所不同。

（2）我国规划环境影响评价的发展

20世纪90年代中期，战略环境评价概念被引入我国，政府的重要文件中提出了SEA的必要性，其中作用突出的有国务院1998年发布的《建设项目环境保护管理条例》，由此进一步明确了区域环境影响评价的对象和时段，并为开展区域环境影响评价提供了法律依据。2002年10月通过的《中华人民共和国环境影响评价法》（以下简称《环境影响评价法》）从法律上确立了规划环境影响评价(PEIA)，规划包含专项规划，指导性规划，还有综合性规划。国家环境保护总局也发布了《规划环境影响评价技术导则试行》等一系列配套《环境影响评价法》实施的技术文件或行业标准。

与发达国家的规划环境影响评价相比，我国的环境影响评价制度更加强调第三方作用。以法律形式要求无论规划本身多大程度上考虑了环境因素，都要在规划方案形成后让第三方咨询机构对于规划实施后可能造成的环境影响进行充分的评估，并提出相应的减缓措施。

20世纪60年代末以来，我国许多城市虽然纷纷开展了轨道交通的筹划建设工作，约有20多个城市进行了轨道交通项目的（预）可行性研究，上海、北京、广州、天津等城市更是进行了轨道交通建设实践，取得了一定的成果和经验，但总的来看，城市轨道交通规划与建设在我国还处于一个相对薄弱的环节。我国城市考虑修建轨道交通系统的历史还很短，大多是从80年代以来才开始进行策划，在此之前我国城市的总体规划很少包含轨道交通网络规划，有的城市甚至连综合交通规划也不够完善。因此，编制轨道交通规划应经过充分论证和规划。同时，作为城市总体规划的一个重要组成部分，要与城市功能区划、城市用地开发及城市设计、城市环境生态保护等方面有机结合起来，才能使我国城市的轨道交通事业做到实事求是、健康循序地发展，并保证城市的可持续发展。为了适应城市社会、经济发展需要，满足广大市民出行的需求，应规划、建设以轨道交通为主骨架，多平面、多形式有效衔接的立体化城市客运体系。因此有必要根据新形势对城市总体规划中原有的轨道交通规划进行动态修正和优化调整，并提出更为具体的规划建设实施步骤。

轨道交通建设作为面向城市交通的长远调整战略已越来越受到重视，我国大城市的城市规划开始把轨道交通作为城市交通的骨干，提出了城市轨道交通线网规划。如北京线网规划了 13 条线路，总长 408 km；上海线网规划了 21 条线路，总长 560 km，另在现有基础上，上海新一轮轨道交通线网规划总里程将有大幅度增加。目前我国很多省会或经济发达城市也被允许建设城际线路。对规划的新线路的项目环境影响测评要加大，防止对环境造成污染。这就要求规划环境影响评价为城市轨道交通规划设计提供充分的环境决策支持信息，同时基于环境影响出发进行线路方案的优选和决策，最大限度地获得优化城市交通与改善环境质量的双重效益。

1.2.2　城市轨道交通项目环境影响评价

(1) 国外项目环境影响评价的发展

环境影响评价首先由美国在 1970 年作为制度开始推行，1969 年美国颁发了《国家环境政策法》(NEPA)，并在以后的实践中提出多种类型的评价方法。由于经济、地域和人民生活水平的限制，在 20 世纪 70 年代前，公路与铁路环境保护尚未形成一个完全有序的系统，但进入 80 年代后，环境保护已是公路与铁路建设项目的重要组成部分，许多国家对道路(含铁路)环境进行了广泛深入的研究。发达国家对交通项目的环境影响尤为重视，如美国、加拿大、日本，它们均建立了完善的环境影响评价(Environmental Impact Assessment，EIA)制度，在可行性研究阶段就要对环境影响进行充分论证，在方案比选中对环境保护的重视程度甚至高于工程造价。欧洲许多发达国家对公路和铁路建设项目，尤其是公路建设项目中的环境保护设计，有成功的方法和较丰富的实践经验。环境保护设计与项目的工程设计各个阶段相对应，包括环境相容性、景观配套设计和景观实施方案三个阶段，环境因子参与了线路方案比选。在具体的环境影响评价专题方面，德国 Braunstein＋Berndt 公司的计算机辅助环境分析技术和软件产品成功地对环境噪声和空气污染进行预测和评价，取得了良好的效果，其升级产品可对交通建设项目生态环境影响进行预测和评价；美国铁路协会发布了《铁路运营环境噪声评价》。随着高速铁路的建设和发展，高速铁路噪声污染引起了广泛的关注，日本的新干线、德国和法国的高速铁路都考虑到了高速铁路的噪声环境影响。

(2) 我国项目环境影响评价的发展

我国的环境影响评价始于 20 世纪 70 年代的城市环境污染现状调查和评价。80 年代转向工程建设项目环境的影响评价。我国建设项目环境管理的“三同时”原则自 1973 年在第一次环境保护会议上首次确立,到 1979 年纳入《中华人民共和国环境保护法(试行)》。为贯彻执行国家建设项目环境管理的一系列法律、法规,铁道部也多次行文,对铁路建设项目环境管理作出了具体规定。为了使“三同时”原则的源头“同时设计”纳入铁路建设项目设计程序,1987 年铁道部铁基〔1987〕726 号文发布了《铁路工程设计环境保护技术规定》(TBJ 501—87)。实施 5 年后的 1992 年,铁道部以铁建函〔1992〕127 号文将《铁路工程设计环境保护技术规定》列入全面修订计划。1993 年 5 月铁道部建设司以建技〔1993〕76 号文在批复大纲时将《铁路工程设计环境保护技术规定》更名为《铁路工程环境保护设计规范》;1998 年 3 月在武汉召开了《铁路工程环境保护设计规范》报批稿定稿会,至此完成了《铁路工程环境保护设计规范》的全面修订工作。1998 年 9 月铁道部以铁建函〔1998〕253 号文发布了《铁路工程环境保护设计规范》(TB 10501—98),新规范于 1999 年 1 月 1 日起实施,原《铁路工程设计环境保护技术规定》(TBJ 501—87)同时废止。

环境影响评价制度在我国铁路行业已贯彻执行了十多年,许多新、改、扩建项目都进行了 EIA,从评价因子、标准、方法、深度和评价范围等方面建立了一套相对完善的体系,积累了大量的基础资料。铁道部于 1993 年颁布《铁路工程建设项目环境影响评价技术标准》(TB 10502—93),铁路环境影响评价工作走上了规范化的道路,评价水平有了很大的提高。国内外许多学者提出了交通绿色设计的概念。计算机技术也在铁路环保中得到应用,铁道部劳动卫生研究所研究开发了“铁路环境保护数据库系统”。铁道科学研究院、铁道部劳动卫生研究所和铁道部四大勘测设计院在环境影响评价方面做了不少有益的科研工作。伴随着高速铁路的建设和发展,我国在高速铁路环境保护方面也做了不少有益的探索和研究。

2008 年,我国环境保护部发布了城市轨道交通的行业导则《环境影响评价技术导则 城市轨道交通》(HJ 453—2008),2009 年 4 月 1 日起实施,是我国首个专门为城市轨道交通制定的 EIA 导则。该导则规定了城市轨道交通环境影响评价的一般性原则、工作内容、方法和要求,提高了环评与管理的科学性和规范性,该导则实施了近 10 年,为规范轨道交通环评工作起到了积极的作用。《国家环境保护标准“十三五”发展规划》提出,“加强环评技术导则体系顶层设计,调整建立以改善环境质量为核心的要素、源强、专题技术导则体系”。因此,为了适应导则体系的整体设定，我国环境保护部对现有导则进行修订，在环境影响评价技术导则的总体指导下，加强与噪声、大气、水等要素导则的衔接，制定了《环境影响评价技术导则 城市轨道交通》(HJ 453—2018)。相比 2008 版导则，2018 版导则优化在于：① 扩大了导则的适用范围，除地铁和轻轨外，还将跨座式单轨交通、现代有轨电车交通、中低速磁浮交通、市域快速交通等轨道交通形式纳入导则适用范围，并相应增加噪声、振动预测及评价方法；② 简化了建设项目阶段的规划协调性分析，不再重复规划环评的相关论证内容，重点根据规划环评和建设项目环评联动的有关要求，分析说明工程对规划环评结论、审查意见的落实情况和工程建设的可行性，并规定若存在未落实规划环评结论和审查意见的情况，应说明具体原因；③ 调整列车运行噪声源强测点位置，细化和完善类比测量条件和列车参考速度的要求和规定；④ 结合城市轨道交通线路敷设形式、制式的噪声影响特点，进一步细化了声环境评价范围与振动和二次结构噪声评价范围；⑤ 根据《声环境质量标准》(GB 3096—2008)、《城市区域环境振动标准》(GB 10070—88)以及管理部门要求，进一步明确了噪声、振动预测量和评价量；⑥ 在噪声预测方面，在通过现场监测、近 10 年的技术积累及国外研究成果的基础上，对列车的速度修正、几何发散、垂直指向性修正、声屏障插入损失、建筑群衰减等方面进行调整，提高预测结果的准确性，并在振动预测方面，根据最新研究成果对车辆簧下质量、轮轨条件、隧道形式、距离衰减、建筑物修正、行车密度修正等方面进行增加或调整，同时对室内二次结构噪声的预测公式进行更新；⑦ 根据新颁布的标准规范，对列车、地铁、中低速磁浮交通、车辆基地、设计年限、车辆段、停车场等定义进行调整和完善，增加了市域快速轨道交通、室内二次结构噪声、车辆簧下质量、线路中心线等的定义。2018 版导则结合城市轨道交通的发展特点和环境影响评价研究成果，进一步统一和规范了城市轨道交通环评的内容、方法与步骤，提高了导则的可操作性，促进了评价结果的准确性和可靠性，使我国城市轨道交通环境影响评价工作更加规范、完善。

2 城市轨道交通施工建设的环境影响及控制技术

2.1 环境影响来源

随着我国经济的飞速发展，城市的规模不断增大，城市化进程的推进，城市轨道交通的地位越来越重要。城市轨道交通项目交通线路长，涉及面广，跨区域长距离运行，施工过程对于城市运营的影响极大，且轨道交通施工期长，可能产生噪声污染、振动污染、大气污染等多种环境问题。

城市轨道交通项目产生的环境负面影响主要有在建设轨道交通工程时对城市景观、自然环境、周边居民的影响；列车运行产生的噪声、振动对沿线学校、医院、集中居民区的影响；电动车组运行、主变电所输变电过程中形成的电磁辐射对周围居民收看电视和电磁环境的影响；生活污水和生产污水对受纳水体的影响。因此，城市轨道交通项目施工期环境管理主要从如下方面展开：声环境影响、环境振动影响、大气环境影响、固体废物环境影响、水环境影响、生态环境影响等。

2.1.1 施工期环境影响识别

环境问题的治理通常遵循“预测为主，控制为辅”的原则，因此国家要求城市轨道交通的建设需在可研阶段完成环境影响评价报告专题。2008 年我国颁布了《环境影响评价技术导则 城市轨道交通》(HJ 453—2008)，要求对建设期、运营期内声环境、振动环境、电磁环境、水环境、大气环境等作出具体的影响评价与控制措施。《环境影响评价技术导则 城市轨道交通》(HJ 453—2008)对施工期的环境影响要素识别作了详细分析，以“＋”“－”分别表示正面影响、负面影响，数值越大，影响越大，数值范围为 1～3。施工期环境影响要素如表 2.1-1 所示。

《环境影响评价技术导则 城市轨道交通》(HJ 453—2008)通过识别环境影响要素，还对施工期各项评价项目的评价因子进行了筛选，如表 2.1-2 所示。

表 2.1-1　城市轨道交通工程施工期环境影响要素识别

工程内容	施工与设备	评价项目						
		噪声	振动	废水	大气	电磁辐射	弃土固废	生态环境
施工准备阶段	征地							-2
	拆迁				-2		-2	-2
	树木伐移、绿地占用							-2
	道路破碎	-2	-2					
	运输	-2			-2			
车站、地面、地下、高架区间施工	基础开挖	-2	-2					-2
	连续墙维护、混凝土浇筑			-2				
	地下施工法施工			-2			-2	
	钻机、打桩	-2	-2					
	运输	-2			-2			

表 2.1-2　城市轨道交通工程施工期环境影响评价因子汇总表

评价项目	现状评价	单位	预测评价	单位
声环境	昼夜等效声级 L_{Aeq}	dB(A)	昼夜等效声级 L_{Aeq}	dB(A)
振动环境	铅垂向 Z 振级 VL_{Z10}	dB	铅垂向 Z 振级 VL_{Z10}	dB
地表水环境	pH、SS、COD、BOD_5、石油类	mg/m^3(除 pH)	pH、SS、COD、BOD_5、石油类	mg/m^3(除 pH)
地下水环境	TDS、总硬度、硫酸盐、氯化物、COD_{Mn}、硝酸盐氮、亚硝酸盐氮、氨氮	mg/L	TDS、总硬度、硫酸盐、氯化物、COD_{Mn}、硝酸盐氮、亚硝酸盐氮、氨氮	mg/L
大气环境	PM_{10}	mg/m^3	PM_{10}	mg/m^3

2018 年，生态环境部发布《环境影响评价技术导则 城市轨道交通》(HJ 453—2018)代替《环境影响评价技术导则 城市轨道交通》(HJ 453—2008)，新导则规定了城市轨道交通环境影响评价的一般性原则、工作内容、方法和要求，继承和保留了 2008 版导则的基本内容，在 2008 版导则的框架体系下对陈旧内容进行更新、对缺失内容进行细化和补充，提高了评价与管理的科学性与规范性。

2.1.2　城市轨道交通施工期的污染来源

城市轨道建设施工期对环境的影响主要取决于施工路段、施工方法、施工季节、施工项目的昼夜安排，以及采用的施工机械类型、施工材料的运输工具和运输路线、沿线敏感点分布情况等。施工期污染源为施工噪声、振动、污水、扬尘、弃土和垃圾所产生的污染，施工活动对城市景观、文物、声环境、振动、大气环境、水环境等影响为施工期主要环境问题。

（1）声环境影响

施工过程中的噪声污染源主要由施工机械作业噪声、车辆运输噪声、道路破碎作业噪声以及建筑物拆除噪声等组成。施工机械及车辆的噪声源强 5 m 处噪声在 84～97 dB(A)，30 m 处为 64～83 dB(A)。施工机械噪声和车辆运输噪声由于持续时间较长，贯穿整个施工过程，对周围环境的影响也相应较大。地下区间线路全部采取盾构法和浅埋暗挖法，全地下施工，对地面环境敏感目标不产生噪声影响。而车站施工方法主要以明挖法为主，盖挖法为辅，无论是车站暗挖还是区间暗挖，仅在基坑开挖初期向外辐射噪声，其他大部分施工时间内基本不对外界产生噪声污染；明挖法由于施工条件简单、工艺成熟而被广泛采用，属于半开放式基坑施工，贯穿施工全部过程，噪声影响范围和程度较盖挖法大。按照不同施工阶段的施工设备同时运行的最不利情况考虑，施工噪声的影响见表 2.1-3。

表 2.1-3　不同施工阶段的施工噪声影响　　单位：dB(A)

距离	土方阶段	基础阶段	结构阶段
10 m	92	96	94
20 m	85	88	87
30 m	81	85	83
40 m	77	81	79
60 m	73	77	75
80 m	70	74	72
100 m	67	71	69
150 m	63	69	65
200 m	60	64	62
250 m	58	62	60
300 m	56	60	58
350 m	54	58	56

由表 2.1-3 可知，考虑各种机械同时施工时，在土方阶段，昼间距施工场界 60 m，夜间距施工场界 350 m，可满足施工场界噪声标准；在基础阶段，昼间距施工场界 30 m，可满足施工场界噪声标准，夜间禁止打桩；在结构阶段，昼间距施工场界 150 m，夜间距施工场界 350 m，可满足施工场界噪声标准。因此，对昼间距施工场界 150 m 范围内的住宅、医院、学校等有明显影响，夜间禁止施工。

（2）振动环境影响

施工期振动污染源主要来自施工机械作业时产生的振动，工程施工主要设备有风镐、挖掘机、推土机、重型运输车、压路机、钻孔灌浆机、空压机、打桩机等。主要施工设备振动源强根据资料分析，所有振动型施工作业设备产生的振动在距振源 30 m 处铅垂向 Z 振级为 64～88 dB，车站施工主要采用明挖法，其振动影响主要发生在路面破碎和主体结构施工阶段，各高频振动机械对周围的建筑影响较大，其影响半径约 50 m。且待工程开工建设后，将增加大量的载重车辆运输废弃渣土，且多于夜间进行，持续时间占据整个土建工程，运输车辆引起的地面振动也将对施工场界周围的敏感点产生较大影响。因此，应对距 30 m 范围以内有敏感点的施工点进行施工监理。施工常用机械在作业时产生的振动源强值见表 2.1-4。

表 2.1-4　主要施工机械设备的振动源强值　　单位：dB(VLz)

距离	5 m	10 m	20 m	30 m
风镐	88～92	83～85	78	73～75
挖掘机	82～84	78～80	74～76	69～71
推土机	83	79	74	69
压路机	86	82	77	71
空压机	84～85	81	74～78	70～76
重型运输车	80～82	74～76	69～71	64～66
钻孔灌浆机	/	63	/	/
振动打桩锤	100	93	86	83
柴油打桩机	104～106	98～99	88～92	83～88

由表 2.1-4 知，除打桩作业外，距一般施工机械 10 m 处的振动水平为 74～85 dB，30 m 处的振动水平为 64～76 dB，所以 30 m 以外可达到“混合区、商业中心区”、“工业区”及“交通干线道路两侧”昼间 75 dB 的要求。

（3）大气环境影响

城市轨道建设施工期对大气环境影响最主要的污染物是扬尘：施工过程中拆迁、挖掘、回填、渣土堆放、装卸过程中产生的扬尘污染、车辆运输过程中引起的二次扬尘；施工机械和运输车辆排放的汽车尾气；施工过程中恢复地面道路时使用沥青所带来的大气污染。

（4）固体废物环境影响

城市轨道交通施工产生的固体废物主要为工程弃土、拆迁建筑垃圾及施工人员生活垃圾等。工程弃土主要为施工过程中车站、隧道区间开挖产生的弃土；拆迁建筑垃圾多为砖石等废料。

（5）水环境影响

施工期产生的污水主要来自施工作业生产的施工废水、施工人员产生的生活污水、暴雨时冲刷浮土及建筑泥沙等产生的地表径流污水及地下水等。施工废水包括开挖和钻孔产生的泥浆水、机械设备运转的冷却水和洗涤水；生活污水包括施工人员的盥洗水、食堂下水和厕所冲刷水；地表径流污水主要包括暴雨地表径流冲刷浮土、建筑砂石、垃圾、弃土产生的夹带大量泥沙且携带水泥、油类等各种污染物的污水；地下水主要指开挖断面含水地层的排水。如管理不善，污水将使施工路段周围地表水体或市政管中泥沙含量有所增加，污染周围环境或堵塞城市排水管网系统，虽然水量不大，但影响时间较长。有研究对轨道交通工程施工废水排放情况的调查，每个工点施工人员生活污水排放量约为 4 m^3/d，生活污水中主要污染物为 COD、动植物油、SS 等；施工还排放道路养护废水、施工场地冲洗废水、设备冷却水。

（6）生态环境影响

城市轨道建设对生态环境的影响主要在于地表开挖造成的水土流失，高架线路、出入口、风亭等的建设对沿途生态环境和景观的影响。

对于城市轨道交通项目建设，施工中产生水土流失的主要原因有两个，即降雨因素和工程因素。土壤侵蚀强度与项目所在地理位置有关，若项目处于南亚热带湿润气候区，土壤侵蚀的营力主要为降水，区内的降雨量和降雨强度是影响施工期土壤侵蚀强度的重要因素。工程因素是项目建设引起水土流失的人为因素，通过对侵蚀发生的自然因素的影响而起作用。

地铁施工期水土流失主要产生于地下隧道建设、车站开挖，车辆段、停车场建设。隧道施工一般采用盾构法，其结构断面形式一般为单线双洞圆形隧道，地下施工时，边施工边清运挖方土石，仅在始发井作业口和临时堆土场有发生水土流失的可能。

工程占用林地、草地植被将直接导致植被的生物量损失，小区域物种数量的下降；对于耕地及园地则将使这些农业用地永久失去生产能力，现有的农业生态系统被城市生态系统所替代，同时对该土地拥有使用权的农民收入和生活质量产生一定影响。

挖方主要产生在地下线及地下车站施工，填方表土主要用于高架线、明挖施工后绿化用地等回填。产生的弃土、弃石如果在运输、堆放过程中管理不当，将对周围环境产生一定影响。可能产生的环境影响主要有：工程现场弃土因降雨径流冲刷进入下水道，导致下水道堵塞、淤积，进而造成工程施工地区暴雨季节地面积水；弃土在陆上运输途中散落，造成运输线路区域尘土飞扬。弃渣任意堆放会影响城市景观、破坏地表植被，产生的扬尘会影响地表植被的生长，防护不当还会产生水土流失等。

(7) 城市景观影响

城市轨道交通的建设，是城市建筑新的组成部分。线路建设的高架部分和轨道交通站点能够成为城市中新的景观。高架部分的轨道交通对城市景观往往产生较大影响，主要影响包括下列方面：

① 对自然景观的破坏

部分高架线路可能会经过类似于水岸、湿地或者公园等自然景观。这些景观点往往也是周边地区居民休憩、游玩、活动的主要场所，其景观特征以精致秀丽为主，尺度较小。而高架线路的桥梁形体粗壮有力，尺度庞大，具有人工构造物的结构美和粗犷美。景观点与高架线路桥梁相较而言，两者之间在尺度、质感和色彩等方面都有较大差异，难以协调。高架线路在这些地方出现，将令原本秀丽的自然景观失去宜人的尺度感。

② 对视觉的影响

高架线路构筑物主要是以水平线条的桥梁和垂直线条的桥柱组成。其中水平方向的桥梁连续贯通，与人和车辆行走中眼睛的移动方向相顺应，具有运动、延伸、增长的意味，有助于视觉环境的简单化；而垂直线条的桥柱挺拔粗壮，以一定的间隔连续排列，更多的使人产生崇高、紧张、积极的感受，此外，粗壮的桥柱所特有的垂直线条与人惯常的视线移动方向不一致，会对视线起到一定的阻隔作用。从对视觉的影响程度而论，在距桥体 5 m 以内，视觉压迫感非常大，巨大的高架桥体直接面对于人，完全充塞于人的视觉范围内。随着距离的拉大，其对视线的阻隔作用逐渐降低，而到了 75 m 以外的距离，高架桥梁在人的视野范围内所占比例相对而言已经相当小了，这时的高架桥梁，更多地扮演着地标性构筑物的角色。此外，高架线路对于阳光的遮挡也相当明显，而人的视觉感受和生理反应对阳光的变化都极为敏感，在住宅和公共建筑设计规范中，日照系数是一个非常重要的指标。较早由此产生的负面影响事例发生在19世纪80年代末期，当时的曼哈顿岛多条主要大道，由于高架铁路造成的阴影，使得地上的街道反而成了变相的隧道，影响了人们的正常生活，最终不得不拆除了事。

③ 尺度失调

高架线路的主要构筑物——高架桥梁的体量大，距离长，是城市中无与伦比的人工构筑物，具有特殊的意象价值，这些特点令其成为城市空间中的主体，也是这些空间的标志。而周边的建筑物与之相比，在尺度和体量上，都有相当大的差异。高架线路在城市中随意穿越，从空中的鸟瞰角度看，线路周边的建筑物变得渺小，就如凯文·林奇所指出的一个巨大的标志物会使它所在的地区的其他建筑物相形见绌，失去尺度。同时，高架线路将会带来经济集中效应，使各种住宅和商业建筑沿着线路两侧分布，在用地面积有限的条件下，必然在建筑物的高度和体量上有一定突破，从而对城市的尺度带来影响。现实中已经发生的与之类似的负面例子有很多，如320国道杭州至富阳段，沿线两侧依公路而建的民居和商业性设施密集。由于缺乏规划管理，在布局上较为随意，风格和形式各异，但很少带有浙江地方特色或与景观相协调，最终，在很大程度上造成了对天目山一线的尺度和自然景观的破坏。

④ 色彩原因

相对于周围环境，由于高架桥梁的巨大体量——连绵数十公里，使其成为景观的重要组成部分。因此，桥体的色彩在环境中产生的效果与影响也就不容忽视。目前，在国内轨道交通系统的高架桥体多以混凝土的本色示人，其灰色的外观进一步加重了桥梁厚重的体量感，使空间气氛变得沉闷，影响到人的视觉和心理感受。近年来，随着人们对城市面貌的进一步重视，有些地方开始尝试着采用以爬藤类植物来围覆桥柱和桥梁底面的装饰手法，但由于日照和空气灰尘等原因，植被的生长受到影响，实际产生的美化效果并不理想。

⑤ 使城市空间失去独特个性

从空间的角度而言，城市轨道交通的车站、线路等是城市设计中的一个重要部分，其规划设计需要遵循一定的原则，每一个建设项目都必须从如何健全城市的角度考虑。对于城市意象中物质形态研究的内容，可以方便地归纳为五种元素——道路、边界、区域、节点和标志物，不同的元素组之间可能会互相强化，互相呼应，从而提高各自的影响力；也有可能互相矛盾，甚至互相破坏。作为一种大型人工构筑物，轨道交通的高架线路同时具有以上这些特征，其既有道路的属性，也具边界的特征；它的车站是一个重要节点，同时扮演着标志物的角色；而在高架线路沿线又营造出一种特殊的区域。在现代城市当中，轨道交通高架线路正在以一种无可替代的角色对城市肌理产生影响。城市街区的空间小，环境要求具有多样性和可识别性。一般来讲，城市中的传统或有特殊价值的街区都是一种景观，而高架桥的存在，往往由于其特殊的尺度而轻易地成为城市中的主体，沿线一系列这种类似的空间特征，反复强调这一主题，将使城市空间失去可识别性。

轨道交通车站作为进出轨道交通的建筑物，景观特征容易引起人们的注意。在城市设计中，地铁车站及周边区域的建筑景观及空间设计，是展现人文景观和城市面貌的重要舞台。它的周边往往分布着商贸、娱乐、办公、居住等多样的功能场所，人流集中。而且，多有各种交通工具的站点靠近布置，是发展迅速的区域。从城市景观的角度看，地铁车站又是城市建设的一个窗口。例如东京的轨道交通建设集现代科技和传统的日本文化为一体，体现了丰富的人文气息，在服务于城市交通功能的同时，又向外展示和传播自己的文化。他们在车站建筑、站前建设、站台风情、站内文化上都透露着本国的传统文化，让轨道交通建设成为城市景观亮点，值得世界各国的建设者们学习。

(8) 地面沉降

在人口密集、建筑设施密布的城市中进行盾构法施工，由于岩土开挖不可避免地产生对岩土体的扰动并引起洞室周围地表发生位移和变形，当位移和变形超过一定的限度时，势必危及周围地面建筑设施、道路和地下管线的安全。

① 水和泥浆的扰动

盾构经过的地区，可能引起地下水含量和紊流运动状态的改变。另外，泥水盾构大量泥浆外排回灌，都会给周围环境产生不良影响。

② 对不良土层的影响

流沙给盾构法施工带来极大的困难，刀盘的切削旋转振动引起饱和砂土或砂质粉土的部分液化。含砂土颗粒的泥水不断沿初砌管片接缝渗入，引起局部土体坍塌。对于泥水式或者土压平衡式盾构，一旦遇到大石块、短桩等坚硬障碍物，排除过程都可能引起邻近土体较大的下沉。

③ 周围土体应力状态的变化

盾构法施工引起周围地层变形的内在原因是土体的初始应力状态发生了变化，使得原状土经历了挤压、剪切、扭曲等复杂的应力路径。由于盾构机前进靠后座千斤顶的推力，因此只有盾构千斤顶有足够的力量克服前进过程中所遇到各种阻力，盾构才能前进，同时这些阻力反作用于土体，产生土体附加应力，引起土体变形甚至破坏。

引起土体扰动的阻力主要包括盾构机外壳与周围土层摩阻力 F_1，切口环部分刀口切入土层阻力 F_2，管片与盾尾之间的摩擦力 F_3，盾构机与配套车驾设备产生的摩阻力 F_4，开挖面阻力 F_5等。

当千斤顶总推力 $T \geqslant F_1 + F_2 + F_3 + F_4 + F_5$时，盾构前方土体经历挤压加载($\Delta\sigma_p$)，并产生弹塑性变形。土体受到挤压影响的范围如图 2.1-1 中虚线所围的截圆锥体。其中 1 区土体应力状态未发生变化，土体的水平、垂直应力分别为 σ_h、σ_v。由于推力引起土体挤压加载 $\Delta\sigma_p$，2 区和 4 区土体承受很大的挤压变形，2 区 σ_h，σ_v均有增加；4 区只有 σ_h增加。3 区土体受到大刀盘切削搅拌的影响，处于十分复杂的应力状态，如支撑不及时，开挖面应力松弛，水平应力减少($\sigma_h - \Delta\sigma_h$)，反之应力可能增加。

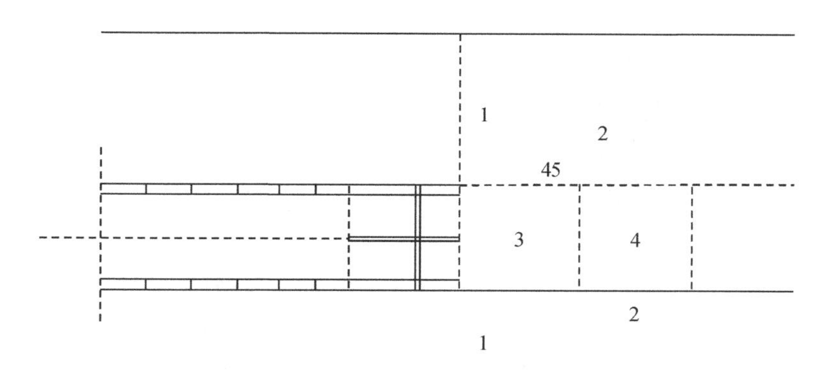

图 2.1-1　土体受到挤压影响的范围

当千斤顶总推力 $T < F_1 + F_2 + F_3 + F_4 + F_5$时，盾构机处于静止状态，这状态对应于千斤顶漏油失控，土体严重超挖。盾构机前方土体经历一个卸载、挤压扭曲破坏的过程。因为开挖前方土体未及时施加支撑力，土体应力释放并向盾构内临空面滑移。

为了减少对开挖面土体的扰动，在盾构推进挖土和衬砌过程中，始终保持密封舱内压力 P_j略大于正面主动侧压力 P_Z和水压力 P_W之和。密封舱的压力受到千斤顶推力行进速度、螺旋出土器出土量等参数影响，完全保持 $P_Z + P_W \leqslant P_j$这样的动态平衡是不可能的，因此盾构推进对土体的扰动是不可避免的。

④ 土体性质的变化

由于盾壳内径和管片外径制作误差，加上盾壳厚度，当管片脱出盾尾时与周围土体产生 2～3 cm 的建筑间隙。如果建筑间隙不能及时注浆填补，上部土体向管片坍落，覆土层出现一些附加的间隙或裂缝，密实度降低。受扰动破坏的土体，要经过较长时间的固结和次固结，逐步恢复到原始应力状态。隧道纠偏时，一侧千斤顶超载，另一侧千斤顶卸载，引起两侧土体应力应变状态明显有差别。扰动后土体的本构关系、物理力学参数的变化也是必然的。

⑤ 土体的位移影响

因受盾构推进的影响，盾构机前后、左右、上下各部位土体的位移的状态不同。刀盘前部 0.5D 范围内土体表现为向下、向刀盘开口内移动，(0.5～1.5)D 范围内深层土表现为向推进方向移动，表层土向上向前移动。盾构机后的土体表层土表现为垂直的下沉，深层土随盾壳拖带表现为向前的水平移动，土体和浆液固结、次固结沉降都使土体产生向下的位移变形。盾构推进后，不同深度土层扰动曲面叠加形成不同倾斜度的沉降槽。

地层移动的影响因素主要有：

a. 挖面土体的移动

当开挖面的支护力小于外侧土水压力时，开挖面土体向盾构内移动，引起地层损失而导致盾构上方地层沉降；反之，当开挖面的支护力大于外侧土水压力时，则正面土体向上、向前移动，引起负的地层损失即导致盾构上方地层隆起。

b. 施工中盾构后退，使开挖面塌落和松动造成地层损失，引起地层沉降。

c. 土体挤入盾尾空隙

由于注浆不及时，或注浆量不足，或注浆压力不当，盾尾后部隧道周边的土体失去原始的平衡状态，向盾尾空隙塌陷，产生地层损失，引起地层沉降。盾构在软黏土类含水不稳定的地层中掘进时，这一因素是引起地层损失的主要原因。

d. 盾构推进方向的改变

盾构推进过程中，盾位纠偏、仰头推进、叩头推进、曲线推进等都会使实际开挖面形状偏大于设计开挖面，从而引起地层损失。实际轴线与设计轴线偏离越大，所引起的地层损失也越大。

e. 盾壳移动与地层间的摩擦和剪切，引起地层损失。

f. 土体受施工扰动的固结作用

盾构隧道周围土体受施工扰动后，将形成超静孔隙水压力区，盾构离开该区后，超孔隙水压下降，孔隙水消散，引起地层沉降这部分为主固结沉降；随后，软黏土土体进一步产生随时间增长而发展的蠕变，持续次固结沉降。在孔隙比和灵敏度较大的软塑和流塑性黏土中，次固结沉降往往要持续几年以上，它所占总沉降量的比例高达 35%以上。

g. 未及时注浆

随盾构推进而移动的正面障碍物，使地层在盾构通过后产生空隙而又未能及时充填注浆。

h. 水土压力

在土体水压力作用下隧道衬砌产生变形和沉降，会引起小量的地层损失。

(9) 文物与古建筑影响

古建(构)筑在其基础的营造时，一般对槽底土层进行过简单的换土、夯实压密等处理。地基垫层和持力土层经过长期压密以及历史时期地下水的往复升降变化，已经充分固结。因而其自身荷载在地基当中产生的沉降已经稳定，在没有较强的外力扰动作用如地震、地面塌陷等或环境影响如邻近施工开挖或施工降水时，古建(构)筑的地基基础应当是稳固的。但古建(构)筑的基础埋深一般均较浅，而且基本为砖石砌筑，不具有抗弯、抗扭剪能力，因此对地基不均匀沉降十分敏感。如果古建(构)筑处于地下隧道引起的地表变形区域内，因施工引起的沉降超过了古建(构)筑本身所能够承受的差异沉降时，即施工扰动超过了古建(构)筑的抗干扰能力时，其地基基础可能因变形产生缺陷和安全隐患，并危及古建(构)筑整体的安全。

① 地表垂直变形对古建(构)筑的影响

古建(构)筑一般对地面均匀沉降或隆起并不敏感，造成古建(构)筑破坏的原因主要是不均匀沉降或隆起。地表的沉降或隆起差值常导致结构构件受剪扭曲而破坏，尤其墙体、梁架榫卯结构等对沉降或隆起差值比较敏感。地表的倾斜则对底面积小、高度大的建(构)筑影响较大，其能使高耸建(构)筑的重心发生偏斜，引起应力重分配，倾斜大时，还会使重心落在基础底面积之外而使其发生折断或倾倒。地表曲率有正、负之分。在地表负曲率的影响下，古建(构)筑基础犹如一个两端受支承的梁，中间部分悬空，上部受压，下部受拉，易使建筑物产生八字形的裂缝；在地表正曲率的影响下，古建(构)筑基础两端悬空，上部受拉，下部受压，易使建筑物产生倒八字形的裂缝。

② 地表水平变形对古建(构)筑的影响

地表的水平变形指地表的拉伸和压缩，它对古建(构)筑的破坏作用很大。古建(构)筑抵抗拉伸的能力远远小于抵抗压缩的能力，在较小的地表拉伸下就能使其产生裂缝，尤其是砌体房屋。一般在门窗洞口的薄弱部位最易产生裂缝，砖砌体的结合缝亦易被拉开。地表压缩变形对古建(构)筑的破坏主要是使门窗洞口挤成菱形，山墙或围墙产生褶曲或屋顶鼓起。

在盾构施工中，地表隆起或沉降是动态发展的过程，因此对邻近地面古建(构)筑的影响也是一个动态发展的过程。一般情况下，建(构)筑物首先受地表隆起的影响正曲率，然后受下沉的影响负曲率，且下沉的幅度越来越大。此外，建(构)筑物的破坏往往是几种变形共同作用的结果。通常地表的拉伸和正曲率同时出现，地表的压缩和负曲率同时出现。

2.2 环境保护控制技术

2.2.1 噪声污染的防治技术

目前有效的噪声控制措施有：

(1) 施工时间合理

在环境噪声现状值较高的时段内进行高噪声、高振动作业，施工机械作业时间限制在7:00～12:00和14:00～22:00，尽量降低施工机械对周围环境形成的噪声影响。禁止夜间进行高噪声、高振动施工作业，若因工艺要求必须连续施工作业的，须办理夜间施工许可证。

(2) 施工平面布置合理

噪声较大的机械如发电机、空压机等尽量布置在偏僻处或隧道内，应远离居民区、学校、医院等声环境敏感点，并采取定期保养，严格操作规程。尽量选用低噪声的机械设备和工法，在满足土层施工要求的条件下，选择低噪声的成孔机具，避免使用高噪声的冲击沉桩、成槽方法。

(3) 另外修建围墙

在车站和车辆段工场界修建高3 m的围墙，降低施工噪声影响。

(4) 方案优化

优化施工方案，合理安排工期，将建筑施工环境噪声危害降到最低程度，在施工工程招投标时，将降低环境噪声污染的措施列为施工组织设计内容，并在签订的合同中予以明确。

2.2.2 振动污染的防治技术

目前有效的振动污染控制措施有：

(1) 施工布局合理

科学合理的施工场地布局是减少施工振动的重要途径，在满足施工作业的前提下，充分考虑施工场地布置与周边环境的相对位置关系。

(2) 施工时间合理

在保证施工进度的前提下，优化施工方案，合理安排作业时间，在环境振动背景值较高的时段(7:00～12:00，14:00～22:00)进行高振动作业，禁止夜间进行高振动施工作业。

(3) 敏感区特殊保护

区间段在采用暗挖法施工时,应事先对离隧道较近的敏感点详细调查、做好记录,对可能造成的房屋开裂、地面沉降等影响采取加固等预防措施。

2.2.3 大气污染的防治技术

大气污染防治的关键在于避免扬尘,目前有效的大气污染控制措施有:

(1) 对施工场地及道路进行硬化,适时洒水,并在施工场地出入口设清水池,对出场车辆全部洗胎。

(2) 对土、石、砂、水泥等材料运输和堆放进行封闭遮挡,避免大量砂、灰暴露导致扬尘。结构现浇混凝土均采用商品混凝土,不在施工场地进行混凝土搅拌。

(3) 施工场地内应定期洒水防尘,在开挖、钻孔时,对干燥土面应适当洒水;回填土方时,在表层土质干燥时应适当洒水。

2.2.4 固体废物的处理技术

城市轨道交通在施工建设过程中,固体废物须集中管理处置,常见的措施有:

(1) 在施工场地内设弃土存放池,用于工程挖方的临时存放。

(2) 制定泥浆和废渣处理方案,统一运输工程弃土弃渣,并使用专门的车辆运输,防止遗漏,污染路面。

(3) 剩余料具、包装及时回收清退,对可再利用的废弃物尽量回收利用。

(4) 对施工人员加强宣传教育,强化环保、卫生意识,禁止随意抛洒垃圾,各施工场地内设置垃圾站,生活垃圾和建筑垃圾分开集中收集,生活垃圾每班清扫、每日清运。

2.2.5 水污染的防治技术

城市轨道交通施工期水污染主要为施工污水和施工人员的生活污水,其防治措施主要有:

(1) 建设单位和施工单位应根据地形设计地面水的排放通道,严禁乱排、乱流施工污水。

(2) 在施工人员临时驻地厕所设临时化粪池,将粪便污水经化粪池预处理后排入市政污水管网。施工工人宿舍的设置应尽量选择村镇等市政设施比较完善的区域,宿舍产生的生活污水应设置密闭管道排入市政污水管网。

(3) 禁止含油污、泥沙的施工污水直接排入地表水体,应经沉淀、隔油处理后再行排放。

2.2.6 生态环境的保护技术

城市轨道交通施工建设期对生态环境保护的要点主要为尽量少破坏原有景观,施工后尽可能恢复地面与植被。

(1) 施工场地集中布置,把施工区、生活区、材料加工区、渣土堆放场地等紧凑、有机地布置在一个区域,以减少占用场地的面积,尽量不破坏原有植被。

(2) 施工场地周边采用硬式围挡,材料堆放、材料加工、出渣等场地均设置围挡封闭,施工结束后恢复地面和原有植被。

除上述措施外,各地区会根据地形地貌、气候、植被环境等的不同,结合不同城市的管理条例,对当地的生态环境采取相应的具体的保护措施。

如成都地铁施工期对生态环境的保护措施主要有:

(1) 成都地铁施工弃渣以砂夹卵石为主,该类型弃渣是建筑工程中常用的建筑骨料,应结合成都市城市建设,充分考虑弃渣的综合利用,特别是利用砂夹卵石弃渣做建筑骨料,以减少弃渣量和弃渣占地。

(2) 工程施工单位应结合成都市气候特征,事先了解区内降雨特点,制订土石方工程施工组织计划,避开雨季进行大规模土石方工程施工;进行土石方工程施工时,应采取必要的水土保持措施,同步进行路面的排水工程,预防雨季路面形成的径流直接冲刷造成开挖立面坍塌或底部积水。

(3) 工程施工期间,施工场地的布设以及施工营地的搭建确需占用绿地的,施工单位应根据《成都市城市园林绿化条例》《成都市中心城区树木砍伐、移植管理办法》等有关条例的要求,对占用绿地以及砍伐、移植树木,须报请当地相关管理部门,办理相关手续后方可实施。施工场地应尽可能采用临时绿化措施,施工结束后,应及时对场地进行环境卫生清理,拆除围挡,并根据场地土壤状况和规划要求进行绿化恢复。

(4) 进一步优化站位及其平面布局,合理布设施工场地,在满足施工需要的前提下,尽量减少对土地资源的占用,杜绝施工范围的乱占、乱扩,并尽可能地少占或避开城市绿地系统。严格控制施工场地规模,场界四周应设置围挡,施工结束后,及时清理现场,拆除硬化地面,迹地恢复。

西安地铁一号线施工期对城市社会、生态环境的防护措施有:

(1) 在施工前应对沿线所涉及的道路和各种地下管线,如供电、通信、给排水管线等进行详细调查,并提前确定拆迁、改移方案,做好各项应急准备工作,确保施工时不致影响沿线地区水、电、气、通信等设施的正常供应和运行，保证社会生活的正常状态。

(2) 为了保证有序施工，并使沿线地区居民生活和交通影响减少到最低程度，施工期道路交通车辆应进行分流规划，对施工机械及运输车辆行进路线进行统一安排，施工道路上应减少交通流量，以防止交通堵塞。

(3) 施工单位应根据当地城市绿化要求，对占用绿地以及砍伐、移植树木，须报请有关主管部门同意后，方可实施。施工完毕后应尽快清理场地、恢复绿化。

(4) 本工程沿线有文物、遗址及古墓葬等的，建设单位应在施工前按《中华人民共和国文物保护法》的相关规定，履行相关法律手续，经文物主管部门同意后方可施工。采取有效措施，控制地面沉降，以免对地上的文物建筑造成损坏。

深圳地铁施工期对生态环境的防护措施有：

(1) 对明挖路段必须做好施工期间的排水工程，防止开挖断面造成坍塌，回填土及弃土堆放场应加护墙板，防止雨水冲刷造成水土流失。处理弃土应领取余泥渣土排放证，按指定的受纳场地排放。施工一经完成应按规定及时对回填区段、回填土、弃土、原材料等临时堆放场进行植被恢复。

(2) 为确保有序施工，居民生活和城市交通影响减少到最低程度，制订交通缓解方案，施工基地两侧设置安全围栏、安全警示灯及指示路牌。运输车辆应按规定，保持车容整洁，采取覆盖措施，按规定时间、规定线路行驶，防止遗洒。设置临时洗车场，对车容不整的车辆进行清洗。

(3) 在施工前，应做好准备，对地铁路段所涉及的道路，包括供电、通信、燃气、给排水等各种管线进行详细调查了解，做好应急准备，保证居民生活的正常状态。

2.2.7 城市形象的应对设计

高架轨道交通对城市景观空间的影响是双重的，高架轨道交通可以给乘客提供新的观赏点、新的观赏方式；人们以高速度、在较高的视点上欣赏城市，可以获得不同于步行状态下的平视景观，从而使轨道交通成为展示城市美好形象的“景观线”。其次，高架轨道交通本身是一种巨大的人工构筑物，具有人工构筑物的结构美和粗犷美，给人们的视觉冲击强烈，处理得当则会成为城市的一道风景。

(1) 巧妙选线，利用沿线风景资源，形成轨道交通视觉廊道

高架轨道交通在决定其线路的走向和处理方式时，要考虑与周围环境的关系。一方面，使用园林设计中的借景、对景等造景手法，把高架线路沿线的人文景观与自然景观有机组合起来，以创造动态变化而又连续的视觉景观。例如，通过线路的蜿蜒曲折变化，适当增加一些通透感和视线诱导，避免形成单调、呆板的视觉景观。乘客在乘坐轨道交通时，随着列车的行驶，沿途的景观以一定秩序呈现在乘客眼前，高架线路作为一条“线”把城市的景观节点、标志物、自然与人文景点串联起来，展现在乘客眼前的是一幅徐徐展开的美丽画卷。而乘客的视点较高、速度较快，会获得与步行状态下不同的视觉感受，形成高架轨道交通独特的风景视线。高架线路则形成一条展示城市形象的视觉廊道。另一方面，要考虑高架桥与城市景观的关系，把高架桥作为城市景观的一个元素，综合考虑高架桥与城市环境的协调与融合，做到高架桥与城市相融，与景观互补，个体与总体统一协调。在考虑高架桥对城市整体轮廓线观赏的同时，其架设也不能影响城市特色景观的观赏，要保证城市主要自然景点和特色建筑良好的观赏效果。总之，一条精心设计的高架轨道线路，在便捷适用的同时应能保护和最大限度地展现城市的特色景观和景点，桥体个体造型应最大限度地与环境相互融合，取得较为协调的效果，带给人们舒适愉快的视觉感受。

(2) 改善桥梁的色彩

一般来讲，具有高彩度的桥体容易使人产生类似于一堵墙的感觉，而过于花哨艳丽的色彩装饰往往又会产生视觉干扰，而选择得当的颜色可以增加桥体的美感，削弱体量，使其与环境达到协调。

公众参与作为城市设计的一个重要原则，越来越受到规划设计部门的重视。高架线路穿行在城市中，无论市民是否将其作为日常出行的主要交通工具，其每天都会直接或间接地接触到它。作为一个大型构筑物，其色彩是否符合公众的审美观点是相当重要的。针对外饰色彩问题，在某个规划设计过程中，有关部门进行了景观影响公众调查。调查表总计发放了260份，主要调查对象为30至50岁的人群，另外还有40名在校大学生和20名建筑系高年级学生。最后回收有效问卷238份，其中对于桥梁外饰色彩的公众期望值这个问题，由于调查对象的年龄、职业和生活环境的差异，产生的期望值也存在一定的差异，但在统计数据分析中，发现69.3%的被调查者选择白色、天蓝色、灰色和天空色作为高架桥梁的外饰色彩。这种倾向明白无误地表明，公众普遍希望轨道交通高架线路这种大型人工构筑物应该是城市空间中的背景，应该通过色彩手段尽量虚化高架桥梁的巨大体量；其余约有26.9%的人选择了绿色、黄色、混凝土原色的色彩，这些颜色或与绿化色，或与周边建筑物的色彩相类似，从而表达了一种希望高架桥梁色彩与周边环境相协调的愿望；此外也有小于4%的人选择了比较鲜艳的色彩，他们认为轨道交通是一种新的交通方式，需要着力渲染它的技术美。

(3) 改变桥梁的形体

梁部结构形式有槽形梁、下承式脊梁、T梁、板梁和箱梁等，其中箱梁具有截面外形简洁，底面平整光洁，线条流畅，景观效果优异等特点。目前，国内大部分的轨道交通高架桥梁采用箱梁（见图 2.2-1），如杭州地铁一号线等。常规的箱梁结构在视觉上是桥板和桥梁之间两个体块的简单结合，在桥板和梁体的结合处存在折线。由于这一阴线的存在，产生板、梁之间的阴影变化，将使桥梁的形体趋于复杂化。如果以弧面作为这两个面的过渡，则原本两个体块交接处的阴线将消失，桥板与桥梁之间的体块连接更为顺畅，整个桥梁在视觉上融为一体，外形简单化能在一定程度上减轻箱梁的厚重感，也可使其更具现代特色。

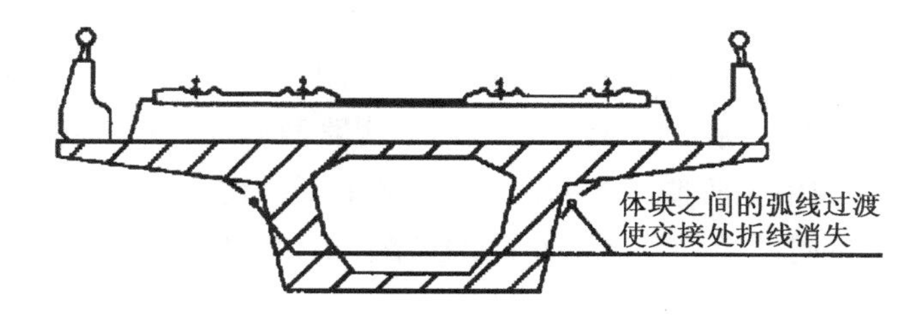

图 2.2-1　箱梁剖面图

（4）桥下空间综合利用

对于城市道路空间中的高架结构，不同用路者的视觉特性是不同的。一般常用视线距离 D 与高架结构建筑物的视平线以上的高度 H 之比 D/H 来描述道路与建筑的空间比例，它与观察者的垂直视角及观察效果见表 2.2-1。

对于以步行用路者为主的街道，从视线集中的要求来讲，高架结构建筑物与街道宽的比例适宜在 1∶1～1∶3 以内；当 $D/H<1$ 时，会使行人具有接近感和压迫感；当 $D/H=2\sim3$ 时，则用路者有充分的距离观赏高架建筑的空间结构；而当 $1\leqslant D/H\leqslant2$ 时，高架结构虽具有封闭能力但不会产生建筑压迫感。当然，商业街的 D/H 宜小于 1，这样不仅空间紧凑，而且也显得繁华热闹；对于居住区，则需要有足够的空间对建筑群进行观赏，D/H 值就应该大。

表 2.2-1　视觉效果表

D/H 值	垂直视角	观察效果
1	45°	细部、局部
2	27°	主体
3	18°	总体
4	14°	轮廓
5	11°20	观察其与环境间的关系

大部分高架线路位于城市主干道侧，线路两侧由于环境保护和工程技术等要求的退让距离，大约有 15～25 m 的净宽度。此外，因桥梁结构等技术方面的要求，高架桥梁的跨度一般在 25～30 m 之间。对这部分空间，通过适当的绿化和景观营造，可以作为市民的公共活动空间。国外已经开始逐渐重视和积极利用这一空间，比较成功的如日本名古屋大道公园，该处轨道交通高架桥梁从公园上方穿过，虽然轨道交通车辆的运行带来了间歇性的噪声和灰尘，但在大部分时间，桥体下方还是给人一种怡静的感觉，成为当地市民主要的活动、游玩场所。同时，这种景观设计方式也能够给地铁列车上的乘客带来良好的视觉效果，对提升城市形象，改善城市景观面貌，具有积极的作用。此外，桥梁下连续的植被和铺地，也可以对视线起到引伸的作用。最后，线路两侧通过植树绿化，可以在一定程度上改善高架桥体所造成的粗壮、巨大和单调的视觉观感。特别是在一些重点路段，通过不同的植物和街头小品的搭配，不仅能够美化市容，而且可以营造出具有地方特色的景观。

2.2.8 施工沉降的防治措施

地铁工程建设是一项复杂的工程项目，涉及隧道开挖与支护等诸多施工环节，非常容易出现地表沉降等危害，有效防范地铁施工沉降问题离不开沉降监测手段以及控制方案的应用。

(1) 监测手段

① 监测范围与内容

在开展地铁施工作业期间，为了保证地铁施工有序开展，主要监测范围一般选择为站线结构外缘两侧 30 m 范围内的道路、地面、管线以及地面和地下构筑物或建筑物。而针对地铁施工沉降的具体监测内容而言，主要包括监测地下水位的变化，管线、地表以及道路的沉降，地面构筑物或建筑物的裂缝、倾斜与沉降等。基于这种监测范围与内容的确定，可以为整个地铁施工营造一个良好的施工环境，更有利于提高地铁施工的质量。

② 监测布点

布设基准点。以地铁车站为中心来科学设定测区，之后再在各个测区当中设置数量不少于 3 个的可靠、稳定水准基准点，用于专门对工作基点的稳定性进行测定与校验，或者可以将其直接当作监测点起点进行确定。在设定水准基准点期间可以在变形区之外的原状土层或基岩层当中埋设标石，或者可以结合测量控制网中所设置的各种控制点进行设定，又或者可以在一些稳固性比较好的构筑物与建筑物的墙上设定水准点。如果条件不合理，那么可以在变形区之内进行深层金属管水准基准点埋设。此外，在设定各类水准基准点期间要避开水源地、交通干道、滑坡地段以及其他会破坏或腐蚀标石的位置。而在埋设标石之后，需要保持其达到稳定状态后方可进行观测，相应的稳定期不宜小于 15 d。

布设沉降变形点。在地铁工程施工过程中，出现沉降的地方主要有建筑物、地表道路、管线等，对应的沉降监测点的布设要点如下：其一，针对建筑物沉降的监测点布设，可以将布设点设定在构筑物或建筑物倾斜或沉降的位置，如建筑物沉降缝两侧或裂缝两侧，以及较长建筑物出现形体改变的位置。在设置标志期间，要保证其结构的合理性与稳固性，并要避开外在的障碍物，保证不会对构筑物或建筑物的美观性产生影响，同时也更有利于进行观测。如果建筑物外墙设定有厚度比较大的装饰物，那么可以在相应的地下室当中科学进行沉降观测点布设，如果缺乏地下室，那么可以将相应标志设置在室内有关位置。如果观测点出现破坏问题，那么在原位置或者本着就近原则及时进行补设，确保整个数据观测操作的连续性。其二，针对地表道路沉降的监测点布设，一般可以沿着地铁隧道中心线平均每隔 50 m 进行布设，如果重要主干道路宽度处于 30～40 m，并且在遇到立交桥或横交道路时可以相应地进行横断面测点布设，并分别设计 5～7 个测点。此外，地铁结构边缘 30 m 之内的线路两侧位置处也要设定适宜数量的沉降观测点；在地铁车站出入口边缘线 30 m 范围内涉及的建筑物、地表与道路等也要相应地进行测点布设。其三，针对管线沉降的监测点布设，通常可以基于地下管线图与管道两接头之间的局部倾斜度（值）的相应控制标准来进行测点布设，并且可以相应地分成污水、供水、煤气与电力等几种类型的管道性质，一般沿着管道 40～50 m 范围内进行布设，其中的重要管道可以沿着 30 m 进行布设。通过科学埋设标志与测点位置，可以对各类管道的实际沉降变化进行准确反映。而针对管线监测点的编号设定而言，可以采取“管线类别代码＋序号”的方式进行确定，相应的管线类别代码包括“*Y*”（雨水）、“*D*”（电讯）、“*R*”（燃气）、“*X*”（箱涵）、“*L*”（电力）、“*W*”（污水）等。此外，针对那些埋深比较浅的管线而言，布点可以直接设定在管线上，并可以相应进行设定观测井方式进行确定；针对那些埋深比较大的管线，可以利用不锈钢导管进行测定，其间要借助 PVC 管进行保护。

③ 裂缝与地下水位监测

裂缝与地下水位也是地铁施工监测中的关键点，其具体要点为：其一，针对裂缝监测，主要是监测那些比较大的裂缝，并相应地构建专门的建筑物或构筑物裂缝状况数据库。在监测裂缝期间一般可以采取定期测定的方式来对构筑物或建筑物的裂缝分布位置进行测定，具体包括监测裂缝的宽度、长度以及走向等相关的变化情况；针对监测的裂缝也要做好统一编号，不同裂缝的两侧都可以相应地布设 2～3 组用于观测的专门标志，尤其是要保证裂缝宽度最大处以及裂缝末端部位设置一组测点，相应的宽度测量精度要达到 0.1 mm。其二，针对地下水位的监测，要保证所设置的测点可以对地铁全线开挖过程中的地下水位变化进行全面监测。地铁车站上面测孔的布设位置应该设置在基坑外侧接近构筑物或建筑物的区域，布设组数可以控制在 3～4 组。针对区间地铁隧道的测控布设，可以沿着线路两侧重要建筑物以及高大建筑物之前来进行布设。地下水位观测过程中要做好地下水位观测井以及观测设备（水位计）使用方案设计。

(2) 控制方案

① 洞内地层加固施工

在地铁施工洞内进行施工期间，洞内塌陷是比较常见的一个沉降问题，这主要是由于挖方施工作业中容易出现过大的沉降值，影响了施工作业空间的规模性。针对这种情况，可以应用洞内加固施工工艺来对相应的沉降问题进行有效控制，具体就是借助混凝土浆料来对相应施工任务开展控制，在发现施工问题后要及时加以调控与解决，尤其是要合理调整浆料流动性和强度，在此基础上借助灌浆加压处理的方式来使浆料通过超前导管运送到特定位置，以此加固基层土壤，提升结构压实程度，避免后续施工作业阶段出现沉降问题。

② 背后回填注浆施工

这种施工工艺主要是对地铁施工中的局部结构进行加固处理的。在地铁隧道修建到一定规模之后即可形成环路，此时需要在背部开展回填施工作业后，保证可以对地面沉降问题进行有效解决，同时还要保证其所承受的压力确定在额定范围内，这样可以将下沉值控制在规定范围内。为了解决施工作业中出现的地面沉降问题，施工单位可以在相应施工阶段中开展注浆加固施工，由于此时还没有修建成基础结构，所以必须要切实做好隧道背部混凝土材料的加固处理，否则容易因为施工作业过程而影响了地铁隧道工程施工的整体质量与安全性。回填注浆施工过程中需要有效控制时间，保证注浆施工作业中的密实度满足相应施工标准。在实际施工作业中，一般会将导管插入地下结构中，之后运用分段注浆施工工艺来确保整个施工作业的质量，力求全面确保注浆加固施工的质量。

③ 开挖施工控制措施

在开挖施工作业期间会不可避免地出现渗透或下沉等问题，所以在实际施工作业过程中可以运用局部加固施工工艺来确保整个施工过程的质量。第一，要有效地控制测量的精准度，保证可以借助调控方案的科学设计来有效控制工程施工作业中的沉降情况，同时伴随着地铁工程项目的开展也要及时调整沉降控制方案，保证可以降低施工沉降值。第二，在开展挖方施工作业前要切实做好相应结构加固支护处理，具体需要结合预先设定的支护设计参数来做好超前导管设计，其间可以结合施工地段的实际情况来对导管长度与数量进行科学确定，保证可以借助导管注浆施工来加固整个结构的稳固性。

2.2.9 文物保护

城市轨道交通建设不可避免地存在对周围地层，包括文物古建（构）筑等各类建（构）筑物产生施工扰动的可能。与现代建筑相比，古建（构）筑的结构整体性往往较差，抵抗各类施工扰动的能力较低。因此，在线路规划设计和邻近或穿越施工都应对文物建（构）筑物予以足够的重视与保护。

（1）科学规划网线，从源头上规避风险

规划是城市轨道交通建设文物保护的源头。轨道交通线路规划既要以城市总的发展目标、城市用地空间等来确定城市轨道交通的总体布局，以保证城市的可持续发展与管理，同时也要充分考虑沿线重要地面文物建（构）筑物分布情况，重视文物保护与文物安全，尽量避开文物建（构）筑物。如西安地铁在线网规划时首先考虑了避开重要遗址和古建筑，确保遗址的完整性和不影响历史文化名城风貌；太原城市轨道交通规划线网基本绕避了已知的文物保护单位，距离最近的文物保护单位保护范围 30 m，均未进入建设控制地带；南京地铁 1 号线与古城直交，线路采用高架形式从中华门附近跨过。这些规划理念都体现了轨道交通建设对文物的尊重与保护，很好地解决了轨道交通建设与文物保护的矛盾。

（2）沿线古建（构）筑前期调查与评估

① 对施工影响范围内古建（构）筑调查

包括古建（构）筑物的规模、形式、基础构造（形式、尺寸、埋深、材料等）、建造年代、使用状况（包括现有损坏程度）和维修难易等。

② 古建（构）筑物现状评估

主要是安全性的评估，包括地基基础和上部结构承载力的验算及评估、结构变形、裂缝、构造与连接等。根据建筑物安全性鉴定的相关规范、规程判断古建（构）筑物的现有安全等级。

③ 确定古建（构）筑物容许变形量

在了解古建（构）筑物地基条件、基础形式、上部结构特性、周围环境、使用要求的同时，对地面沉降（或隆起）量和影响范围进行预测，以不产生结构性损坏的前提下，确定沉降和倾斜限制指标。

(3)古建(构)筑物变形监测

盾构施工(包括站点基坑开挖)必然会引起地表移动和变形,地层的沉降将对处于影响范围内的古建(构)筑物带来裂缝、倾斜、甚至倒塌等风险。因此,在施工过程中,必须对古建(构)筑物及周围地表实施全程监控量测,及时提供监测信息和预报,评估盾构施工对古建(构)筑物的影响程度,预报可能发生的安全隐患。在监测过程中,对各监测项目对照变形限制指标采用预警值、报警值、极限值三个等级进行控制。通过监测结果指导施工参数的优化,或采取加固措施,保证古建(构)筑物安全。

① 监测点的布置

目前国内轨道交通施工基本上采用盾构施工法,盾构施工中的地层变形基本上是垂直方向的位移。因此监测点的布设以垂直位移监测点为主,特别地方须布设水平位移监测点。古建(构)筑物沉降监测点的布设应以能全面反映古建(构)筑物地基变形特征,并结合古建(构)筑结构及现场情况确定。古建(构)筑物测点应在不破坏外观的原则下,在古建(构)筑物的四角、门窗边角、突出部位及沿外墙每 10～15 m 处或每隔 2～3 根承力柱基上布设沉降观测点,观测古建(构)筑物在盾构穿越前后所发生的变化。

② 监测方法

沉降监测:采用当地统一的高程系统,每次观测宜形成闭合或附合水准路线。观测方法采用精密水准仪配合铟钢尺测量。基点和附近水准点联测取得初始高程。观测时各项限差应严格控制,每测点读数较差不宜超过 0.5 mm,如超过时应重读后视点读数,以作核对。首次观测应对测点进行连续两次观测,两次高程之差应小于±1.0 mm,取平均值作为初始值。以地表监测基点为标准水准点,监测时通过测得各测点与水准点基点的高程差,可得到各监测点的标准高程,然后与上次测得高程进行比较,差值即为该测点的沉降值。

倾斜监测:用全站仪进行观察。在待测古建(构)筑物顶部做"+"标记,底部对应位置标志处观测时放置钢尺。一般采用测定建筑物顶部观测点相对于底部观测点的偏移值的方法,根据建筑物的高度,计算建筑物主体的倾斜度。

裂缝监测:用两块白铁皮,一片取 150 mm×150 mm 的正方形,固定在裂缝的一侧,并使其一边和裂缝的边缘对齐。另一片为 50 mm×200 mm,固定在裂缝的另一侧,并使其中一部分紧贴相邻的正方形白铁皮。当两块白铁皮固定好以后,在其表面均涂上红色油漆,如图 2.2-2 所示。当裂缝继续发展,两白铁片将逐渐拉开,露出正方形白铁片上原被覆盖没有涂油漆的部分,其宽度即为裂缝加大的宽度,可用尺子量出。

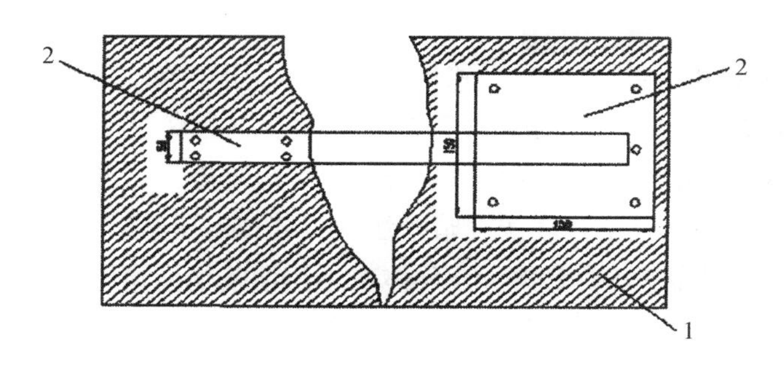

1—墙体；　　2—白铁皮

图 2.2-2　箱梁剖面图

③ 监测范围及频率

一般情况下，在盾构施工点的前方大约 10 m 以及后方的 25 m 范围，都属于每次观测的范围，每天至少观测两次，早晚各一次。当然，涉及古建(构)筑物，监测的范围都要适当扩大，观测频率也应加密。当监测数据达到报警范围，或遇特殊情况，应 24 h 不间断跟踪监测。如宁波轨道交通 1 号线在侧穿古建(构)筑施工时，监测范围和频率作了适当的调整(如表 2.2-2)。

表 2.2-2　宁波轨道交通 1 号线侧穿古建(构)筑施工时的监测频率

监测项目	D 为掘进面至古建(构)筑的距离				
	距掘进面前后 30 环	30 环<D<50 环	50 环<D<100 环	100 环<D<200 环	200 环<D
自动化监测	1 次/2 h	1 次/3 h	1 次/6 h	1 次/12 h	1 次/24 h

④ 报警控制指标

在各项监测的数值达到一定范围，将产生不可接受的负面影响时，要进行“报警”。报警值应由设计单位、建设单位、施工单位根据地层条件、施工条件和古建(构)筑物现状等确定，并须经文物管理部门同意认可。

⑤ 建立监测信息系统

利用计算机技术对施工监测工作所产生的监测数据和基础信息即时进行存储管理、综合分析，实行信息化施工，并利用网络通信技术进行数据的传输、发布，以便设计、施工、监理、文物管理部门能够及时掌握监测信息，根据施工监测情况及时调整施工工艺、参数等，把穿越施工对古建(构)筑的影响控制在最小范围。盾构穿越后仍须对古建(构)筑物进行一定周期的后续监测，并随时根据监测数据采取必要的预案措施，确保古建(构)筑物的安全。

(4) 地表沉降控制

盾构掘进会引起地层损失，导致地表移动和变形。处于地表沉降影响区域的古建(构)筑物因施工扰动超过了其抗干扰能力，造成裂缝、倾斜，甚至倒塌。因此，控制和减少地表沉降是保护古建(构)筑的最好办法。对于控制地表沉降，我国在施工实践中总结了一套浅埋暗挖法的工艺技术要求，即“管超前、严注浆、短开挖、强支护、快封闭、勤量测”，充分体现了浅埋暗挖隧道施工的精髓。

① 掌握盾构掘进参数与地层位移间的规律

以穿越古建(构)筑前 100 m 长度作为试验段，根据地表变形监测数据及盾构施工所采用的参数，掌握不同地层中盾构机掘进参数和地表沉降的关系及盾构到达前、盾构到达时、盾构通过时和盾构通过后的延续沉降规律。不断优化调整，以使盾构在穿越古建(构)筑过程中能随地质、埋深、环境条件变化而动态地、合适地确定施工参数，作出快速、灵活兼预测性的应变反应。

② 严格控制盾构正面土压力

盾构正面土压力是首先要设置好的施工参数。一般开挖面实际土压力与盾构土舱内设置的土压力总有偏差，故设置正面土压力要通过盾构在试验段中的地面沉降监测反馈而定。特别在盾构穿越古建(构)筑时，要以理论预测为导向，根据关键监控点实时监测反馈，适时准确地调整土压力以控制保护对象的隆沉，如盾构机前方地表下沉则将盾构机土压提高，盾构机前方地表隆起则降低土压。在实际施工过程中土压力与出土量紧密联系，应及时总结得出最合理的土压力及出土量，尽量减少对土体的扰动，使土体位移量控制在最小范围内。

③ 盾构姿态和纠偏量的控制

盾构进行水平或垂直纠偏过程中，必然会增加建筑空间，造成一定程度的超挖，增加土体损失量。因此，盾构机穿越古建(构)筑物之前须将姿态调整到良好状态，始终让盾构保持在隧道的设计断面上均衡、匀速推进，杜绝偏斜现象的发生，以减少盾构在地层中的摆动和对土层的超挖。

④ 出土量控制

出土量与土压力值一样，是影响地表沉降的重要因素，如上海在软黏土中的盾构施工，其出土量控制在理论土方量的 80%～90%，使得地表不发生隆起现象。

⑤ 盾尾建筑空隙及时、足量充填注浆

严格控制管片环的预制质量、强度、外观尺寸及预留孔道位置，防水层必须处理好，要求在管片拼装完成后的截面尺寸合格并且严丝合缝，保证管片的防水抗渗性。

保证及时、足量压注浆液，控制注浆压力。注浆材料要产生收缩，因此压注量必须超过理论建筑空隙的体积，一般应超过10%左右，或在注浆材料中掺入膨胀剂。注浆压力理论上要大于该点的静止水压力与土压力之和，但压力不能过大，压力过大会使周围土层产生劈裂，这样管片外的土层将会被浆液扰动而造成较大的后期沉降，并易出现跑浆现象。注浆压力过小，浆液填充速度过慢，填充不足，也会使地表变形增大。

采取二次（或多次）注浆以降低地表沉降速率。由于盾构推进时同步注浆的浆液在填补建筑空隙时，有可能会沿土层裂缝渗透而依旧存在一定间隙，且浆液的收缩变形也存在地表变形及土体侧向位移的隐患，受扰动土体重新固结产生地面沉降。因此根据实际情况（监测结果）需要，在管片脱出盾尾5环后，可采取对管片后的建筑空隙进行二次（或多次）注浆方法填充。浆液为水泥、水玻璃双液浆，注浆压力3～5 bar。二次注浆根据地面监测情况随时调整，保证地层变形量减至最小。

⑥ 土体加固

土体加固包括隧道周围土体的加固和古建（构）筑物地基的加固。前者通过增大盾构隧道周围土体的强度和刚度，以减少或防止周围土体产生扰动和松弛，从而减少对邻近古建（构）筑物的影响。后者通过加固古建（构）筑物地基相邻土体，提高其承载强度和刚度以抑制古建（构）筑物的沉降变形。这两种加固措施一般采用化学注浆、喷射搅拌等地基加固的方法来进行施工，如西安地铁2号线穿越钟楼前，在钟楼周边进行压浆，以加固钟楼下的土体，确保钟楼安全。

⑦ 隔断法

隔断法是在靠近建筑物进行盾构（或站点基坑）施工时，为避免或减少施工时地层松弛和地基沉降对建筑物的影响，而在两者间设置隔断墙予以保护的方法。隔断墙墙体可由钢板桩、地下连续墙、树根桩、深层搅拌桩和挖孔桩等构成，主要用于承受由地下工程施工引起的侧向土压力和由地基差异沉降产生的负摩阻力，使之减小建筑物靠盾构隧道侧的土体变形，如上海地铁11号线侧穿徐家汇天主教堂前采用MJS（全方位高压旋喷注浆）隔离桩预加固措施，对教堂起到较明显的隔离保护作用，大大减少了盾构推进过程中的建筑物沉降。还须注意，隔断墙本身的施工也是邻近施工，故施工中也要注意控制对周围土体的影响。

(5) 古建（构）筑物本体加固

如古建（构）筑物具有较大的破坏风险时，应遵循“先加固、后施工”的原则。通过加劲筋、加固墙、设置支撑等直接对建（构）筑物上部结构进行加固，或通过加固桩、锚杆等对古建（构）筑基础进行加固，使其结构刚度加强，以适应地基土变形而引起古建(构)筑物变形。实际工程中需要根据古建(构)筑物的结构和基础特点选用相适应的方法。

(6) 盾构穿越后古建(构)筑物安全风险评估

在盾构穿越古建(构)筑物后,根据古建(构)筑物地基基础的最终沉降值以及建筑物的倾斜量,对古建(构)筑物的地基、结构的承载力进行复核,判断古建(构)筑物的安全状况以及还能承受的附加沉降值或倾斜量。如果经过复核后,地基基础或结构承载力接近甚至超过极限承载力时,则应对地基或古建(构)筑物本身进行加固或维修,以保证古建(构)筑物的安全。

3 城市轨道交通运营环境影响及控制技术

交通运输系统往往是一个城市给人的第一印象，也是这个城市经济发展条件的一面镜子。可是，随着城市经济的迅速发展、机动车数量的不断增加，却带来了很多令人们困扰的问题，如道路交通的日益拥堵，不断发生的交通事故；机动车废气排放对大气环境质量的影响越来越大，城市空气的污染变得越来越严重；机动车辆的噪声也影响极大，现今的城市公路网络发达，较多居民点都与马路紧邻，其噪声影响是不言而喻的。因此，人们越来越认识到发展公共交通的重要性，尤其是发展城市轨道交通这样一种相对快捷又绿色安全的交通出行工具。

目前我国的城市轨道交通已经发展到相对较高的水平，积极引进国外的先进技术、设备和优秀人才，打造更具国际化、更加优良的城市轨道交通系统，不但方便人们的出行，更为人们提供安全舒适的出行环境，优化了城市的交通形象和提高了交通效益。随着国家加大对各种基础设施建设的投资力度，有条件的城市、地区纷纷开展关于城市轨道交通的研究和论证。因为，在轨道交通促进城市经济增长并改善城市生态环境的同时，也会产生一些不利的环境影响，而通过研究和论证才能更好地控制和减缓其不良的环境影响，进入一种正确的良性循环阶段。通过轨道交通与传统公共汽车的比较可以看出，轨道交通运量大、运营速度快、所通区域范围广、不存在交通拥堵现象等，且在运行过程中废气排放量较小，但是其耗能大，投资建设费用较高，运营管理投资较大，可能会对城市地下系统如地下水资源等方面产生一定的影响。

城市轨道交通运营期对环境的影响主要有声、振动、大气、地表水、地下水、固体废物、电磁辐射等几个方面，本章将对上述影响的来源一一进行分析并对目前国内常用的防治措施进行总结。

3.1 声环境

3.1.1 声环境污染来源

声环境的影响主要表现为噪声污染。噪声污染是一种能量污染，属于物理污染范畴，具有可感受性、局部性和暂时性等特点。轨道交通是城市居民重要的出行方式，而城市轨道交通的运行必然会产生各种噪声，从而严重影响居民的日常生活。一般而言，城市轨道交通的噪声主要为高架线路上列车运行、车站设施运作和车辆段工作所产生的噪声。

(1) 高架线路上列车运行噪声

城市轨道交通按产生噪声的声源可分为轮轨噪声、集电系统噪声、空气动力噪声、机车非动力噪声、牵引动力系统噪声、列车运行车体噪声、高架轨道结构噪声等(如图 3.1-1)。轮轨噪声为线声源，其它声源均为点声源，对于沿线敏感点来说轨道交通噪声为这几类声源的声能量叠加，轨道交通噪声的声级大小和声源特性与车流密度密切相关。

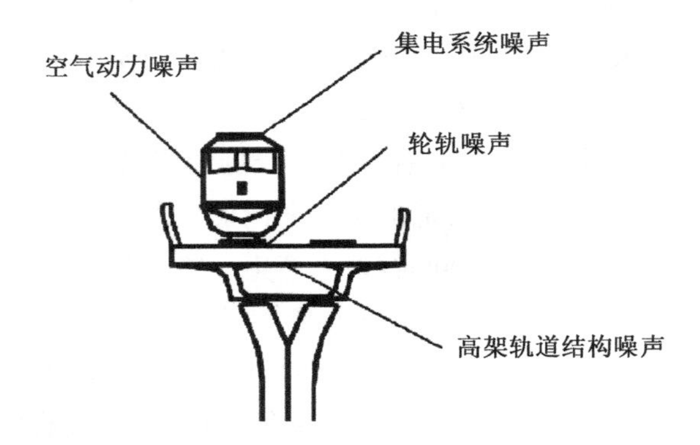

图 3.1-1 铁路噪声声源示意图

① 轮轨噪声

列车运营时，车轮和轨道接触部位将产生相互摩擦，从而向周边辐射声波，即为轮轨噪声。影响较为严重的情况有：当列车在轨道半径较小的曲线及进入岔道行驶时发出高频刺耳噪声；列车在行驶时经过钢轨间的接头时所发出的“撞击声”。

② 集电系统噪声

集电系统噪声主要由电弧噪声、受电弓气动噪声和受电弓滑动噪声组成。电弧噪声是受电弓与导线之间发生脱离，产生离线现象而发出的电火花声。由于受线路、车辆结构等多方面因素的影响，在车辆运行时，容易产生因受电弓脱离导线而产生的电火花声。

③ 空气动力噪声

空气动力噪声主要产生于车体结构表面，是由于列车运行时对空气的扰动而产生的，气流黏滞性在车辆表面引起附面层压力变化，激发表面振动，从而产生噪声，它与车辆的外观轮廓和车速有关，主要源于车辆顶部的空调装置和通风装置。

④ 机车非动力噪声

机车非动力噪声主要是由列车制动系统、空压机、列车车门、内部通风空调系统等辅助系统产生的噪声。此外还包括列车上的悬挂系统、液压减振器、通道、车钩等其他物件间相互摩擦和撞击而产生的噪声等。

⑤ 牵引动力系统噪声

牵引动力系统噪声是列车牵引电机、压缩机、齿轮箱以及冷却风扇等牵引系统设备运转所产生的噪声。这类噪声的大小在很大程度上取决于车辆性能的优劣。

⑥ 列车运行车体噪声

列车运行车体噪声包括机车、车辆车体因振动而辐射的结构噪声，此类噪声呈中、低频特性。

⑦ 高架轨道结构噪声

列车通过高架桥梁时，轮轨会引起桥梁结构的各个构件产生振动，形成二次辐射噪声。这种桥梁结构振动所产生的噪声是其他普通线路中没有的，代表了高架轨道结构噪声的特点。

城市轨道交通产生的噪声是上述几种噪声共同作用的结果，并受到列车运行状态和轨道设备等因素的影响，各种噪声所占比重各不相同。荷兰学者 M. G. Dittrich 通过研究得出，当列车运行速度小于 60 km/h 时，列车牵引电机及辅助设备噪声占主要成分；当列车以 60～200 km/h 速度运行时，轮轨噪声占主要成分；当列车运行速度大于 200 km/h 时，空气动力噪声占主要成分。

由于我国城市轨道交通一般的运行时速在 60～80 km/h，所以其噪声主要来自列车运行时的轮轨噪声。

与其他交通类型噪声相比，城市轨道交通噪声具有一定的特点，可以总结概况为以下几个方面：

① 轨道交通噪声源为流动污染。列车噪声是随着车辆的运行而传播的，其噪声持续时间较短。

② 轨道交通噪声传播面较广。列车运行噪声较大再加上许多路段都采用了高架桥设计，使得列车噪声源位置提高，更容易向外传播。

③ 轨道交通噪声具有暂时性和间歇性。轨道列车行驶速度较快，因此铁道周边受其噪声一次性影响时间较短，例如列车总长度为 200 m，其行驶速度为 100 km/h 时，它经过某点的时间只有 7 s 左右。

(2) 车站设施运作噪声

车站内，特别是地下车站的主要噪声源主要包括环控通风系统噪声、冷却塔噪声和乘客进出地铁口引起的客流噪声等。

① 环控通风系统噪声

环控通风系统噪声主要是因隧道及车站通风空调系统运行导致的，这些系统设备在运行过程中会产生一定频率的振动，导致噪声产生，主要有空调系统机械振动产生的噪声、气体流动导致的空气动力噪声、风机及电机运转造成的噪声和风亭传递噪声等。

在上述通风系统中，风亭是轨道交通的特征噪声源。风亭是地铁车站及区间隧道与外界进行空气交换的端口，按照功能可分为新风亭（口）、排风亭（口）和活塞风亭（口）。新风亭将地面新鲜空气吸入地铁站内，排风亭将站内的空气排出，使得地铁站内外空气能够循环流通，活塞风亭用于平衡车辆进出站时车站内的气压。研究比较发现，正常工况下，各类风亭噪声源强从小到大一般依次为：活塞风亭、新风亭、排风亭。新风亭噪声源强与受新风风机是否开启影响，不开启新风风机时，其噪声源强与环境背景噪声相同；当开启新风风机时，噪声源强会高于环境背景噪声值，但一般小于排风亭。活塞风亭噪声为非恒定声源，当有列车经过时噪声源强由小到大再变小，无列车通过时活塞风亭的噪声源强基本与环境背景噪声相同；活塞风亭噪声变化周期的长短与地铁列车车速有关。

② 冷却塔噪声

地铁列车和车站客流是影响地铁站台和地铁隧道热环境的主要因素，冷却塔常用于为车站和地铁隧道排热降温，其原理是空气与冷却水通过冷却塔进行热交换，然后冷却水再与冷媒通过换热器进行热交换的方式。按照空气流动的控制情况，冷却塔可分为机械通风和自然通风两类。机械通风冷却塔设有风机，有通风机供给空气，自然通风冷却塔中不设风机。

我国城市轨道交通车站主要使用机械通风冷却塔，机械通风冷却塔主要由塔体、配水系统、淋水系统、收水器、集水池、空气分配装置、风机、风筒、百叶窗等组成（如图 3.1-2）。配水系统将热水均匀分配到冷却塔的淋水面上，充分发挥冷却作用；淋水系统是水冷却过程的主要场所；收水器用于截留冷却塔的飘滴，让空气顺畅通过；集水池用于汇集冷却的热水，使水流到水泵房中循环使用；空气分配装置、风机、风筒及百叶窗用于引导空气均匀分布在冷却塔整个截面上，确保冷却效果。

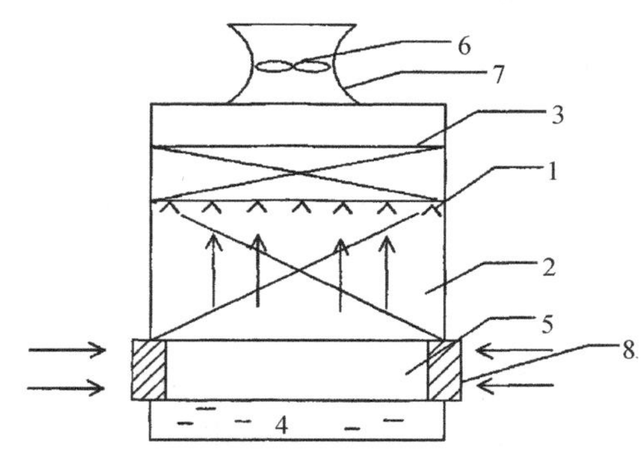

图 3.1-2　机械通风逆流式冷却塔

（1—配水系统，2—淋水系统，3—收水器，4—集水池，5—空气分配装置，6—风机，7—风筒，8—百叶窗）

冷却塔的噪声主要来源于风机、淋水系统和塔体表面振动。

安装在冷却塔上部的风机将风由下向上逆向抽出，该过程中，风机的高速旋转会引起叶片扰动气流，从而产生空气动力性噪声，而其旋转部件不平衡会导致叶片结构发生振动，从而辐射噪声，这种噪声称为结构噪声或机械噪声。空气动力性噪声主要由回转噪声和气流涡流噪声构成，回转噪声因旋转中的多个风机叶片周期性地作用于气流，引起机壳内空间某点气体压力和运动速度呈脉动变化而产生，其噪声强度取决于风机转速的高低和风机叶轮直径的大小。气流涡流噪声是由于叶片在机壳内旋转，轴向上对气体形成压力梯度而发生乱流、旋涡而产生，其噪声频率与叶片和气流的相对运动速度有关。冷却塔上使用的风机噪声通常为 90～100 dB(A)。

冷却塔的循环水从上部的喷淋管流下，经填料层落到落水槽会产生冲击噪声，冲击噪声的强度与落水速度的大小取决于落水的高度，与高度的平方成正比，与撞击水面的持续时间的四次方成反比。

风机旋转部件的不平衡导致的结构振动会引起风机与塔体之间振动的刚性传递，使塔体表面形成振动辐射噪声，若风机支架和塔体之间未安装减振器，则塔体噪声明显增强。

(3) 车辆段噪声

轨道交通车辆段是地铁车辆停放、检查、整备、运用和修理的管理中心，负责一条或几条地铁线路车辆的停放、运用、检查和整备工作，一般设在地铁线路的末端。根据功能，地铁车辆段分为检修车辆段(简称车辆段)和运用停车场(简称停车场)。

车辆段的声环境影响主要来自停车场地铁出入库噪声、地铁停放检修噪声。

3.1.2 噪声污染影响预测

对于城市轨道交通运行产生的各种噪声，我国试图通过各种途径最大限度地降低噪声，提高噪声环境影响评价水平从而降低轨道交通运营对人们的负面影响就是其中重要的措施之一。声环境影响评价的主要评价对象为列车运营噪声，通常可根据列车噪声的源强特性以及轨道沿线线路的运营状况，对沿线声环境保护目标的声环境影响进行分析预测，并针对性地提出切实可行的声环境保护措施，以减轻或预防其不良声环境影响。城市轨道交通声环境影响对象通常为地面线路沿线和高架线路沿线以及停车场出入线两侧的声环境保护目标敏感点。声环境影响的程度与多种因素有关，包括轨道车辆条件、轨道运营条件、轨道线路形式、轨道桥梁条件、轨道传播条件和受声点环境条件等。有研究者对上海轨道交通声环境影响进行调研，发现 2001 年至 2003 年各类交通噪声的环保投诉已占噪声投诉总量的 30%左右，其中轨道交通噪声投诉所占比例日益突出。2000 年底上海轨道交通明珠线(3 号线)试运营，立即成了沿线居民环保投诉的热点。对明珠线噪声影响后评价中的公众参与调查结果表明，大部分靠近明珠线居住的居民认为目前的列车噪声对他们的影响较大，其中 40%以上的居民认为噪声影响严重。而 89%的家庭没有对明珠线噪声采取防护措施，办公楼和学校内多数人认为明珠线列车运行噪声对其有轻度影响，而 17%的人认为影响严重，特别是对学校课堂教学的影响更为突出。环境监测数据表明，高架和地面区段的列车运行噪声环境影响在 2 类区达标距离通常达到 100 m 以上，地下区段风亭和冷却塔噪声影响在 2 类区的达标距离一般在 50 m 以内。上海轨道交通申松线(R4 线一期)运营后，50 m 以内临路的平房或 2 层楼房等处，申松线运营后昼、夜噪声声级分别增加 0.2～5.5 dB(A)、3.2～6.7 dB(A)，在50 m以外，申松线运营后昼、夜噪声声级分别增加 5.4～18.2 dB(A)、6.1～17.1 dB(A)。

轨道交通噪声的预测主要是根据线路形式、线路高度、列车类型、长度、速度、轨道条件、轨道线路两侧的背景噪声等诸多因素，建立一套完整的数学模型或评估方法，从而计算出在任意距离和任意高度处的噪声声级。通过噪声的预测，可以充分掌握新建轨道交通地上段对周边环境的噪声影响程度，从而确定具体的降噪治理措施。

(1) 国外研究现状

声环境影响评价的时段均选择在运营初期，声环境评价对象为轨道交通的噪声贡献值，声环境评价量分为昼间等效声级和夜间等效声级。为了限制轨道交通噪声的污染，世界上一些发达国家先后开展了多方面的研究，很多国家也不断颁布施行了适合本国国情的铁路及城市轨道交通噪声测量方法和评价标准。

① 美国

美国运输部联邦公共交通管理局(FTA)于 1995 年发布了《联邦公共交通工程噪声、振动环境影响评价指南》，其中提出了一套城市轨道交通工程噪声环境影响评价标准。2006 年 FTA 修订了《公共交通运输噪声和振动评价指南》，其中提出了一整套城市轨道交通工程噪声环境影响评价标准。该标准适用于所有城市轨道交通工程(地铁、轻轨等)及其固定设施(车辆段、停车场、车站、变电站等)。

美国城市轨道交通工程环境影响评价标准是以轨道交通工程实施前后所在区域环境噪声级的增加值为基础，根据工程影响区域的具体土地利用类别确定标准值。该评价标准包含了绝对性标准，即考虑由交通工程自身引起的噪声值；也包括相对性标准，即考虑由于交通工程引起的环境噪声的改变量。该标准所用的噪声评价量为 L_{eq}(h)和 L_{dn}，L_{eq}(h)是指轨道交通噪声最大的 1 h 等效声级，L_{dn}是指全天 24 h 等效声级。

美国轨道交通环境噪声评价大致分为三个阶段：噪音甄别阶段(Noise Screening Procedure)、一般评价阶段(General Assessment)和详细分析阶段(Detailed Analysis)。噪音甄别阶段是用来确定一定距离内由轨道交通诱发的噪音出现的可能性，主要用于项目决策阶段。一般评价阶段则用于评价噪声影响的潜能或程度，是在规划线路时对振动和噪音的评估。此阶段的大致步骤是预测噪声源的水平、估计噪声的传播特性和背景噪声、估计噪声影响的轮廓范围、提出噪声影响的详细目录等。当需要更加准确和具体的噪声、振动评估时，就要进入详细分析阶段。详细分析阶段需要更加具体的工程项目信息，例如线路选址、交通容量、单个噪声源持续时间等。与一般评价阶段相比，详细分析阶段对噪声的评估和预测更加精确。

美国城市轨道交通环境噪声的评价标准具有很强的科学性，该标准获得了美国和国际环保界及声学界的普遍认可。标准的可操作性较强，噪声保护区(土地利用区)明确,在公众可接受的噪声水平下,能够充分考虑公众已经习惯的背景噪声,并使随环境噪声的增加而增大的显著烦恼人群比例控制在适宜的范围内。这套标准对我国研究与制定城市轨道交通工程的噪声环境影响评价标准有一定的启示作用。

② ISO

2005 年 ISO 组织修订公布的《铁路应用—声学—轨道车辆排放噪声的测量》(ISO 3095—2005)规定处于不同行驶状态下轨道车辆噪声的测量方法,如表 3.1-1 所示。

表 3.1-1 ISO 标准的轨道车辆噪声评价量

轨道车辆类型	测量条件	评价量
各种类型轨道车辆(单辆)	静止状态	$L_{eq,T}$(不少于 20 s)
	加速状态	L_{pFmax}
	匀速状态	$L_{eq,Tp}$、TEL
	制动状态	L_{pFmax}

注:加速状态下测量指列车从静止加速到 30 km/h;制动状态下测量指列车从 30 km/h 减速至停止。

③ 日本

2001 年日本工业标准调查会公布的《铁道车辆车外噪声——试验方法》(JIS E4025:2001)规定处于不同行驶状态下的铁路机车的测量方法,如表 3.1-2 所示。

表 3.1-2 日本标准的铁路噪声评价量

轨道车辆类型	测量条件	评价量
单辆铁路机车	静止状态	L_{pFmax}、$L_{eq,T}$(不少于 10 s)
	加速状态	L_{pFmax}
	匀速状态	L_{pFmax}

注:L_{pFmax}为最大 A 计权声压级,$L_{eq,T}$为不少于 10 s 的等效声级。

日本在高速铁路噪声预测领域做了许多工作,研究出了很多噪声预测分析技术,其中最具有代表性的是在建设北陆新干线时,采用的北陆法。北陆法是将列车运行产生的噪声按照声源产生的部位分成 4 个部分,分别为集电系统噪声、车辆下部噪声、空气动力噪声和构筑物噪声。通过分别计算受声点接受的每一部分噪声声级后,再用能量叠加的方法计算总的噪声声级。在高架区间列车运行产生的噪声中，高架结构振动产生的二次辐射噪声十分重要。北陆法理论计算公式如下：

$$L_{总} = 10\lg(10^{0.1L_R} + 10^{0.1L_S}) + 10^{0.1L_P} + 10^{0.1L_A}$$

其中，L_P：集电系统噪声(dB)；L_R：车辆下部噪声(dB)；L_A：空气动力噪声(dB)；L_S：构筑物噪声(dB)；

北陆法按集电系统噪声、车辆下部噪声、空气动力噪声和构筑物噪声进行预测计算，符合铁路噪声构成的特点，比按照单一声源计算的方法更加合理和可靠。北陆法可以为我国高速铁路和轨道交通噪声的预测提供计算参考，但是由于我国车辆的选型和铁路线路形式与北陆新干线有所不同，应进一步结合我国铁路的特点对源强等参数进行适当的调整。

④ 德国

德国 Schall03 模式的思路不同于日本新干线的北陆法，此模式并未对噪声源进行严格的分类和分别计算，而是将线路某一预测范围内按照一定原则分成若干段，噪声源声级的计算是在基准值 51 dB 的基础上对通过列车的类型、长度、速度、桥梁结构和线路条件等影响因素进行修正后得出，预测点的声级是在若干点声源声级的基础上通过对声传播的几何发散衰减、地面吸收衰减和空气吸收衰减等修正后的声级进行叠加得出。Schall03 模式将分成的 n 段线路的声源，都视为点声源。为计算整条铁路的辐射噪声，对相同车型、轨道条件、行驶速度、列车对、数等相同的列车按照等级号 i 分类。对每一条铁路 j 或每一段线路 k，其噪声级 $L_{m,E}$ 可按照下式计算：

$$L_{m,E} = 10\lg\left[\sum_i 10^{0.1(51+D_{FC}+D_D+D_L+D_V)}\right] + D_{Fb} + D_{Br} + D_{Bu} + D_{Ru}$$

存在和日本新干线北陆法相同的问题，将噪声源离散为点声源，在我国轨道交通车型选择和运行条件下是不适合的。另外，将线路分为长短不一的若干段，也不利于利用计算机系统处理，故可操作性不强。

(2) 国内研究现状

我国城市轨道交通事业起步较晚，但发展迅速。目前，我国监测、评价城市轨道交通噪声的技术依据主要参照《铁路边界噪声限值及其测量方法》(GB 12525—90)、《声环境质量标准》(GB 3096—2008)、《环境影响评价技术导则 城市轨道交通》(HJ 453—2018)。既有铁路、改扩建铁路边界噪声限值(排放标准)为昼夜间均 70 dB(A)；新建铁路噪声限值(排放标准)为昼间 70 dB (A)，夜间 60 dB(A)。《环境影响评价技术导则》中对城市轨道交通的声环境评价分为运营期和施工期两部分。评价工作等级根据建设项目区域声功能区划、工程运营前后噪声声级变化程度，以及受影响人口数量等分为三级，分别针对不同的评价等级提出了不同的基本要求、测量方法和监测内容（如表 3.1-3、表 3.1-4 所示）。

表 3.1-3 声环境功能区分类

声功能区划	划分区域
0 类	指康复疗养区等特别需要安静的区域
1 类	指以居民住宅、医疗卫生、文化教育、科研设计、行政办公为主要功能，需要保持安静的区域
2 类	指以商业金融、集市贸易为主要功能，或者居住、商业、工业混杂，需要维护住宅安静的区域
3 类	指以工业生产、仓储物流为主要功能，需要防止工业噪声对周围环境产生严重影响的区域
4 类	指交通干线两侧一定距离之内，需要防止交通噪声对周围环境产生严重影响的区域，包括 4a 类和 4b 类两种类型。4a 类为高速公路、一级公路、二级公路、城市快速路、城市主干路、城市次干路、城市轨道交通（地面段）、内河航道两侧区域。4b 类为铁路干线两侧区域

表 3.1-4 声环境功能区分类

声环境功能区类别		时段	
		昼间[dB(A)]	夜间[dB(A)]
0 类		50	40
1 类		55	45
2 类		60	50
3 类		65	55
4 类	4a 类	70	55
	4b 类	70	60

近年来，在轨道交通快速发展以及城市化进程加快的同时，人们对轨道交通噪声的认识也逐步提高，产生了很多相关研究成果，在预测噪声方面主要有如下四种方法：

① 模式预测法：也称数学模型法，运用声学理论计算方法和经验公式预测噪声。

② 比例预测法：当类比对象的多数条件与被预测对象一致时，如噪声源、背景环境噪声等，仅列车自身的条件变化，如通过密度、单列长度、运行速度等不同时，可以用此方法。

③ 类比预测法：选择与新建铁路在工程特点、噪声源、背景环境等方面相似的轨道交通作为对象，通过实测该对象的噪声级来预测新建轨道线路的影响情况。

④ 计算机分析法：利用一些空间信息软件（例如：地理信息系统）与城市轨道交通噪声预测计算方法相结合的方法，使得轨道交通噪声的预测、模拟方法更加快速有效。

我国对轨道交通噪声影响评价工作基本采用国家环境保护部《环境影响评价技术导则 城市轨道交通》（HJ 453—2018）规定的模式预测方法，根据产生源的不同，分为列车运行产生的噪声及环控设备（风亭及冷却塔等）运行产生的噪声。

① 列车运行噪声预测公式

列车运行噪声等效声级基本预测计算式为：

$$L_{Aeq,p} = 10\lg\left[\frac{1}{T}\left(\sum n t_{eq} 10^{0.1L_{P,A}}\right)\right]$$

其中，$L_{Aeq,p}$为评价时间内预测点的等效计权 A 声级；T 为规定的评价时间；n 为 T 时间内列车通过列数；t_{eq}为列车通过时段的等效时间，t_{eq}为：

$$t_{eq} = \frac{1}{v}\left(1 + 0.8\frac{d}{l}\right)$$

其中，l 为列车长度；v 为列车运行速度；d 为预测点到外轨中心线的水平距离。单一列车通过预测点的等效声级 $L_{P,A}$为：

$$L_{P,A} = \frac{1}{m}\sum_{i=1}^{m} L_{P0,i} \pm C$$

其中，$L_{P0,i}$为列车最大垂向指向性方向辐射的噪声源强，列车通过时段的参考点等效声级；m 为列车通过列数，m 不小于 5。

$$C = C_v + C_t + C_d + C_a + C_g + C_b + C_\theta + C_{f,i}$$

其中，C 为噪声修正项；C_v为速度修正；C_t为线路和轨道结构的修正；C_d为几何发散的修正；C_a为空气吸收衰减；C_g为地面效应引起的衰减；C_b为屏障插入损失；C_θ为垂向指向性修正；$C_{f,i}$为频率计权修正。

② 风亭、冷却塔噪声预测公式

风亭、冷却塔噪声等效声级基本预测计算式为

$$L_{Aeq,p} = 10\lg\left[\frac{1}{T}\left(\sum t\ 10^{0.1L_{P,A}}\right)\right]$$

其中，$L_{Aeq,p}$为评价时间内预测点的等效计权 A 声级；T 为规定的评价时间；t 为风亭、冷却塔的运行时间。

$$L_{P,A} = L_{P0} \pm C$$

其中，$L_{P,A}$为预测点的等效声级；L_{P0}为在当量距离 D_m处测得（或设备标定）的风亭、冷却塔辐射的噪声源强。

$$C = C_d + C_f$$

其中，C 为噪声修正项；C_d为几何发散衰减；C_f为频率计权修正。

由以上预测公式可知，无论是列车运行还是环控设备产生的噪声，源强的选择将直接影响预测结果。而导则中未给出典型线路及车型的噪声参考值，对噪声源强的选择随意性较大，大部分报告书中采用的源强未给出充分、合理的依据。

3.1.3 噪声污染防治措施

城市轨道交通产生噪声有诸多方面的原因，对它的控制也应从多角度、多方面考虑。图 3.1-3 概括总结出针对轨道交通降噪的基本方法。

污染控制主要考虑的三大因素为：主体、途径和受体。根据噪声的形成原理及其在介质中的传播特性，可以通过四个方面的改进来降低轨道交通噪声影响：一是合理规划线路两侧建筑物布局；二是从声源角度加强控制来降低噪声影响；三是在噪声传播途径上采取措施；四是对接受者进行隔离。

(1) 进行合理的区域规划

临交通干线区域宜建造噪声宽容性建筑，如购物中心、写字楼、多层停车场或街市等，以便隔离噪声。如设计得当，噪声宽容性结构除能发挥其本身基本用途以外，还能为噪声敏感性建筑（如住宅及酒店等）提供有效的噪声缓冲区，以免其遭受交通噪声的干扰。

(2) 轮轨噪声控制

轮轨噪声是列车运行车轮与轨道在接触位置相互作用而产生的噪声。摩擦力的大小和压力的大小成正比，车轮和轨道间的压力主要是由列车本身的重量

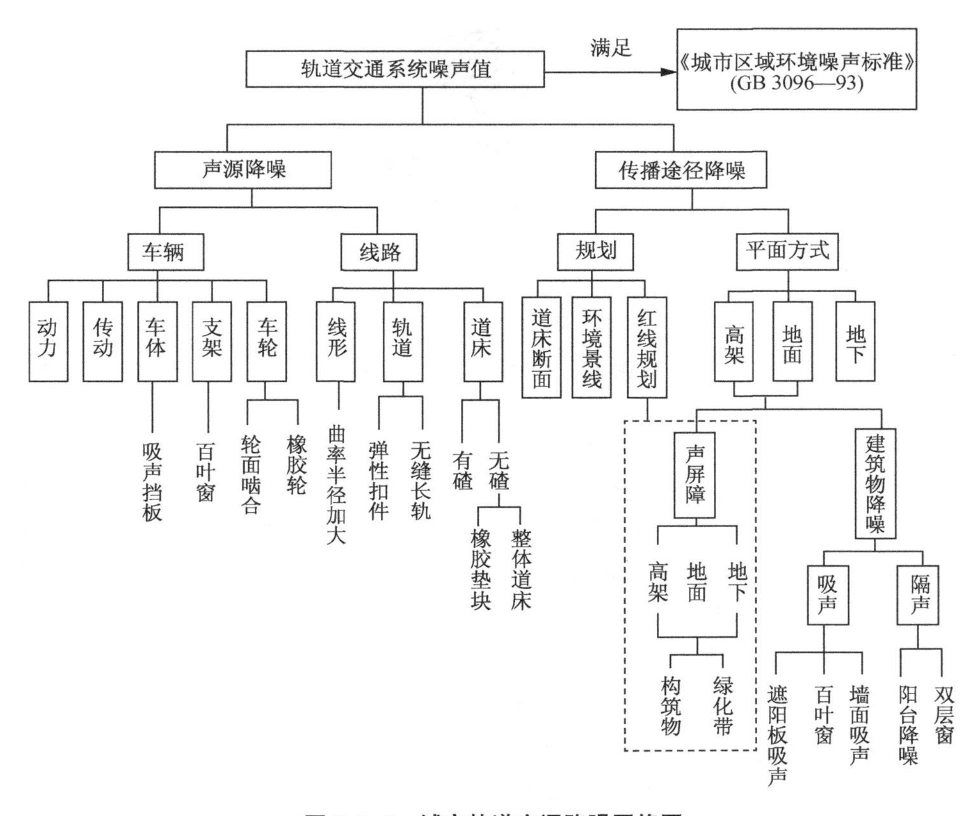

图 3.1-3　城市轨道交通降噪网络图

来决定的，因此减轻自重可以减少轮轨间的摩擦，进而降低轮轨噪声；将列车车轮改为弹性车轮或者在车轮上加设橡胶件，降低车轮产生的噪声；车轮上设置隔声罩和在车辆两侧设置内侧有吸声材料下裙。具体措施为：

① 应尽量避免采用小半径曲线，降低列车在转弯时因车轮与轨道间作用力增大而产生的噪声。

② 轨道设计采用重型减噪措施，如普通碎石道床比混凝土整体道床降噪 2～3 dB。

③ 铺设超长无缝线路、减振扣件等都能有效降低噪声。据国外测试资料统计，铺设无缝线路后轮轨噪声平均降低约 7 dB。

④ 从轮轨垂向耦合振动体系分析来看，在钢轨与轨枕、轨枕与道床之间增加弹性垫层可以有效地降低噪声（如图 3.1-4 所示）。

⑤ 定期打磨钢轨顶面，消除轨顶不平顺。据统计，当钢轨出现深达 0.5 mm 以上的波形磨耗时，轮轨噪声将迅速增大，打磨后噪声可降低 10 dB 左右。

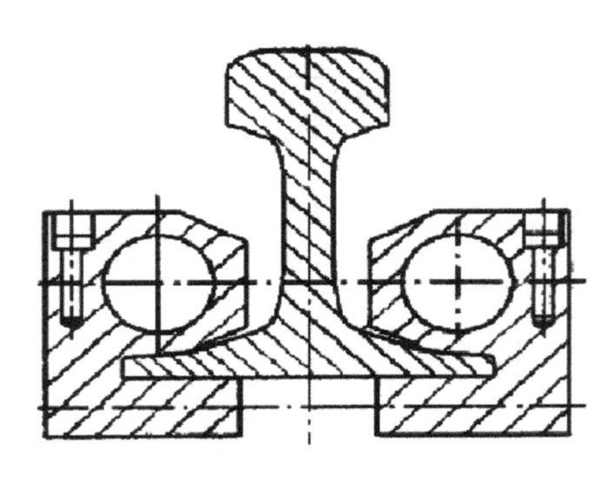

图 3.1-4　减振轨道示意图

(3) 列车运行车体噪声的控制

车辆车体因振动辐射的噪声和高速运行时与空气接触所产生的噪声是车体噪声主要组成部分。可通过在列车各个接合面之间添加摩擦阻尼的材料来降低车体结构的振动;在列车的机头部尽量采用流线化设计,列车的其他表面也应该尽量光滑,这样可减少车流高速运行时与空气接触面产生的摩擦,进而降低振动和运行车体的噪声影响。

(4) 牵引动力系统噪声的控制

牵引动力系统噪声主要是牵引电机、压缩机、齿轮箱以及冷却风扇产生的噪声。针对牵引系统的不同发声组件,我们通常是分别优化其产生的噪声来达到降噪的目的。如牵引电机的设计、制作要符合相关的国际和国家标准,并适当的施以消声、阻隔等措施;在压缩机的进气口处安装具有消声功能的滤清器等装置来控制其工作时产生的噪声;加强组件的维护,定时检查齿轮箱,及时涂油润滑;在允许范围内尽量缩短冷却风扇的直径;减少集电弓的数量、给其安装外罩等。

(5) 高架轨道噪声的控制

① 高架桥梁结构的选择

高架桥梁结构主要有两大类,一种是混凝土结构桥,另一种是钢结构桥。混凝土桥梁构件自重大,辐射噪声声级小,其噪声的主要组成不是构件噪声,而是轮轨噪声,因此只要适当采用上述控制轮轨噪声的方法就可以降低其总体噪声。相反,钢桥的钢梁噪声比混凝土桥梁要大得多,而且很多钢桥的道床都是敞式结构,噪声辐射范围也很大。钢桥的噪声控制在技术上比混凝土桥梁要复杂,而且比较困难,其重点在于如何降低钢梁的振动和控制钢梁的噪声辐射。因此在城市区域,应尽量避免采用钢桥结构,有选择的情况下尽量采用箱形混凝土梁。

② 桥梁结构降噪

桥梁结构各个频率辐射的噪声随着粗糙度的增大而增大，因此可以通过降低粗糙度（即通过降低粗糙度系数）的方法，如打磨钢轨和车轮作用面，来降低桥梁结构的噪声辐射；增加桥梁结构的阻尼，可以使桥梁辐射的噪声降低，因此可以通过增加桥梁结构的阻尼损失因子，如在源结构的表面覆盖一层阻尼材料（橡胶、聚氯乙烯、环氧树脂等），来降低桥梁结构的噪声辐射。

③ 桥梁辅助设施降噪

列车在高架桥梁轨道的运行噪声辐射声场分布较复杂，可以采用 LVT（弹性支承块轨道）低振动无碴轨道技术或采用嵌入式结构轨道；还可根据需要采用道床垫板，一般为 25 mm 厚的橡胶板。为减少噪声通过桥柱传到地面，桥梁支座应尽量采用弹性较大的支座，如橡胶支座。这样列车经过时，支座能起到很好的缓冲作用，进而降低噪声。

(6) 声屏障降噪

国外已经在交通道路两侧广泛设置声屏障。近年来，随着经济水平的提高与全社会环保意识的增强，声屏障技术在我国也被逐渐推广和应用。在声屏障的投影地带，其效果主要视长度和高度而定，其通常会设置在铁路旁的住宅建筑一侧。根据声学传播规律，当噪声遇到声屏障后即会发生反射、透射和绕射三种现象，阻止噪声直接传播。同时声屏障本身将大部分到达表面的声能通过反射作用改变其传播路径，仅使很少部分可以绕射过声屏障，这样就能使噪声得到足够的衰减。通过声屏障对噪声的各种阻挡作用，在声屏障的背面就会形成一个受噪声影响较弱的声影区，从而达到降噪的作用。

(7) 绿化降噪

对轨道交通两侧地面进行绿色通道建设，不仅可以美化环境，还具有吸声降噪的效果。植物绿化降噪的原理是因为植物本身是一种多孔材料，具有一定的吸声功能，能对声波进行反射和吸收。有研究表明，高大密植树木的降噪作用十分明显，乔灌结合密植的 10 m 宽绿化带可降噪 1～2 dB(A)；30 m 宽绿化林带可降噪 2～3 dB(A)。

(8) 吸声材料的使用

吸声材料是具有较强的吸收声能、减低噪声性能的材料，能凭借自身的多孔性、薄膜作用或共振作用而对入射的声能很好地吸收。利用吸声材料的特性，我们可以将其安装在列车噪声较强烈的噪声源处，例如在列车两边靠近轮轨内侧下方可以涂吸收材料的边裙，这样车轮和轨道之间摩擦产生的噪声就可以部分被吸收掉，从而减少轮轨噪声污染。

(9) 住户降噪选择

① 住宅外墙处理

住宅建设过程中可将外墙面做成具有吸声能力的吸声表面。作为室外吸声降噪的材料，除了应具备较好的吸声性能外，还必须具备强度高、耐高温、耐水性好、不易腐蚀等特点。铝纤维板具有质轻、厚度小、强度高、弯折不易破裂、能经受气流和水流的冲刷，耐火、耐热、耐冻、耐腐蚀和耐候性能优异等特性，不失为一种理想的室外吸声材料。铝纤维板可喷涂多种颜色，表面美观富有装饰效果，当铝纤维板与其背后的外墙面之间留有空腔(50～200 mm)时，还能使低频吸声性能得到明显改善。除上述吸声构造做法外，还可采用多孔陶瓷吸声板及吸声砖直接粘贴在住宅外墙表面，既对住宅外墙起到装饰保护作用，还可起到一定的吸声降噪功能。

② 住宅门框处理

门是墙体中隔声较差的部分，因为门的重量通常比墙体轻且周围有缝隙，故应注意采取提高隔声性能的措施。一般隔声门为实心的重型构造，周边应密封。轻质的空心木门在保证具有足够隔声量的同时，应注意尺寸的稳定性，防止发生变形，否则会影响门的密封性，降低隔声效果。双层板门的隔声能力比普通嵌门要好，这种门以方木为框，两侧钉上硬质木纤维板或胶合板，在其间隙内可充填吸声材料，如矿棉毡或玻璃棉。密封门四边的缝隙，可用橡胶、泡沫橡胶、泡沫塑料条、门碰头和垫圈作门的边缘密封材料。这些密封条安装在门框上，门关闭时就轻轻地压紧在密封条上。

③ 住宅窗户选择

中空玻璃：目前，我国市场上隔声窗技术多采用中空玻璃。面对城市噪声污染主流的交通噪声，其能量主要集中在低频，而低频噪声穿透能力极强，普通中空玻璃在低频的隔声量不足 20 dB(A)，效果也不理想。此外，通风换气的隔声窗技术尚属空白。隔声与换气是天然的矛盾，很难解决。

夹层玻璃：夹层玻璃是在两片或多片玻璃之间加上 PVB 中间膜，PVB 中间膜能减少穿透玻璃的噪声数量，降低噪声分贝，从而达到隔声的效果。目前，国外已经兴起了“寂静别墅”理念，并深受欢迎，夹层玻璃在国外住宅中的使用量已占到了相当的比例。

双层窗：对于一些已建成的高层住宅来说，将现有窗户玻璃更换为隔声量较大的中空玻璃或夹层玻璃可能施工量大且成本较高。因此，可在原窗户位置内侧或外侧再加一道窗户，构成双层窗来加大整体的隔声量。采用双层窗，两窗间距应大于 20 cm，以利于对低频声为主的交通噪声的隔绝；对于不同楼层可通过对所测交通噪声频谱分析来确定窗户玻璃厚度及双层窗的间距。双层窗非常便于已建住宅的改造，且降噪效果十分明显，降噪量达 25 dB 以上，可使受交通噪声影响较为严重的住户最终摆脱噪声的干扰。

④ 利用阳台降噪

在轨道交通噪声控制中设立声屏障是较常采用的手段，对不同类型声屏障的降噪效果已有较为深入的研究并在大量的实际工程中得以应用。然而对于建筑密度较高的城市中心区，一方面受到发展用地紧张及其他诸如交通安全、环境、城市景观等因素的制约，建造声屏障的可能性较小。另一方面，声屏障的作用仅能体现在较低的几个楼层，对于较高楼层来说，常规的声屏障则不起作用，除非其高度很高以至与高层住宅的顶部相当，这显然是不现实的。

利用住宅的部分结构以遮挡来自铁路的直达声，降低到达隔声薄弱环节如门、窗等部位的噪声声级，从而提高整个住宅的抗噪声能力，无论从工程建设还是从经济上考虑都是有效的途径。调查证实，住宅阳台即为此类结构之一，它可以降低交通噪声对住宅立面上门窗部位的辐射。阳台内的噪声主要来自上层阳台底面的一次反射声，对阳台底面铺设吸声材料可显著地增加阳台的插入损失，当材料吸声系数为 0.6 时，最大插入损失可达 6 dB(A)，且该方法简单有效，增加投资量很少，是一项非常可行的降噪措施。

(10) 客运站噪声控制措施

在各种客运站的噪声控制方法中，很重要的一个声学处理方法是吸声。吸声主要用于站台内各厅室内部和站台、雨棚等处。前者主要为了降低厅室的混响时间，通过减少室内人群噪声在墙壁上的反射能量，来减少室内噪声；后者主要是减弱站台区列车噪声的反射强度，一方面改善站台区的声环境，另一方面减弱向站厅室和站外区域的声传播。

根据列车的吸声特性，声学处理中采用的材料应在振动频率 500 Hz 处具有较高的吸声系数。能够满足这一要求的吸声材料有细玻璃棉，它可制成柔性的、半柔性的或硬性的等各种形式。常用的有 50～70 mm 厚的玻璃纤维毡、玻璃纤维吸声板或其他类似的材料，太薄的吸声材料不能满足低频的吸声性能。站台以下部分的吸声处理常用 20～100 mm 厚的多孔玻璃砖或 75 mm 厚的玻璃纤维，表面用玻璃布包裹，外用金属网或穿孔金属板罩面。金属网或穿孔金属板的穿孔面积至少为 20%以上，以免引起高频吸声系数的降低。天花板和墙壁上使用的吸声材料应注意其装饰性，还应注意吸声材料的可燃性，包括燃烧速度、烟雾量和释放气体的毒性等。理想的吸声材料应具有吸声系数高、烟雾量小和无毒无害等特性。

3.2 振动环境

3.2.1 振动污染来源

交通环境振动，是指由地面、地下或高架线路有轨或无轨交通运载车辆所产生的，传播至地表环境的具有与车辆运行状态相关的持续性小幅振动。这种振动的影响频率范围一般在 200 Hz 以内，显著频率在 20～80 Hz，经地层衰减后，通常地表振动速度响应峰值不超过 1 mm/s 或最大 Z 振级不超过 85 dB(地面交通车辆的，距离行车道 30 m 以内区域除外)。这种交通环境振动的响应强度，随距行车道横向距离的增加呈“起伏式”衰减，其显著频率的振动影响范围，土质地层条件下在行车道两侧 100 m 以内，而较低频率的振动影响可达 200 m 以上。轨道交通车辆运营过程中引起的结构振动通过周围地层向外传播，从而进一步诱发附近的地下结构及邻近建筑物的二次振动，距离轨道中心线 30 m 区域的振级大多接近 80 dB。环境振动一般不会对人造成直接的身体伤害，但它会干扰人们的日常生活，使人们感到极度的心烦、疲惫和不适，甚至影响人们的睡眠、休息和学习等。通常振动强度愈高，对人们入睡和睡眠深度的影响也愈大；工作影响方面，振动会影响人的视觉听觉、干扰手的准确操作、妨碍精力集中，特别是振动和噪声共存的环境下，人的大脑思维更易受到干扰，难以集中精力进行判断、思考、运算和运作，造成工作效率的急剧下降；另外，强烈的振动还能损害建筑，影响精密机床和仪器、仪表的正常运行，甚至会造成设备事故等。随着人们对生活质量的要求越来越高，振动污染现象也越来越多地引起公众的强烈反应。

城市轨道交通振动机理如图 3.2-1 所示，其产生于车轮与轨道间的相互作用，即列车行驶时引起的车轮振动，进一步诱发附近地下结构以及地面建筑物内的二次结构噪声，从而对建筑物的结构安全以及建筑物内的人们工作和生活产生影响。

轨道交通网区域环境振动的影响是一个十分复杂的系统问题，总体上看，至少包括 12 个主要影响因素。

(1) 轨道结构

轨道既是引起列车振动的主要振源之一，也是承担和传递振动的第一子结构。因此轨道的结构形式、材料组成及其相应的动力特性，极大地影响着轨道交通环境振动的特性。轨道结构形式的动力特性随着轨道单元的质量、刚度和阻尼的不同而改变。改变轨道的动力特性意味着直接改变了振源的频率组成及振

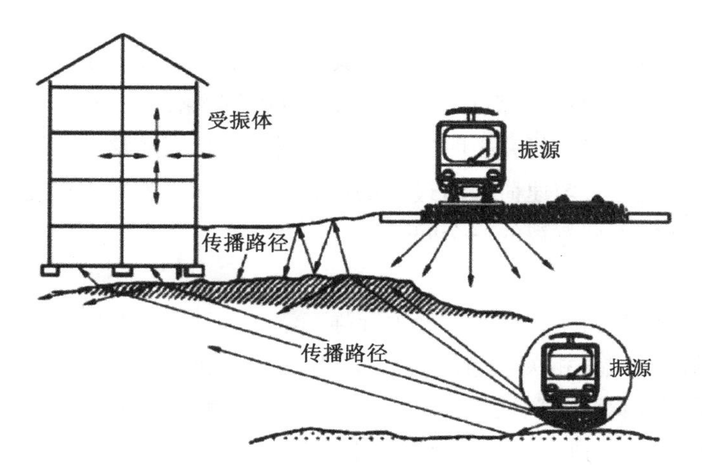

图 3.2-1　轨道交通振动产生示意图

动强度。对轨道结构动力特性的合理优化，可设计出不同的减振轨道产品；相反，不合理的设计会恶化轮轨相互作用关系。

(2) 车辆结构

车辆结构的影响因素包括车辆的类型、轴重、轴距、悬挂特性等。车辆的轴重影响着振动准静态低频分量的能量集度，而列车各轮轴间的相对位置关系则直接影响着振源的频率特性。如图 3.2-2 所示，除扣件间距外的 4 种特征距离构成不同行车车速下引发的 4 种通过频率。

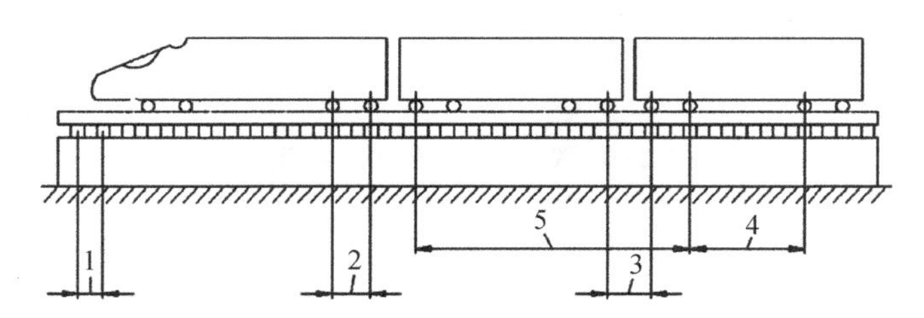

图 3.2-2　车辆与轨道特征距离

(1—扣件间距；2—转向架内轴距；3—转向架间轴距；
4—车辆内轴距；5—车辆间轴距)

(3) 行车速度

当列车匀速运行时，行车车速 v，特征距离 L 与特征频率 f 满足如下关系：

$$f=\frac{v}{L}$$

通常轨道交通由轨道和车辆特征距离引发的特征频率主要在 40 Hz 以下的低频段。另外，对于城市轨道交通来说，其站间距相对较小，约 30%的线路上列车运行处于变速行驶状态，而且列车在进出站时的频繁加速与减速，比城际列车的加速度要高出许多。研究表明：当通过速度相同时，变速移动荷载作用下轨道结构的动力响应超过匀速荷载通过时的响应，即列车频繁的加减速是交通环境振动影响研究中不容忽视的一个问题。

（4）车辆-轨道相互作用

列车运行引起的振动通常可分为准静态激励和动态激励两部分。准静态激励与轴重的静态成分相关，其频率相对较低；动态激励与车辆-轨道动力相互作用相关，其频率相对较高。轨道不平顺、车轮圆顺度是造成动态激励的主要诱因。特征波长、行车速度与频率也满足上式的关系，如图 3.2-3 所示。

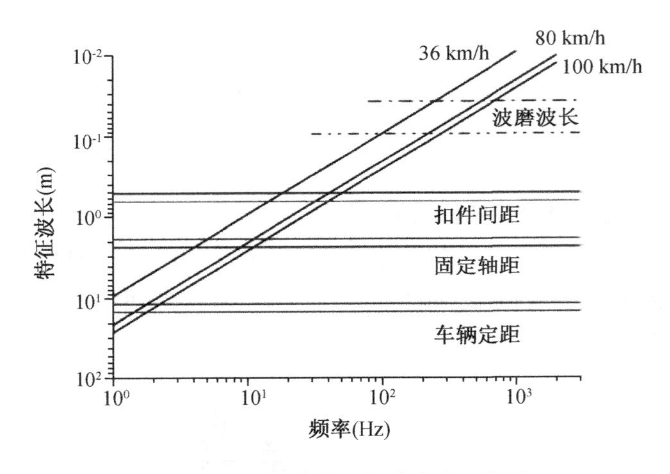

图 3.2-3　轨道交通振动产生示意图

（5）轨道和车辆的养护维修水平

车辆和线路的工作状态，尤其轮轨关系，对振动噪声有较大影响，钢轨和车轮打磨、扣件维修、轮轨接触面摩擦管理以及小半径曲线等养护技术和维修管理水平，与轨道交通环境振动影响及噪声水平直接相关。

（6）行车密度和运量

城市及城际轨道交通属于高密度大运量交通系统，行车密度直接影响城市轨道交通振动作用持续的时间。通常情况下，一列地铁列车通过时，在地面建筑物上引起振动的持续时间大约为 10～15 s，很多线路在高峰时段发车间隔可降至 2 min 甚至更短，再加上交会运行和相邻线路振动影响的相互传播作用，交通环境振动的影响持续时间可达到总运营工作时间的 80%以上。而且随着早晚高峰与非高峰时段的运量不同，振动量级的大小也有明显变化。

(7) 线路条件

线路条件包括曲线半径、坡度、道岔、线间距等。大量实测表明，列车在曲线上运行时，地表的横向振动分量明显增加。一般城市轨道交通线路的曲线长度可达整个线路长度的60%以上，有研究计算分析表明：曲线轨道的振动响应大于直线轨道的响应，且响应频谱更为丰富。

(8) 桥梁、隧道结构类型

不同形式或跨度的桥梁结构以及不同形式的隧道结构会引起地表环境振动特性的差异。以隧道结构为例，研究表明：圆形隧道的尺寸改变会影响垂直于隧道径向的波的传播。当隧道尺寸明显小于土中波长时，尺寸效应并不明显；随着隧道尺寸的增大，不同隧道模态的贡献会引起较高频率的差异。而隧道截面形状则会引起地表近场振动的差异，而在远场这种差异较小。

(9) 振动敏感点距线路中心的距离

总体上交通环境振动随离开振源距离的增大而衰减，但具体到某一频率分量则表现为起伏式衰减，即这类振动的衰减并非一致单调，频率越低这种衰减的起伏越明显。与地面线列车环境振动问题相比，地下线路的埋置会造成土体中体波与面波的复杂叠加效应，研究表明当距离线路中心线水平距离与隧道埋深量值大体相当时，会出现一个较为明显的振动放大区。因此，受隧道埋深、建筑物基础、地下管线等因素影响，随着敏感点距线路中心距离的增加，地表总的振动衰减也可能出现局部放大的现象，这都会增加对其进行预测评价的难度、影响预测精度。

(10) 地质条件

各地轨道交通线路间的地质条件千差万别，即使同一条线路也会穿越各种不同的地质区域。地质条件差异和不确定性大大加剧了交通环境振动影响预测的技术难度。

(11) 房屋建筑结构的特性

建筑物体量、楼层数、平面布置、基础型式、建筑材料等因素的不同，会直接影响建筑物周边地表环境振动场的改变，以及建筑物内振动及二次噪声的传播与分布。

(12) 受振体对交通振动承受的限值标准和范围

建筑结构、仪器设备、人体对振动频率、幅值和持续时间的敏感程度、承受能力都有很大差异。确定合理的限值标准是轨道交通环境振动评价的必要条件。

3.2.2 振动污染影响预测

随着轨道交通逐渐深入城市住宅区、公共建筑区、商业区和工业区，由于轨道交通设施与建筑距离近以及车速和交通密度地不断加大，其引起的城市环境问题应引起足够的重视。

(1) 城市轨道交通的振动影响

① 振动对人体的影响

振动对人体的影响可以从频率、强度和持续时间三个方面来描述。

振动频率。当振动频率在 2.5～5 Hz 时，人体的共振部位为颈椎和腰椎；当振动频率在 4～6 Hz 时，人体的共振部位为躯干、肩部及颈部；当振动频率在 20～30 Hz 时，人体的共振部位为头与肩之间；当振动频率在 60～200 Hz 时，人体的共振部位为眼球和手指。

振动强度。当振动强度达到 60 dB 时，人体刚好能感觉到振动，不会影响到正常睡眠；当振动强度达到 74 dB 时，除了深度睡眠的人群，其他人群都会受到影响；当振动强度达到 79 dB 时，所有人将无法入睡。

振动持续时间。频率一定时，除了振动强度外，接触振动的持续时间对人体也有显著的影响。短时间内可以忍受的振动，如果长时间接触，就会变得无法忍受。

② 振动对仪器设备的影响

随着城市轨道交通的加速建设和各种设备仪器的大量使用，轨道交通线路不可避免地穿过设备仪器场所在的区域。由于各类设备仪器，尤其是精密仪器的使用对环境的要求较为严苛，轻微的振动都会对其产生影响。振动对仪器设备的主要影响如下：

各类仪器设备都规定了振动的限制值，若城市轨道交通的振动超过其上限振动值，将会对仪器设备产生损害，减少其使用寿命。

城市轨道交通的振动会引起设备仪器测量数据不准确、不稳定，产生误差，影响仪器的正常使用。

③ 振动对建筑物的影响

地铁列车振动可导致地表建筑物产生二次结构噪声。所谓二次结构噪声，是指因建筑物基础振动导致地面、墙体、梁柱、门窗及室内家具等的振动，使建筑物内产生可听声，人类对二次结构噪声的敏感程度要远远高于空气噪声。在轨道交通通过建筑物时可能伴随较强的室内振动和门窗发出的噪声，并出现家具移位和对周围古建筑造成长期积累破坏。轨道交通引起的结构振动会影响建筑物的正常使用，严重时可造成建筑物出现裂缝或者结构变形，威胁到建筑物的正常使用和安全。

（2）振动传播的预测

城市轨道交通振动评价指标主要有振动频谱、振动的 1/3 倍频程、振级和减振量等。

① 振动频谱

振动频谱是指复杂振动可以分解为许多不同频率和不同振幅的谐振，这些谐振的幅值按频率排列成图形。频谱分析是指利用傅里叶变换的方法，将振动信号分解，按频率顺序展开，建立振动响应与频率的函数关系，以对信号进行研究和处理的一种过程。通过现场实测或由结构动力学分析中的有限元方法，获得各频率对应的最大振动响应值，再以频率为横坐标，振动响应值为纵坐标，绘制出相应的曲线，即得到振动的频谱图。

② 振动的 1/3 倍频程

计算振级都要涉及按一定原则进行分频计权，标准 ISO 2631—1—1997 或 GB/T 13441.1—2007 中给出了频域计权和时域计权两种计算振级途径。但不论哪种途径都需要首先引入 1/3 倍频程的概念，这是由于标准中只有在 1/3 倍频程的中心频率处才有对应的计权因子。将频带 $f_0 \sim f_1$ 按一定的准则划分为若干段，如图 3.2-4 所示，设第 i 段的下限频率与上限频率分别为 f_i^d、f_i^u 。

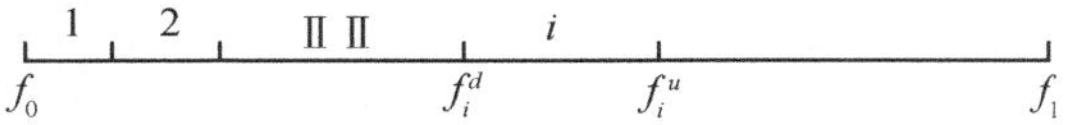

1　2　Ⅱ Ⅱ　i

f_0　f_i^d　f_i^u　f_1

图 3.2-4　频带划分示意图

定义划分准则为：

$$f_i^u = 2^m f_i^d \tag{3.1}$$

当上式中的 $m = 1$ 时，称为倍频程划分；当 $m = 1/3$ 时，称为 1/3 倍频程划分。定义每频率段的中心频率为

$$f_i^c = \sqrt{f_i^d f_i^u} = 2^{\frac{1}{6}} f_i^d \tag{3.2}$$

根据国际标准组织（ISO）的规定，定义各频带的中心频率数值为

$$f_c^i = 2^{\frac{i}{3}}，或\ f_c^i = 10^{\frac{3i}{30}} \tag{3.3}$$

则 1/3 倍频程中心频率及对应计权因子如表 3.2-1 所示：

表 3.2-1　1/3 倍频程中心频率列表

频带数*	中心频率标准值/Hz	中心频率标称值/Hz	1/3 倍频程带宽**/Hz	计权因子*** Wk	
				因数×1 000	dB
−10	$2^{-\frac{10}{3}}$	0.1	0.09～0.11	31.2	−30.11
−9	2^{-3}	0.125	0.11～0.14	48.6	−26.26
−8	$2^{-\frac{8}{3}}$	0.16	0.14～0.18	79.0	−22.05
−7	$2^{-\frac{7}{3}}$	0.2	0.18～0.22	121	−18.33
−6	2^{-2}	0.25	0.22～0.28	182	−14.81
−5	$2^{-\frac{5}{3}}$	0.315	0.28～0.36	263	−11.60
−4	$2^{-\frac{4}{3}}$	0.4	0.36～0.45	352	−9.07
−3	2^{-1}	0.5	0.45～0.56	418	−7.57
−2	$2^{-\frac{2}{3}}$	0.63	0.56～0.71	459	−6.77
−1	$2^{-\frac{1}{3}}$	0.8	0.71～0.89	477	−6.43
0	1	1	0.89～1.12	482	−6.33
1	$2^{\frac{1}{3}}$	1.25	1.12～1.41	484	−6.29
2	$2^{\frac{2}{3}}$	1.6	1.41～1.78	494	−6.12
3	2	2	1.78～2.24	531	−5.49
4	$2^{\frac{4}{3}}$	2.5	2.24～2.82	631	−4.01
5	$2^{\frac{5}{3}}$	3.15	2.82～3.55	804	−1.90
6	2^{2}	4	3.55～4.47	967	−0.29
7	$2^{\frac{7}{3}}$	5	4.47～5.62	1 039	0.33
8	$2^{\frac{8}{3}}$	6.3	5.62～7.08	1 054	0.46
9	2^{3}	8	7.08～8.91	1 036	0.31
10	$2^{\frac{10}{3}}$	10	8.91～11.2	988	−0.10
11	$2^{\frac{11}{3}}$	12.5	11.3～14.3	902	−0.89
12	2^{4}	16	14.3～18.0	768	−2.28
13	$2^{\frac{13}{3}}$	20	18.0～22.6	636	−3.93
14	$2^{\frac{14}{3}}$	25	22.6～28.5	513	−5.80
15	2^{5}	31.5	28.5～35.9	405	−7.89
16	$2^{\frac{16}{3}}$	40	35.9～45.3	314	−10.05

（续表）

频带数*	中心频率标准值/Hz	中心频率标称值/Hz	1/3 倍频程带宽**/Hz	计权因子*** Wk	
				因数×1 000	dB
17	$2^{\frac{17}{3}}$	50	45.3～57.0	246	−12.19
18	2^{6}	63	57.0～71.8	186	−14.61
19	$2^{\frac{19}{3}}$	80	71.8～90.5	132	−17.56
20	$2^{\frac{20}{3}}$	100	90.5～114	88.7	−21.04
21	2^{7}	125	141～144	54.0	−25.35
22	$2^{\frac{22}{3}}$	160	144～181	28.5	−30.91
23	$2^{\frac{23}{3}}$	200	181～228	15.2	36.38
24	2^{8}	250	228～287	7.90	−42.04
25	$2^{\frac{25}{3}}$	315	287～362	3.98	−48.00
26	$2^{\frac{26}{3}}$	400	362～456	1.95	−54.20
……	……	……	……	……	……

注：

* 国际标准 ISO 2631—1 中称为 Frequency Band Number，国家标准 GB/T 13441.1 中翻译成“频带数”，有的论文上也翻译成“频带号”。

* * 此处的上、下限频率有标准中心频率计算得出。

* * * 此处为垂（Z）向计权因子（Factor），计权因子随中心频率的变化曲线称为计权网络（Network）。

③ 振级

各个国家的研究人员多采用振动加速度和振动加速度级作为振动评价的指标，在研究振动对建筑物和设备等的影响时，常以位移和振动速度等物理量作为评价指标。我国的《城市区域环境振动标准》(GB 10070—88)和《环境影响评价技术导则 城市轨道交通》(HJ 453—2018)等采用振动加速度和振动加速度级作为评价指标。

a. 振动加速度级（*VAL*）

振动加速度级按下式定义，记为 *VAL*，单位为分贝（dB），是加速度与基准加速度之比的以 10 为底的对数乘以 20。

$$VAL = 20\lg \frac{a}{a_0}$$

其中，a 为振动加速度有效值，m/s^2；a_0为基准加速度，$a_0=10^{-6}\ m/s^2$

b. 振级(VL)

按ISO 2631—1—1997和《机械振动与冲击—人体处于全身振动的评价第1部分》规定的全身振动不同频率计权因子修正后得到的振动加速度级，简称振级，单位为dB。记为VL。

$$VL = 20\lg\frac{a'}{a_0}$$

式中，a_0 取值同上为$10^{-6}\ m/s^2$，a'为频率计权振动加速度的均方根值。

c. Z计权振动加速度级(VL_z)

按《机械振动与冲击人体暴露于全身振动的评价第1部分：一般要求》(GB/T 13441.1—2007)规定的全身振动Z计权因子修正后得到的振动加速度级，简称Z振级，记为VL_z，单位为分贝(dB)。

d. 最大Z振级(VL_{zmax})

在规定的测量时间T内，Z振级最大值，记为VL_{zmax}，单位为分贝(dB)。

e. 分频最大振级(VL_{max})

即为1/3倍频程中心频率上的最大振动加速度级。

f. 减振评价量

减振评价量参照《浮置板轨道技术规范》(CJJ/T 191—2012)要求，频率考虑范围为1～200 Hz，测量的量为垂向振动加速度，评价计算的量应为减振措施地段与普通整体道床地段隧道壁比较时分频振级均方根的差值ΔLa、分频振级的最大差值ΔL_{max}和最小差值ΔL_{min}。其中减振效果的评价指标应为ΔLa，ΔL_{max}应为参考量，在减振结构固有频率附近的某个频程出现ΔL_{min}，并为正值时，ΔLa和ΔL_{max}应减去该数值或分析原因后重新测量。并按下列公式计算：

$$\Delta L_a = 10\lg\left(\sum_{i=1}^{n} 10^{\frac{VL_q(i)}{10}}\right) - 10\lg\left(\sum_{i=1}^{n} 10^{\frac{VL_h(i)}{10}}\right)$$

$$\Delta L_{max} = \max_{i=1\to n}[VL_q(i) - VL_h(i)]$$

$$\Delta L_{min} = \min_{i=1\to n}[VL_q(i) - VL_h(i)]$$

其中，$VL_q(i)$：选择没有采取减振措施的地段为参照系，其轨道旁测点铅垂向振动加速度在1/3倍频程第i个中心频率的分频振级(dB)；

$VL_h(i)$：选择采取减振措施的地段为参照系，其轨道旁测点铅垂向振动加速度在1/3倍频程第i个中心频率的分频振级(dB)。

④ 其他预测模型

对轨道交通振动的预测需要综合考虑列车速度、轨道形式、路基结构形式、隧道结构形式和埋深、土层特性等条件的影响，因此精确模拟整个系统是非常困难的，Kurzwei 考虑振动在土层传播时的衰减、土层与建筑的相互作用以及振动在建筑物中的传播衰减，得到了一个振级随距离变化的预测公式。V. Mohanan 等在加尔各答对全长 16.43 km 地下铁路系统进行了振动测试，分析了振动产生的机理，并提出相应的解决措施，后来又根据实际测量数据总结了几种经验预测模型。Jones 和 Petyt 将荷载简化为简谐力，地面被模拟成刚性基础上的黏弹性层状介质，研究了地铁诱发的地面振动和传播。Madshus、Bessason 和 Harvik 对轨道交通引起的低频振动的产生机理、传播和衰减规律进行了总结，并在现场测试的基础上，考虑土层特性、列车类形、轨枕形式、车速、距轨道距离和建筑物基础形式，建立了预测模型。茅玉泉考虑了不同类型振源的影响，并基于大量实测数据，提出了垂向和水平方向振动随距离变化的经验公式。杨先健等把振源引起的地面振动的传播规律表示成振源的距离 r、波源面积 F、几何衰减系数 ξ_0 和土壤吸收系数 a_0 的函数：

$$A_r = A_0\sqrt{\frac{r_0}{r}\left[1-\xi_0\left(1-\frac{r_0}{r}\right)\right]}\exp\left[-a_0 f_0(r-r_0)\right]$$

其中，r 为距轨道中心的距离；A_r 为距振源 r 处的加速度振幅；f_0 为振源频率；A_0 为距离振源 r_0 处基准点的加速度振幅；ξ_0 为与波源面积有关的几何衰减系数；a_0 为土壤吸收系数；r_0 为波源半径，对于矩形面积当量半径为：

$$r_0 = \mu_1\sqrt{\frac{F}{\pi}}$$

其中，F 为波源面积；μ_1 为动力影响因子。但是该公式是基于地面载荷的振动曲线归纳得到的，对于地下线路的情况，需要进一步完善。J. Melke 采用传递衰减链的方法，提出了以振级作为单位的振动预测公式：

$$L_B = L_r - R_{tr} - R_{tu} - Rg - R_b$$

其中，L_B 为振级，dB；L_r 为隧道振动振级；R_{tr} 为振波随水平距离的衰减项；R_{tu} 为土壤内部引起的衰减项；Rg 为轮轨状况的衰减修正因子；R_b 为考虑建筑物的结构形式、基础类型、层楼比的衰减项。

在环境振动的预测方法中，析解法凭借力学和数学上的理论推导，比较严谨，但是由列车运营引起的环境振动问题是一个很复杂的系统问题，在理论建模时必须进行简化，还受到一些几何特性和材料特性施加的限制，因此完全精确的解析解是不存在的。由于经验预测是在特定的环境下得到的，将其应用在不同环境下的振动预测，得到的结果准确性不高。目前国内，对列车引起的振动环境预测方法大多采用参数模型、经验模型、半经验模型法和类比预测法。

3.2.3 减振措施

城市轨道交通的振动控制需要根据线路的具体情况进行综合性地考虑，考虑的因素包括轨道车辆、桥梁隧道的结构形式、沿线建筑物的结构组成，以及建筑物距离线路的远近程度等方面。轨道交通车辆自身性能的优劣对振动影响较大，通常应选用动力性能优良的轨道交通车辆，尽量降低车体自身重量，减缓车辆对轮轨的动力冲击，城市轨道交通轨道结构的设计一般尽量减少维修次数，采用高弹性设备。减轻地面振动的措施，可以从改善振源特性、控制振动传播途径、受振体的隔振三方面着手：

（1）振源控制

由于轨道交通轮轨接触、车辆设备运行等产生的振动和噪声会对周围环境造成一定的影响。因此，轨道设计须重点考虑减振降噪技术，尽可能将地铁经过时产生的振动和噪声污染降到最小。另外，为了提高地铁投资回报率，越来越多的线路在车辆段进行上盖开发，为了满足车辆段上建筑物的环境保护要求，对此类车辆段轨道也需要考虑采取减振措施。

根据目前国内城市轨道交通线路的轨道减振经验，针对不同的振动超标情况，采取不同等级的减振措施，大体可分为：一般减振、中等减振、高等减振和特殊减振，减振措施的分级及综合比较如表 3.2-2 与 3.2-3 所示。

表 3.2-2　减振措施的分级

减振等级	减振指标	线路与建筑关系
一般减振地段	振动超标<5 dB	线路距敏感建筑物较远，振动影响较小时
中等减振地段	振动超标 5～10 dB	线路中心线距敏感建筑物小于 20 m 时
高等减振地段	振动超标 10～15 dB	线路中心线距敏感建筑物小于 10 m 时
特殊减振地段	振动超标>15 dB	线路穿越敏感建筑物时，或线路中心线距文物保护单位小于 60 m 时

表 3.2-3 不同轨道减振措施综合比较表

减振等级	一般减振	中等减振			高等减振		特殊减振
减振类型	Lord 扣件	科隆蛋扣件	弹性短轨枕	先锋扣件	橡胶浮置板道床	固体阻尼钢弹簧浮置板道床	液体阻尼钢弹簧浮置板道床
预测减振效果平均值(dB)	≤5	6~8	6~8	6~8	10~15	10~20	≥20
造价增加(万元/单线 km)	100	150	418	920	700	800	1 000
可适用隧道结构	矩形、圆形、马蹄形	矩形、圆形、马蹄形	矩形、圆形、马蹄形	矩形、圆形、马蹄形	矩形、圆形、马蹄形	矩形、圆形、马蹄形	矩形、圆形、马蹄形
可施工性	精度易控制、进度快	精度易控制、进度快	精度易控制、进度较快	轨道定位和施工精度要求高	施工精度要求高,进度较慢	施工精度要求高,进度较慢	施工精度要求高,进度较慢
应用实例	北京、上海、深圳、广州	北京、上海、深圳、广州	北京、上海、深圳、广州	北京、广州	北京、上海、深圳、广州	上海、南京	北京、上海、深圳、广州、南京

根据各城市以往工程实施经验,中等减振措施、高等减振措施、特殊减振措施应用较多,以南京市为例,南京市所采取的轨道减振措施如表 3.2-4 所示。

表 3.2-4 南京市减振措施现状布置

等级	产品名称	优点	缺点
中等减振	压缩型轨道减振器(GJ—III 型扣件)	安装及维修更换均方便,对施工依赖性较低,国内地铁大量采用,疲劳性能好	对稳定性有所削弱,需与车辆进行轮轨关系参数匹配
	剪切型轨道减振器(科隆蛋扣件)	安装及维修更换均方便,对施工依赖性较低;高度较低	对稳定性有所削弱,需与车辆进行轮轨关系参数匹配,弹性垫层的耐久性及嵌套机构的可靠性、拆装的便利性有待核实和验证
高等减振	隔离式减振垫浮置板道床	道岔区设置方便,不影响过轨管线,施工方便快速	道床垫铺设在混凝土道床下,运营期间更换很困难
	固体阻尼钢弹簧浮置板道床	属于道床下减振的类型,对列车运行平稳性基本无影响,且基本不会产生车内异常噪声和振动	施工速度慢,隔振器检修、更换较困难

（续表）

等级	产品名称	优点	缺点
特殊减振	液体阻尼钢弹簧浮置板道床	同中量级浮置板，区别仅在于重量级浮置板的隔振器采用的是液体阻尼，而中量级浮置板的隔振器采用的是固体阻尼	施工速度慢，隔振器检修、更换较困难

而对于车辆本身，可以减轻车体的重量，降低对轨道的冲击力；合理设计车辆的悬挂刚度及阻尼，避免车辆与轨道共振；采用弹性车轮和阻尼车轮；改善车轮运行表面条件，尽量避免车辆扁疤缺陷等不平顺因素对轨道形成的周期性冲击，定期修整车轮，使其能够保持良好的圆顺性，以减少对轨道的冲击作用。

(2) 传播路径控制

与轨道交通振动传播有关的影响因素有：轨道结构、隧道结构及其空间位置、土层特性、建筑物基础形式与建筑物结构以及建筑物距线路的距离。

① 轨道结构减振

采用合适的道床和轨道结构形式，可以增加轨道的弹性，减少振动。轨道结构减振的方式主要有应用轨道减振器、轨道减振扣件，在轨下铺设弹性垫层、采用减振轨道结构等。

② 隧道结构减振

我国目前使用的隧道结构形式有圆形、矩形、马蹄形 3 种。矩形隧道由于边角的折射作用，振动比圆形和马蹄形高 2～4 dB。隧道深埋越深对地面振动的影响就越小。在同种地质条件下，增大衬砌厚度可明显降低地面振动，混凝土隧道的振动比铸铁隧道壁的振动低。

③ 土中传播路径的控制

振动在土层中的传播可以采用屏障隔振的方式，如通过隔振沟、填充沟、隔振墙等连续屏障以及桩排、孔列波阻块(Wave Impedance Block，简称 WIB)(WIB)等非连续屏障来控制。Woods 第一次在实验基础上对空沟的隔振效果进行了研究，并提出用振幅衰减系数来衡量隔振效果。此后，有学者使用有限元和边界元的方法对空沟和填充沟的主动和被动隔振效果进行了大量研究。这些研究结果表明：采用空沟隔振时，其深度必须和表面波的波长接近才有效果，对于填充沟，填充材料的剪切模量比和质量密度比越大，隔振效果越好。隔振墙效能与隔振沟类似，有实验表明，减振墙的板质、厚度和深度对减振效果均有影响。Avlies 等采用波函数展开法对单排桩和孔列对纵波、横波以及瑞利波的散射问题进行了研究。

在国内,吴世明等通过对粉煤灰桩的模型现场试验,证明了粉煤灰桩屏障具有良好的隔振效果。杨先健和高广运等通过理论方法分析了非连续屏障隔振,并进行了现场实验验证,证明桩排具有良好的隔振效果。邱畅研究了非连续屏障以及连续屏障的被动隔振。结果表明排数越多,屏障体系的厚度越大,隔振效果越好。Chouw 和 Schmid 利用单一土层中波的传播存在截止频率这一原理,首先提出了在土层中人工设置一个硬夹层,形成一个有限尺寸的人工基岩进行隔振,这样的人工刚性硬夹层被称为波阻块。Antes 和 Takemiya 等的研究都表明 WIB 能有效地减弱地面振动。后来,Takemiya 将 WIB 改进为蜂窝状波阻障。这种 WIB 基于波的散射原理,可以将入射波调制为较短的波长,因而隔振效果更好,并且可以填充减振降噪材料,吸收短波的能量。

(3) 受振体控制

建筑物隔振的基本原理是将建筑物浮置在弹性基础之上。实际工程中常用的方法是采用隔振基础,即通过设置钢弹簧和橡胶块将建筑物和建筑基础隔离。如在英国曼彻斯特地铁站上面,采用 GP 型的弹簧减振器,浮置隔振一个 2 400 个座位的音乐厅建筑物,支承总重量达 266 000 kN,系统自振频率为 3.5 Hz。达到了较好的效果。上海音乐厅采用 Gerb 公司的楼板浮置隔振技术,地铁振动信号经过弹簧浮置系统后衰减达 70%。

3.2.4 振动环境下文物与古建筑的保护

(1) 轨道交通振动对建筑物的影响机理

交通振动是国际上公认的七大环境公害之一,轨道交通相比地面交通,速度快、载重大、持续时间长,所引起的周围建筑物振动也更加强烈,北京、上海的有关部门根据地面线路投入运营后引起的环境噪声问题,提出了未来城市轨道交通建设在城区范围内不宜发展地面线路的建议。地铁列车运行时其振动的传播途径为:通过轨道—车轮振动—隧道结构—周围土层—相邻建筑物内—地板、墙壁、天花板振动—二次结构噪声。地铁引起的路面振动频率集中在 40~90 Hz,其中 60~80 Hz 对应的振级最大,而传到建筑物的振动以 20 Hz 以内的低频振动为主,其次是轨道交通引起的振动源于列车以一定的速度通过轨道时的各种激振因素,轨道不平顺是轮轨系统最重要的激扰根源。轨道交通运行中振动大小及对周边建筑物的影响程度与车辆、轨道、道床、隧道、地质条件及建筑物与地铁间距离等因素有关。日本对 8 条铁路线列车引起建筑物的振动影响分析后发现,在距轨道中心线远近、轨道结构类型、车体类型、车身长度、运行速度和背景振动六个主要影响因素中,距离对振动的影响最大,其次是背景振动,车速对地面振动的影响相对不明显。在我国根据对广州地铁沿线的振动测试提出的针对不同隧道截面形状的地表振动传播公式中，地质条件、列车运行速度、轨道平面曲率半径及测点至隧道侧壁距离为主要影响因素。

轨道交通引起的环境振动来自地层深部的移动振源，列车移动产生的行进波和钢轨振动产生的振动波相叠加，通过隧道结构和地层传播到地表，与在地表诱发的表面波继续叠加后向周围传播。因此振动主要以弹性波的形式从振源向各个方向传播，对于半空间无限土体，传播形式主要是纵波、横波和表面波的组合。日本学者研究表明，对于铁路交通产生的振动，位于地下 2 m 深处振动加速度幅值仅为地表值的 20%～50%，4 m 深处为 10%～30%。振动波在传播过程中，振动能量一部分由于弹性波的扩散而减弱，另一部分则被振动介质的阻尼作用削弱。不同土层中，振动波的传播路径、衰减特性以及对邻近建筑物的二次振动影响不同。地铁列车振动衰减的程度和规律还与振源类型、传播方向等因素有关。从振源的埋深上看，埋深越浅，建筑物振动越大，反之则相反；从地铁列车运行速度上看，随着地铁列车运行速度的提高，振动有增大的趋势；就地面振动随距离的衰减而言，距轨道中心线越远，地铁列车引起的地面振动就越小，但也有研究发现可能由于振源频率与该处土层固有频率相近发生共振现象，或者土层下面存在坚硬的基岩，使得振动波在基岩上反射形成振动放大区而存在振动加速度反弹区；就土的介质类型而言，一般黏弹性系数越大，衰减越快，密度越高，衰减越慢。由于地铁列车引起的地面水平方向振动在传导过程中的衰减要快于垂直方向，地铁沿线建筑物内垂直方向的振动将大于水平方向，实验结果表明建筑物的水平振动一般约比垂直振动小 10 dB，因此在评价建筑物受轨道交通环境振动的影响时，可以竖直方向的振动为主（如图 3.2-5，表 3.2-5 所示）。

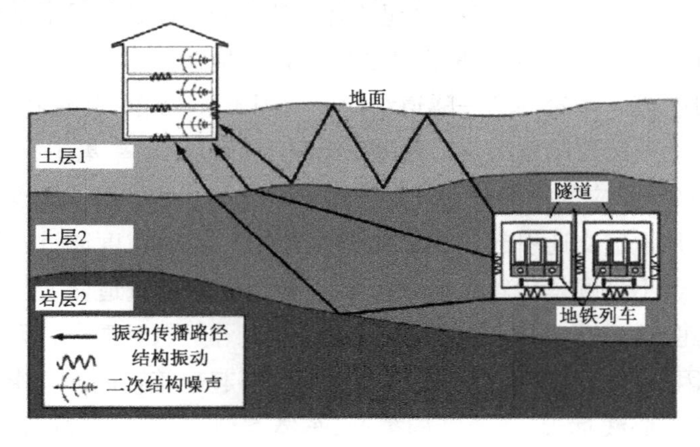

图 3.2-5　地铁列车运行引起的环境振动对建筑的影响方式

表 3.2-5 地铁列车振动的影响因素

振动发生部位	振动传播现象	影响因素
钢轨—轨道	脉动力引起振动	钢轨类型、结构、土壤
轨道—自由场	地层半自由空间传播	轨道位置、土壤、距离
自由场—建筑物基础	由自由场振动进入建筑物内	土壤、建筑物质量、接触面、建筑物刚度
建筑物基础—外墙	外墙振动	外墙质量、垂直支承元件、刚性
外墙—地板	地板振动	地板板材刚度、质量分布、阻尼
地板-基础	二次结构噪声	地板和墙壁尺寸、表面自然属性、二次辐射效率吸收

(2) 轨道交通振动对文物和古建筑的预测影响

交通振动对古建筑的影响研究最早可追溯到对 1964 年捷克砖石结构的古建筑教堂由于交通振动产生的裂缝不断扩大以致倒塌的研究,此后一批欧洲学者纷纷对本国古建筑受交通振动的影响开展了相应研究。我国关注古建筑振动保护始于 20 世纪 80 年代末开展的对焦枝铁路穿越洛阳龙门石窟保护区的振动影响研究。目前国内轨道交通振动对古建筑影响的研究主要是针对北京、西安两地的众多古建筑开展的。在北京,以明城墙遗址、京奉铁路正阳门东车站旧址、正阳门箭楼等古建筑为研究对象,通过现场测试和数值模拟,发现古建筑结构在地铁运营下的振动是路面交通的 10 倍左右,交通振动引起古建筑结构的动力响应随水平距离和竖直距离呈规律改变,且地下结构以竖直方向动力响应为主,建筑物超过一定高度后,地上结构以水平方向动力响应为主,且地上结构的动力响应高于地下结构;地铁交通引起古建筑响应的主要频段是 40～90 Hz,路面交通引起古建筑响应的主要频段是 10～20 Hz,且路面交通引起的古建筑振动速度在一定范围内出现放大现象。在西安,以南城墙、钟楼为主要研究对象,发现地铁二号线单线运行通过城墙时,其振动响应均以竖向振动为主,而当地铁二号线双线运行通过时,其振动响应以水平振动为主,就城墙保护的角度来说,地铁列车的运行速度不宜过大或过小。在研究地铁二号线对古建筑振动影响的基础上,西安对六号线 3 种不同线路方案优化比选,起到降振作用。

当前轨道交通振动对古建筑影响的研究方法可归纳为以下两类:试验和经验法、数值分析法。对于既有轨道交通线路和已建建筑物可采用现场试验的方法研究地铁运行引起环境振动的衰减和分布规律,在大量实验数据的基础上建立经验、半经验公式用于拟建线路或建筑物振动影响的预测。国内外已有大量学者对轨道交通引起的地层和建筑物的振动进行实测,研究振动响应和传播规律，提出预测公式和评估方法。通过实测振动对邻近古建筑的动力影响，发现与普通建筑物不同，古建筑结构以水平方向动力响应为主，这与《古建筑防工业振动技术规范》中按古建筑水平方向的振动速度作为其受振动影响的评价指标是一致的。在对130多处古建筑结构的动力特性、响应、弹性波传播速度等进行了现场实测和分析后，《古建筑防工业振动技术规范》提出了确定古建筑结构速度响应的两种方法：计算法和测试法，规定了古建筑结构的动力特性、响应的计算公式，提出了测试仪器、测试环境以及测试操作的基本要求。在国内，通过《古建筑防工业振动技术规范》的相应计算公式对古建筑受轨道交通振动影响进行的初步预测分析，发现由于计算公式中未能充分考虑地铁车辆、运行速度以及文物结构类型等相关因素的影响，因此预测结果和实际结果可能存在误差，建议进一步加强实测以验证计算公式准确性，使结果更加真实可靠。

由于试验法只能针对现有线路且工作量较大，而经验法又很难全面考虑影响轨道交通振动的诸多因素，数值分析法成了当前常用的研究方法之一。数值分析法主要借助计算机程序建立的有限元模型来模拟实际工况，模型的合理性直接关系到计算结果的精度，因此模型必须能够反映应力波传播的特征，捕捉介质中的波动效应，准确求解应力波场。在建立数值计算模型时应重点考虑以下问题：由于地铁的振动荷载在土层中产生的应变较小，一般土颗粒间的连接几乎没有遭到破坏，土骨架的变形能够恢复，且土颗粒之间的相互位移所消耗的能量也很小，可以忽略塑性变形，因此认为土体处于理想的黏弹性力学状态，用等效线性模型来处理土体的动力学问题；又因为应变很小时，土体的阻尼接近于零，可以不考虑材料阻尼的影响，将土体视为弹性体；每一层土为均质、各向同性，即每层土性质相同，但土层性质随土层的不同而不同，建模时应考虑土层的成层性；动力作用下，各层土之间、土层与地下结构之间不发生脱离和相对滑动，即界面满足位移协调的条件。国内外已经有许多关于有限元模型建立的模型尺寸、单元格尺寸、边界条件和列车荷载方面的研究，尽管研究结果不尽相同，但为有限元模型的建立提供了多种思路。

在实际工程中对古建筑进行振动预测时，由于其结构、材料的复杂性，若在数值模型中同时考虑建筑物和地层结构，将不得不对建筑结构进行大量简化，使得预测精度和可靠度降低。因此，国内有学者提出了采用现场实测与数值计算相结合的预测方法，并率先运用到预测城市轨道交通振动对精密仪器的影响。

我国对城市轨道交通对文物与古建筑的影响设立了《城市轨道交通引起建筑物振动与二次辐射噪声限值及其测量方法标准》(JGJ/T 170—2009)，规定了振动和二次辐射噪声的测量要求和方法，其中，测量轨道交通沿线建筑物室内的二次辐射噪声计算公式为：

$$L_{Aeq} = 10 \lg \frac{1}{n} \sum_{i=1}^{n} 10^{0.1L_{AE,i}}$$

其中，L_{Aeq}为昼间或夜间的等效A声压级，dB(A)；n为昼间或夜间通过的列车数量；$L_{AE,i}$为昼间或夜间第i列列车通过时测点的二次辐射噪声A声压级。

（3）控制措施

根据振动的传播途径，减振隔振措施一般从振源、传播路径和建筑物结构三方面考虑。在振源处，可采取车体轻量化，曲线半径不宜过小，轨道采用无缝长钢轨线路，对钢轨顶面不平顺进行打磨，避免凹凸等措施。在传播路径上，我国轨道结构既有振动控制措施主要采用弹性扣件、轨道减振器、浮置板道床等。其中，浮置板道床减振效果最佳，可达20～40 dB，有研究表明在50 m范围内浮置板减振效果十分明显，其次为轨道减振器，各种弹性扣件减振效果也可达2～9 dB。从国外已采用钢弹簧浮置板道床的地铁运营情况看，被保护建筑内均未受地铁列车运营所产生振动的影响。土层中的隔振方法主要是设置屏障，对于明沟和填充墙隔振，屏障越深，其有效频率的下限就越低，隔振效果越好；对于多排桩，随着排数的增加，隔振效果会相应加强。在数值模拟分析中，采用浮置板减振轨道对列车振动引起的西安钟楼地基角点竖向速度峰值和竖向速度有效值均有明显减少，最大减少量分别达到84.82%和87.25%，而采用隔离桩对地表速度峰值、有效值减少效果并不明显；采用浮置板减振轨道对列车振动引起的白云寺区域上部结构顶点水平速度有效值有明显减少，其中木结构最大减少量达到50.0%，砖结构最大减少量达到65.0%。直接对建筑物进行基础隔振或于结构上部局部隔振也是经常采取的措施，通常采用在建筑与基础间设置隔振垫的方法。例如，香港在葵青剧院的建设中考虑到地铁的影响，采用了隔振弹簧技术。当然地铁在线路设计上尽量远离敏感区是保护文物古迹最好的方式。

3.3　大气环境

3.3.1　大气污染来源

虽然轨道交通单位能耗仅相当于城市公路公交的57.8%，但是城市轨道交通同样会对空气质量产生影响，主要体现在3个方面：① 城市轨道交通站点多选在交通要道和闹市区，马路上汽车排放的废气、餐饮业排出的油烟气被吸入车站的机会极大，SO_2、氮氧化物、粉尘甚至苯并芘等有害物质则可能进入地下车站；② 建筑材料和装修材料如石材、油漆、涂料、板材、石棉等会挥发出甲醛、甲苯等有害物质，而地下轨道交通作为相对密闭的特殊环境，自然通风不足，不利于空气污染物的稀释与排出；③ 在大型城市轨道交通换乘站点由于机动车流量大，机动车尾气排放会使得空气质量下降，周边空气质量也会随着人流的增加而有所恶化；④ 乘客及工作人员活动可能会带来可吸入颗粒物、CO_2、NH_3、细菌、病毒等；⑤ 地下建筑物和隧道内部的老鼠、蚊虫、蟑螂等害虫会携带病菌和产生代谢物等，对人体健康造成极大威胁。

3.3.2 大气污染防治措施

(1) 降低大气中的污染物浓度

使车辆使用清洁能源和研发污染排放低的机动车。汽车的燃料质量直接影响着汽车尾气的污染能力，因此应加大研发清洁可再生能源的力度，提升燃料的质量，同时加强对燃料完全燃烧的技术攻关。

(2) 研发更多新型车厢空气净化装置

除了对外界大气进行综合治理外，提升地铁车厢内新风系统的空气流通能力也是解决车厢内空气污染的一个方法。由于地铁车厢是一个相对封闭并且人流密集的空间，在人流量大的情况下人体散发的体味和新陈代谢使得地铁车厢内的空气污染十分严重。国内建成时间较早的地铁，通风空调系统大多在建设中采用土建风道，这种风道在通风过程中令空气中的灰尘含量大大增加，并且地铁多为地下建筑结构，使得地铁内的交通微环境中空气更新速度慢、环境潮湿，由于水蒸气的大量聚集使得墙壁上滋生微生物，空气质量达不到国家标准。地铁车厢的空调在设计时，为了达到节能这一目的，使用的新风量很小，这使得地铁车厢内的空气污染更加严重。而当前，地铁空调的功能主要是满足温度调节这一需求，过滤设备只能过滤空气中的大颗粒物，而对人体危害更大的细菌和挥发性有机物等小颗粒物，以及风道内的微小颗粒物并不能有效地过滤。风道内的小颗粒物随着气流进入地铁的空调系统，在空调系统内滋生繁殖，通过风道又进入地铁车厢内，随着空调的循环系统不断的交叉感染，使得车厢内的空气污染十分严重。另外，地铁的空调系统中空气是来自新风和回风的混合空气，新风容易被外界大气中的污染物所污染，回风则容易被地铁内乘客的活动所污染。因此，如果要彻底有效地解决地铁车厢内空气污染的问题，一方面就要切断车厢内的微生物传播和繁殖的途径，另一方面要在地铁空调内安装空气净化消毒装置。

目前北京地铁六号线已经启用了具有空气净化消毒技术的空调系统，与之前其他线路的传统空调系统相比，该蜂巢型电子空气净化消毒装置的工作原理是为使颗粒物的电荷改变其运动方向被捕获；在杀菌方面空气进入等离子灭菌区，高压电荷瞬间释放能量击穿微生物细胞壁，从而达到灭菌的目的。这种新的空调系统具有高效的除尘净化能力和杀菌能力，国内其他城市也可以尝试利用新材料和研发地铁车厢净化装置以提高地铁车厢内的空气质量。

（3）对空气质量敏感体质人群提出合理出行建议

在地铁车厢内呈现超拥挤状态时，建议哮喘病人、老年人和儿童等对空气质量敏感体质的人群尽量减少在地铁车厢内停留的时间，或尽量避开在乘车高峰期乘车。

3.4　地表水环境

3.4.1　地表水污染来源

车辆基地承担城市轨道交通车辆运用管理，整备保养、检查及检修等工作，其场区内通常配备检修库、列检线、洗车线等生产设施。运营期污废水包括：车辆检修废水、车辆清洗废水、职工生活污水。车辆运用，检修工艺及废水排污环节如图 3.4-1 所示，车辆基地用排水量如表 3.4-1 所示。

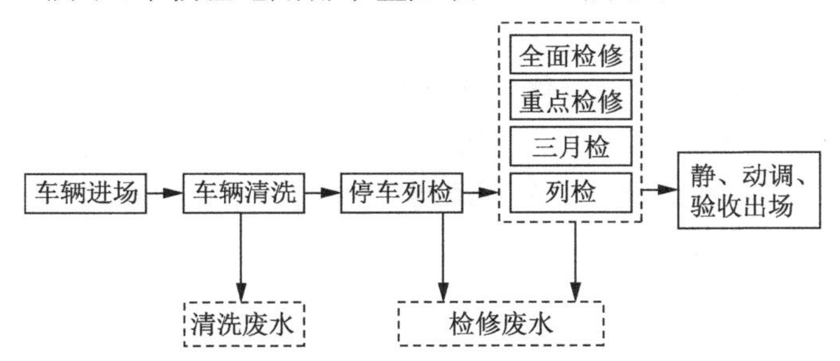

图 3.4-1　车辆运用、检修工艺及废水排污环节图

表 3.4-1　车辆基地用排水量表　　单位：m^3/d

分类	用水量	排水量	损耗量
日常生活	109.6	104.1	5.5
检修作业	60.0	43.0	6.0
洗车作业	40.0	32.0	8.0
绿化、道路浇洒	60.0	0.0	60.0

(1) 车辆检修废水

车辆定修、列检作业时需要用水清洗转向架、轴承及轮对等部件。转向架检修间、轴箱检修区和吹扫库是含油废水的主要来源。检修废水量随着检修任务和检修周期而变化,其特点为间歇性排放。检修废水中的污染物控制项目主要为石油类、COD(化学需氧量)、SS(悬浮物)等。其中石油类污染物主要为润滑油和机油,并以浮油和分散油为主(约占石油类的80%)。

(2) 车辆清洗废水

车辆基地一般采用洗车机洗刷车辆。其污染物控制项目主要为COD、SS、LAS(阴离子表面活性剂)、石油类等。清洗废水水量可以根据每天清洗车辆的数量采用定额法核算。清洗废水的水质和水量相对比较固定。

(3) 职工生活污水

来源于办公楼、食堂、宿舍楼及浴室等,其主要污染物控制项目为COD、NH_4^+-N(氨氮)、SS、BOD_5(五日生化需氧量)等。生活污水量一般根据定员采用排污系数法确定,生活污水的水质、水量比较固定。

3.4.2 地表水防治措施

(1) 生活污水

生活污水经化粪池预处理后直接排入市政污水管网。

(2) 生产废水

生产废水主要来自车辆维修等作业排放的检修含油废水以及车辆冲洗废水。国内大多数车辆基地场地会设置1~2座污水处理站,分设生产、生活两套污水收集管道系统,生产废水中的含油污水、清洗污水经调节、沉淀、隔油、气浮、过滤处理后和处理后的生活污水一起就近排入市政污水管网,接入城市污水处理厂。

(3) 分区防渗处理

城市轨道交通在运营过程中会产生生活污水及少量生产含油废水,根据不同地区天然包气带防污性能、污染控制难易程度及污染物类型划分防渗区域,车辆基地内检修区、洗车库及污水处理站、停车场内洗车库及污水处理站通常为一般防渗区。应对以上区域采取相应的防渗措施,防止污水泄漏而污染地下水环境。

(4) 定期监测

运营期内,应对车辆段与停车场周边地下水环境进行定期监测。在重点监测对象处、车辆段、停车场场地下游设置监测点,并建立跟踪监测制度及地下水污染应急预案。

3.5　地下水环境

3.5.1　地下水污染来源

由于城市轨道交通车辆基地（车辆段）在车辆整备、检修作业中会产生含油废水，应重视该类站场的地下水的污染影响。车辆基地一般会对污废水池等设施采取防渗措施，在运营期正常状况下，能有效阻隔废水与外部水环境联系，其废水对地下水基本无影响。但在非正常状况下，一旦污废水处理设施或地下水防渗措施失效，污废水可能会连续注入地下水含水层。

3.5.2　地下水污染影响预测

城市轨道交通运营期对地下水的影响分为正常工况和非正常工况。正常工况下，城市轨道交通的生产以及生活污水不会对车辆段地下水质造成污染；非正常工况下，主要需要考虑车辆段与停车场污废水的渗漏对地下水可能造成的影响。

（1）正常工况的污染监测

地下水污染的日常防治主要在于定期监测计划，源强主要参照依据为相关设计规范及同类项目正常运营条件下的污废水监测数据。建设场地地下水位动态稳定，因此污染物在浅层含水层中的迁移，可概化为平面瞬时注入式点源的一维稳定流动二维水动力弥散问题，通过对污染物源强的分析，筛选出具有代表性的污染因子进行正向推算。

（2）非正常工况的污染预测

地铁设计初测阶段，对于预测所需要的含水层渗透系数、给水度等水文地质参数，应以收集资料为主，不满足要求时，应对车辆段与停车场场地钻孔进行必要的水文地质试验，以获取场地内基本的水文地质参数。

对项目场地水文地质条件进行分析，如地下水的流向等，确定地下水渗流的模型，如一维稳定流动一维水动力弥散的水动力弥散方程如下：

$$C(x,t)=\frac{m/w}{2n\sqrt{\pi D_L t}}e^{-\frac{(x-ut)^2}{4D_L t}}$$

其中，x：距污染泄漏点距离，m；t：时间，d；$C(x,t)$：t 时刻 x 处污染物浓度，

mg/L;m:污染物质量,kg;w:横截面面积,m^2;u:水流速度,m/d;n:有效孔隙度,无量纲;D_L:弥散系数,m^2/d。

3.5.3 地下水防治措施

地下水防治对策需根据不同地区、不同地下水文条件进行制定,较为常用的有:

(1) 合理布线规划

总图布置上,应注意将检修区布置在远离地下水水井的一侧。

(2) 建立健全跟踪监测计划

工程建设及运营期,应对车辆段与停车场周边地下水环境进行定期监测。将自然村、水井、居民区等作为重点监测对象,设置至少一个监测点,另外,应于车辆段、停车场场地下游各设置至少一个监测点,并建立跟踪监测制度及地下水污染应急预案。

(3) 分区防渗处理

城市轨道交通运营过程中会产生生活污水及少量生产含油废水,需根据场地天然包气带防污性能、污染控制难易程度及污染物类型,确定车辆基地内检修区、洗车库及污水处理站为一般防渗区。应对以上区域采取相应的防渗措施,防止污水泄漏而污染地下水环境。

(4) 制定应急措施

运营期污废水可能通过裂缝或空隙渗漏,进入车辆线路或基地场地区地下含水层中,在地下水径流的带动作用下,进而可能污染周边水源保护区及水源井水质。若出现该情况,应及时通知水源井产权单位,协同有关部门处理好善后工作,并及时采取必要的工程和环保措施保证水源井不再受到影响,如检查污废水渗透的位置并修补;加强污废水的处置,避免向地下含水层中渗漏等。

3.6 固体废物

3.6.1 固体废物来源

城市轨道交通运营期产生的固体废物主要为:① 车站候车旅客及工作人员产生的生活垃圾;② 停车场列车清扫垃圾、生产人员生活垃圾、电动车组用废蓄电池;③ 生产人员、机关办公人员的日常生活垃圾。固体废物主要来源及种类分析见表 3.6-1。

表 3.6-1 固体废物来源及种类分析

<table>
<tr><th>产生阶段</th><th colspan="2">种类</th><th>来源分析</th></tr>
<tr><td rowspan="2">施工期</td><td>生活垃圾</td><td>主要为餐饮、生活垃圾</td><td>施工人员生活</td></tr>
<tr><td>生产垃圾</td><td>工程弃土、建筑废料</td><td>区间及车站开挖施工，房屋拆迁等</td></tr>
<tr><td rowspan="4">运营期</td><td rowspan="2">生活垃圾</td><td>一次性水杯、矿泉水瓶、饮料瓶、塑料袋、果皮、果核等</td><td rowspan="2">产生的数量不大，主要是旅客在车站候车厅和车上产生</td></tr>
<tr><td>废弃报纸、杂志等</td></tr>
<tr><td rowspan="2">生产垃圾</td><td>生活垃圾</td><td>主要来自车辆段和停车场工作人员日常排放的生活垃圾</td></tr>
<tr><td>废油纱、废油、含油污泥、废蓄电池、废弃零部件等</td><td>主要来自车辆段和停车场保养、维护、检修等产生的少量生产垃圾</td></tr>
</table>

3.6.2 固体废物处理措施

运营期沿线车站、车辆段、停车场产生的生活垃圾由环卫工人统一收集处理；废弃零部件属于一般固废，收集后回收利用；废油纱、电动车组用废蓄电池、场段含油废水处置后污泥、废机油等属于危险废物，应交由有资质单位处置。

3.7 电磁辐射

3.7.1 电磁辐射来源

常见的可产生电磁辐射的设备有雷达系统、电视和广播发射系统、微波医疗设备、输变电设备、大型电力发电站、地铁列车、电力机车及家用电器等，但是电磁辐射的频率和强度却各不相同。相关研究表明，电力频段(50 Hz)的强电场可能会导致人体某些体征的改变，如中枢神经系统、心血管系统甚至也会引起内分泌系统、生殖系统和遗传系统等方面的变异。城市轨道交通产生电磁辐射污染源的主要部位有受电器、牵引变电站及其附属设施。

电磁辐射的评价因子为电场强度、磁场强度和无线电干扰，其评价标准有电磁波卫生标准[执行《环境电磁波卫生标准》(GB 9175—88)]、声音和广播电视接收机及其有关设备辐射抗干扰度特性允许值[参考执行《声音和广播电视接收机及有关设备抗扰度限值和测量方法》(GB/T 9383—2008)]、输变电工程电磁场标准[执行《500 kV 超高压送变电工程电磁辐射环境影响评价技术规范》(HJ/T 24—1998)]，可通过类比法预测分析工程运行时产生的电磁辐射影响。

地铁列车启动和运行时产生的电磁波干扰能量主要为频率在30 MHz以下的电磁波。地铁列车启动时产生的电磁辐射频率范围与短波电台的频率范围较为接近,在距地铁30 m的范围内,地铁列车运行产生的电磁辐射干扰对短波电台的收听可能会造成一定程度的干扰,距牵引变电站30 m处的干扰信号平均场强远低于《声音和广播电视接收机及有关设备抗扰度限值和测量方法》中提出的125 dB的标准限值。因此牵引变电站的运行不会对其邻近区域的电信、电视、电台信号等电磁敏感设施产生干扰。

3.7.2 辐射防护措施

为尽量降低电磁辐射的污染影响,城市轨道交通建设运营时期可采取以下电磁辐射防护措施:① 尽量将供电轨的接头位置远离靠近居民点一侧,以降低点火系统形成的电磁辐射干扰。② 加强运营期绝缘子、接触轨的清洁维护工作,避免因污染放电形成的强电磁辐射干扰。③ 减少杂散电流的产生,工程设计时从源头进行控制,防止杂散电流的形成。

对乘客与地铁工作人员的防护建议:① 乘客候车时应尽量远离屏蔽门或轨道,避免在车头/车尾候车(尤其在地下封闭的地铁车站时)。② 地铁站内配电间、自动售卖机、检票闸机、安检仪器、直达电梯、扶梯等大型电动设备都具备良好的电磁防护措施,这些设施附近的电磁辐射处于安全范围。③ 经常在地下候车厅车头位置指挥控制的工作人员,应当特别注意电磁防护,尽量不要长时间在同一个位置工作,以避免长时间处于高电磁暴露状态。可以采取穿戴防护设备等措施,或实施更为频繁的轮班制。

4 城市轨道交通环境管理制度

4.1 规划阶段的环境影响评价

4.1.1 规划阶段环境影响评价的意义与目的

城市轨道交通具有大运量、高速度、独立专用轨道的特点，可以作为大城市公共交通系统的骨干运输方式。要成为城市客运骨干系统，城市轨道交通就要承担较大比例的城市客运周转量。单一的轨道交通线因其客流吸引范围和线路走向的局限，一般很难达到这种骨干要求。因此，要使轨道交通真正成为一个现代化城市交通畅通的支撑，就必须形成城市轨道交通网络。

轨道交通项目工期长、投资大，其建设属于百年大计，需要有长远的战略考虑。在城市规划中，城市轨道交通网络的规划与设计非常重要，直接影响城市的基本布局和功能定位，对城市发展有极强的引导作用，对促进城市结构调整、城市布局整合，对整个城市土地开发、交通结构以及城市和交通运输系统的可持续发展都有巨大影响。一个发达的城市轨道交通网络就是一个现代化城市不可缺少的标志。我国作为发展中国家，各大城市正处于快速发展时期，做好城市轨道交通系统规划工作更具有独特的意义。

城市轨道交通规划是开展轨道交通建设必须进行的前期工作环节。自 20 世纪 90 年代初期以来，北京、上海、天津、重庆、广州、武汉、成都、深圳、大连、苏州等大中城市陆续启动了城市轨道交通规划的编制工作，迄今已有 40 多个城市已经或正在编制城市轨道交通规划。为了贯彻《环境影响评价法》，促进城市轨道交通建设的科学决策，自 2005 年起，各地先后启动了城市轨道交通规划环境影响评价工作。迄今已有 30 多个城市开展了轨道交通规划环评，其中：成都、武汉、上海、南京、无锡、苏州、宁波、广州、大连、深圳、长沙、福州、北京、天津、重庆、昆明、郑州、青岛、西安、南昌、南宁、合肥、佛山、哈尔滨等 20 多个城市已完成规划环评并通过环境保护行政主管部门组织的审查，涉及轨道交通线路超过 200

条，总里程超过 7 000 km；常州、东莞等城市已基本完成规划环评；杭州、贵阳、惠州、徐州等城市已启动该项工作。

城市轨道交通规划包括线网规划和建设规划两个阶段。线网规划的主要任务是：研究确定城市轨道交通的发展目标和功能定位，确定城市轨道交通线网的规划布局，提出城市轨道交通设施用地的规划控制要求。目前，线网规划一般由所在城市人民政府审批后纳入城市总体规划。建设规划是根据国办发〔2003〕81 号文《关于加强城市快速轨道交通建设管理的通知》要求编制的。建设规划需要明确轨道交通远期目标和近期建设任务，论证近期建设项目的必要性和可行性，提出近期建设项目的建设方案，包括线路走向、设施布局和规模、工程筹划、投资估算、资金筹措、土地控制规划等。近期建设规划在技术上基本达到了预可行性研究的深度。建设规划由所在城市组织编报，由国家发展和改革委员会以及建设部审核后，报国务院审批。近期建设规划经批准后即可开展先期实施项目的工程可行性研究。

城市轨道交通环境影响评价能在规划的早期从根本上防止轨道交通建设的环境破坏、污染以及影响。弥补规划综合评价中缺乏环境影响评价指标的不足。用长远的视角，从整体利益出发，协调环境和轨道交通的关系。既要发展轨道交通，又要做到环境保护，走轨道交通可持续发展的道路，对城市可持续发展具有重大的意义，从而实现环境、社会、经济的协调持续发展。因此，实施城市轨道交通建设及线网规划环评势在必行。

城市轨道交通环境影响评价的目的主要有两点：

① 在城市轨道交通建设及线网规划决策过程中，充分考虑规划实施可能涉及的环境问题，通过评价建设及线网规划与城市总体规划以及各专项规划的协调性和相容性，预测和评价规划实施后对生态与环境的影响，预防规划实施后可能造成的不良环境影响，对本项规划的总体布局、建设规模、实施方案进行环境优化，对规划方案的选址选线、重要换乘枢纽及结点选址、线路敷设方式提出符合环境要求的合理化建议，以期达到轨道交通建设与环境保护协调发展的目的。

② 从可持续发展的角度出发，考虑规划协调与相容性、环境与资源承载能力、规划的外部环境制约条件等因素，制定客观、实用、可操作的环境保护方案，妥善处理环境保护与轨道交通发展之间的关系；为今后规划实施中的环境保护工作提出指导性意见，为管理决策提供依据。

4.1.2 规划阶段环境影响评价的研究进展

（1）国外轨道交通规划环评研究进展

对于交通规划进行环境影响评价，最初是存在于规划内部，将环境因素纳入规划方案的评价因子中，与交通、经济等因素一起进行考虑。而后随着城市环境问题越来越严重，成为制约城市发展的关键，仅依靠规划本身对于环境因素的考虑，已经不能满足规划实施对环境影响进行更为严格预测、评价的要求。随着城市轨道交通的高速发展，城市轨道交通规划环境影响评价也不断发展、完善。

巴黎、柏林等大城市在20世纪初期开始建设轨道交通，由于受到当时的交通规划水平和认识程度的局限，只是从某几条具体线路进行局部的评价，而且考虑的时限也较短。直到20世纪60年代以后，才开始重视评价路网方案。20世纪70年代，巴黎规划建设的地区快速铁路网，主要是用来支持城市总体规划的。美国在70年代末评价大城市轨道交通发展规划的主要指标有促进旧城改建，重构节省能源的城镇体系，恢复中心区活力，改善环境等。进入80年代，环境保护成为公路和铁路建设的重要组成部分，很多国家深入的研究道路含铁路建设的环境影响。发达国家尤为重视交通项目的环境影响，在可行性研究阶段就要对它进行充分的论证。欧洲一些发达国家对公路和铁路建设项目中的环境保护设计有成功的方法以及丰富的实践经验，环境保护设计与项目工程设计的各个阶段相对应，将环境因子纳入线路方案的比选中。在具体的环境影响评价专题方面，德国的一家公司研发了计算机辅助环境分析技术和软件产品，能够成功地预测、评价环境噪声和空气污染，其升级产品可预测、评价交通建设项目的生态环境影响。美国铁路协会也发布了《铁路运营噪声评价》。

为了发掘城市轨道交通系统在资源以及保护环境方面的潜力，发达国家仍在不断地进行深入研究。以减少列车噪声和振动，降低轨道交通运输中的能源消耗等，从而协调轨道交通规划设计和建设与自然环境的关系。

① 英国

英国规划法指导性说明鼓励地方政府将土地利用和交通综合规划结合起来，这就促进了英国从国家到地方开展交通规划环评的研究及实践。1998年英国制订了土地利用规划、交通规划等方面的战略环评框架，提出了战略环评的一般步骤。在多年来的交通规划环境评估方面的经验的基础上，2004年12月英国交通部颁布了《交通规划和计划的战略环境评价》。该文件是英国交通部《交通分析指南》的一部分，目的是指导英国交通规划和计划战略环评工作的实施。

② 法国

法国 1994 年对 A7/A9 高速路进行了战略环评，分析到 2010 年高速路的交通饱和度并提出避免堵塞的方案及评价方案对经济、环境及交通的影响。1998 年法国环境部研究了交通规划环评，工作流程包括分析环境现状，识别不同方案的环境影响，说明方案选择的环境依据，提出减缓措施。

③ 欧盟

欧盟在 1993 年进行了欧洲高速铁路网的战略环评。在同一年开展了跨欧洲交通网的战略环评研究，它是在此前开发的多模式交通环评通用方法支持下进行的，随后出版了评价方法手册，其评价结论在跨欧洲交通网导则修改时进行了应用。

④ 美国

在美国，国家仅拥有少数高速路的所有权，所以美国的交通规划环评主要是在各个地方开展的。1994 年，西雅图进行了综合交通规划并组织了交通规划环评，以协调交通发展和环境的关系。评价的指标包括交通和环境两个方面，环境指标主要有噪声、大气质量、水质量、渔业资源及通道，交通指标考察了交通拥挤情况，预测了不同方案中的交通模式划分。威斯康星州交通部进行了城市交通规划环评的研究并编制了导则。在导则中建议评价工作应被视为规划过程的一个综合部分，在规划的一开始就应介入，并指出战略环评应包括划定范围，影响评价和公众参与三个部分。

欧美许多发达国家为了建立可持续发展的城市交通运输系统，建立了驱动力—压力—状态—影响—反应指标体系以及在交通领域的规划环境影响评价中建立生命周期评价指标体系。

综上所述，欧美的交通起步早，进行了大量的实践工作，工作流程、技术方法等方面已经比较成熟，形成了相对完善的评价体系，值得学习和借鉴。

(2) 国内轨道交通规划环评研究进展

① 香港

我国最早的交通规划环境影响评价是香港特别行政区在 1998 年对交通规划进行的环境影响评价研究，香港的政策层次的环评则始于 1992 年。1989 年，香港完成海港和空港发展规划环境评估报告，1993 年、1994 年分别完成铁路发展研究和货物运输研究的战略环评报告，1999 年、2000 年分别完成第三次综合运输研究和第二次铁路发展研究的战略环评报告。2004 年，香港环境保护署颁布《香港策略性环境评估手册》，规定了进行运输策略及政策的环境评估应考虑的因素。香港中文大学地理系与环境研究中心也开展了战略环评的研究工作，将噪声评价从项目层次提升到区域战略层次，开发了基于地理信息系统的道路交通噪声评价系统。

② 内地

在内地，厦门大学环境科学研究中心和国家海洋局第三海洋研究在2001年首次进行了交通规划环评实践，完成了《厦门湾港口总体布局规划战略环境评价》。

2003年9月1日施行的《中华人民共和国环境影响评价法》标志着规划环境影响评价制度在我国正式建立起来。该法律规定土地利用的有关规划，区域、流域、海域的建设、开发利用规划，工业、农业、畜牧业、林业、能源、水利、交通、城市建设、旅游、自然资源开发的有关专项规划应进行环境影响评价。同期执行的《规划环境影响评价技术导则（试行）》，提出了开展规划环境影响评价的技术程序、一般原则、内容、要求和方法。随后制定了《编制环境影响报告书的规划的具体范围（试行）》、《编制环境影响报告篇章或说明的规划的具体范围（试行）》和《专项规划环境影响报告书审查办法》。与此同时，全国各高校和科研单位积极开展规划环境影响评价的研究和实践。相关著作也相继出现，其中代表性的著作有《战略环境评价导论》《战略环境评价》《战略环境评价实践》《规划环境影响评价方法及实例》《能源规划环境影响评价》等。2004年，中华人民共和国交通部发布《关于交通行业实施规划环境影响评价有关问题的通知》，对交通行业实施规划环境影响评价的有关问题进行具体规定，包括评价范围、评价程序、评价资格等。2007年，国家环境保护总局、国家发改委和交通部联合发布《关于加强公路规划和建设环境影响评价工作的通知》，进一步规范公路规划和建设中的环境影响评价工作。2008年12月，环境保护部发布《环境影响评价技术导则城市轨道交通》，规定了城市轨道交通建设项目环境影响评价的内容、原则、要求和方法。

4.1.3 规划阶段环境影响评价的原则、目标与对象

(1) 规划环评的基本原则

① 针对性原则

轨道交通规划环评一定要结合所在城市实际情况，针对规划进行具体分析、评价，对规划存在的资源、环境问题提出可操作的调整措施和建议；完善规划，但不应僭越规划。

② 时效性和可操作性原则

轨道交通规划环评的结论和建议都应该具体、可操作，例如：有的城市轨道

交通建设尚未启动，且由于轨道交通规划具有前瞻性，因此不确定性较高，这时规划环评的重点应是从资源环境角度论证建设规模、方案与布局、建设时序的可行性；而有的城市轨道交通建设已形成规模，规划环评具有一定的后补性质，这时应重点回顾总结既有轨道交通的环境问题，从累积环境影响、间接环境影响等方面充分说明轨道交通建设对城市环境的整体效应。

③ 适时介入以及过程参与原则

规划环评一般强调早期介入，但实践中环评完全与规划过程同步是不可能的，只有当规划初步形成框架后，环评介入才有意义。在线网规划阶段，环评可在线网方案已有雏形时介入；在近期建设规划阶段，环评应与建设规划完全同步，及时优化、完善规划。

④ 循环优化原则

通过规划环评的全程介入，对规划方案不断循环优化，最终得到环境可行，及社会、经济等各方面协调的推荐规划方案。

⑤ 公众参与原则

在轨道交通规划环评中，公众参与的重点是吸收专家和各有关部门的意见。对于普通民众，参与重点是发现潜在的环境敏感目标和可能产生的环境冲突，以便在规划中拟定有效的回避或减缓措施。

（2）规划环评的目标

评价目的是规划环境影响评价工作的出发点。从某种程度上讲，评价目的决定了规划环境影响评价工作的基本方向、内容以及评价标准的选择。规划环境影响评价中评价目标提供了检验规划的环境影响的技术准绳。规划环境影响中的评价目标大部分还是来自环境保护目标。但由于规划属于战略决策层次，其基本内容很多涉及规划范围内经济、社会发展的战略选择问题，其环境影响评价更侧重于规划地区可持续发展能力的评估，而非局限于环境质量的演变，所以规划目标通常还包括可持续发展方面的内容，重点评价规划实施后对环境可持续发展的影响。评价目标具有普遍性，它是对资源可持续性利用和环境保护的需要，而且它们与决策所涉及的行政地区和决策层次有关。规划环境影响评价的评价目标是在规划的编制与决策过程之中，实施可持续发展的战略，充分考虑规划实施后可能涉及的环境问题，并预防可能会造成的不良的环境影响，从而提高规划质量，体现预防性原则，促进更有效的环境保护，使得经济增长、社会进步与环境保护相协调。

① 在城市轨道交通建设及线网规划决策过程中，须充分考虑规划实施可能涉及的环境问题，通过评价建设及线网规划与城市总体规划以及各专项规

划的协调性和相容性，预测和评价规划实施后对生态与环境的影响，预防规划实施后可能造成的不良环境影响，对规划的总体布局、建设规模、实施方案进行环境优化，对规划方案的选址选线、重要换乘枢纽及结点选址、线路敷设方式提出符合环境要求的合理化建议，以期达到轨道交通建设与环境保护协调发展的目的。

② 从可持续发展的角度出发，考虑规划协调与相容性、环境与资源承载能力、规划的外部环境制约条件等因素，制订客观、实用、可操作的环境保护方案，妥善处理环境保护与轨道交通发展之间的关系，为今后规划实施中的环境保护工作提出指导性意见，为管理决策提供依据。

(3) 规划环评的评价对象

城市轨道交通单条线路建设项目环评的评价对象较单一，强调一个具体的项目，即拟开发项目的建设与生产运营行为以及受其影响的主要环境受体。它的评价对象仅限于该条线路，在评价中不会将其他线路作为评价主体；而对于环境影响受体，一般也仅限于大气、水、声、振动、固废、生态、景观等自然环境要素，它强调的是污染和影响。

城市轨道交通规划环评的评价对象则是在一定时期、某个区域内的所有开发建设行为或活动，以及受其影响的自然、生态环境系统与社会经济环境系统。它的评价主体涉及整个规划线网，评价过程中所产生的影响受体则不仅包含各种自然环境要素，还包括区域生态质量、土地利用水平、城市景观、资源能源供给水平、社会和经济可持续发展水平等，捷克、丹麦、新西兰、南非等国甚至要求评价人体健康水平和人文遗迹等要素。可见，城市轨道交通规划环评更着重，从对宏观因素的影响情况判别规划线网的规模、布局、走向及敷设方式的合理性。

4.1.4 规划阶段环境影响评价的程序与内容

(1) 评价程序

城市轨道交通规划环境影响评价一般在对城市轨道交通建设及线网规划的必要性和可行性进行初步分析的基础上，主要围绕城市轨道交通建设及线网规划实施与城市规划的相容性、协调性以及规划实施的环境资源制约因素、环境影响进行分析评价，一般以规划与城市相关专项规划的协调性及环境制约因素作为评价重点，如图 4.1-1 所示。

① 规划相容性分析

依据城市总体规划所确定的城市功能定位(性质)、城市发展目标(社会、经

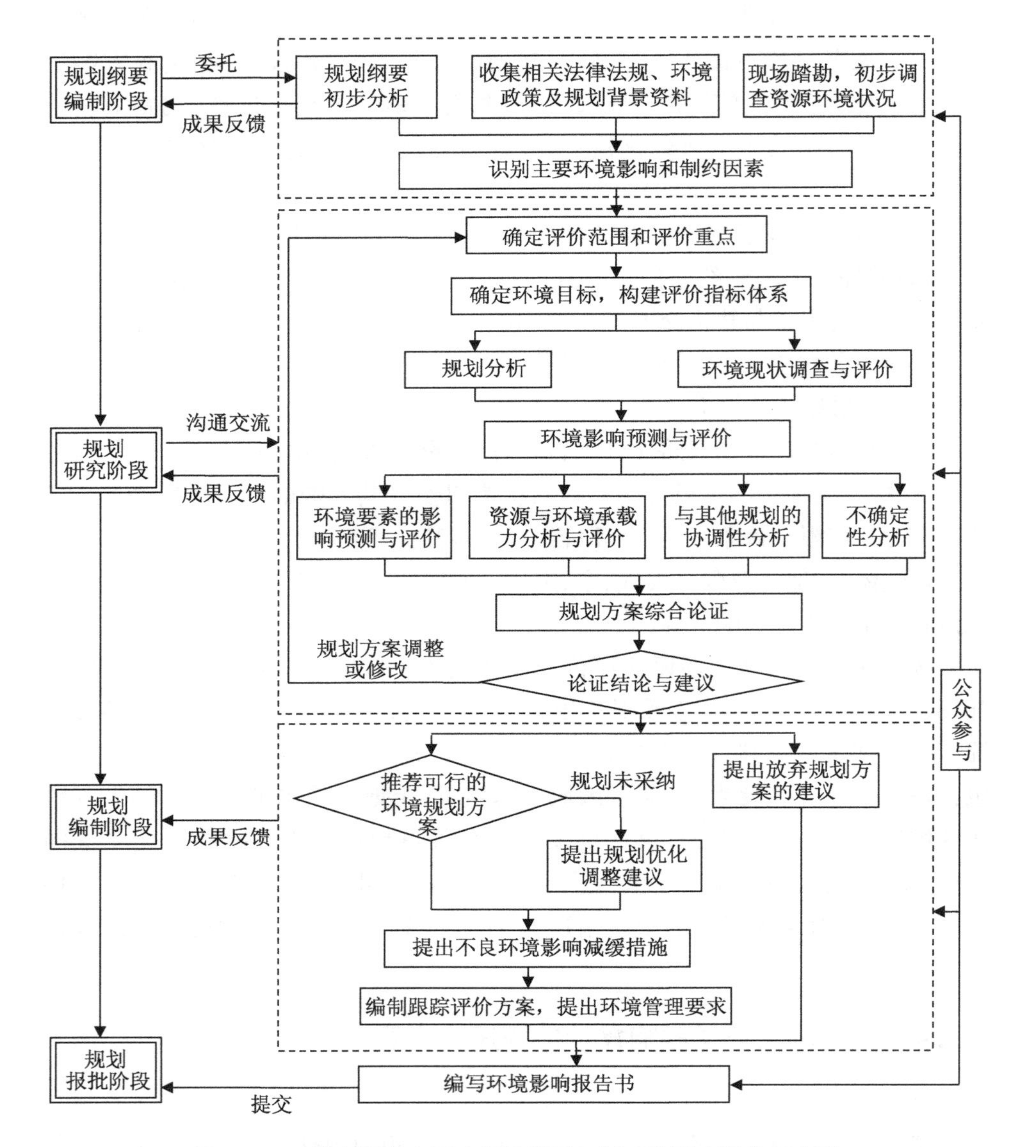

图 4.1-1 城市轨道交通建设及线网规划环境影响评价程序图

济和环保)、城市空间结构布局,分析轨道交通建设及线网规划布局的合理性。

② 规划协调性分析

依据城市总体规划中各相关专项规划,就轨道交通线路走向、敷设方案、场(段)站选址,分析建设及线网规划与土地利用规划、生态红线区域保护规划、历史文化名城保护规划及城市环境功能区划等的协调性。

③ 规划环境资源制约因素分析

在专项规划分析的基础上，根据城市环境特征、城市生态环境保护要求，分析规划实施的环境资源制约因素；根据城市资源供应能力、区域环境质量、环境地质状况，分析建设及线网规划方案建设规模（土地占用、能源消耗、水资源消耗）与城市环境及资源承载能力的协调性。

④ 环境影响分析

在满足城市生态保护规划、历史文物保护规划等的前提下，结合声环境、振动环境、水环境、大气环境、电磁环境、生态环境影响预测分析的结论，依据相应的环境质量标准，结合轨道交通周边和沿线的产业带进行分析，特别是对在建和规划中的轨道交通周边或沿线产业带的发展和城镇布局进行预测分析，提出城市规划建设用地控制意见和建议，防止产业带在轨道交通沿线无序蔓延，对土地资源、能源利用以及生态环境等造成负面影响。

（2）评价方法

规划环评采用的主要评价方法包括核查表法、类比调查法、资料收集结合现场调查法、专家咨询法、叠图法、数学模型法、趋势分析法以及情景分析法等。

① 核查表法

将规划方案对社会、经济和环境资源可能产生的影响在一个表中并列出来，便于核对。该方法简单明了地列出了规划行动的影响因子，在规划的环境影响识别时予以应用。

② 类比分析法

在规划方案的分析中，采用类比分析法，把目标城市轨道交通规划的项目和其他环境、经济条件类似的城市的轨道交通项目进行对比，分析该规划可能产生的污染源、环境问题和环境影响。

③ 资料收集结合现场调查法

通过资料收集结合现场调查和监测，了解、查清目标城市生态环境及有关环境要素的现状质量状况，作为评价的基础。

④ 专家咨询法

环评过程中，采用电话、电子邮件等形式与管理部门、规划实施单位和规划编制单位进行沟通，咨询生态、环境保护、规划、文物保护等方面的专家、各部门代表和规划编制者的意见，完善规划的环境影响分析和环境保护对策。

⑤ 叠图法

将目标城市的轨道交通建设及线网规划与当地生态保护区规划图、历史文化名城保护规划图、环境功能区划图等分别叠加，利用所有的叠加图件，进行保护目标的空间适宜性分析。

⑥ 数学模型法

在噪声、振动、等环境要素的影响预测中，主要采用数学模型定量表示环境影响程度和变化规律。

⑦ 趋势分析法

通过趋势分析，明确建设及线网规划实施所造成环境和资源在未来所承受的压力和生态系统间的历史因果关系。

⑧ 情景分析法

在噪声、振动等环境影响预测分析过程中，设定一些不同环控设备的组合形式以及不同线路埋深、不同行车速度、不同减振降噪措施等边界条件的情景，针对设定的情景进行预测分析，得出相应的环境影响程度，从而提出相应的规划控制要求。

(3) 评价体系的构建原则

城市轨道交通规划环评在评价指标的选取上与其评价目的和评价内容是一致的，一般来讲，主要遵循以下原则。

① 目标导向原则

指标体系要向目标靠近，引导评价对象朝向目标这一正确的方向发展。

② 科学性和可预测性原则

指标体系要有科学的理论作为指导，以客观事实为基础，且与实践相结合，对客观实际情况作出反应。选择能够体现环境变化发展并且能够预测环境未来趋势的指标，客观地反映指标体系所标识、量度的系统的发展特征。

③ 系统优化原则

通过简单的体系的结构形式，较少的指标数量全面系统综合地反映评价的内容。规划环评的研究对象是一个具有多个层次结构的复杂系统。要按照一定的层次性设置指标体系，确定体系的主要成分，做到层次鲜明，有主有次。指标体系要统筹兼顾各个方面的关系，要兼顾到各方面的指标。指标体系中，既要有正向指标，又要有逆向指标；既要有定量指标，又要有定性指标；既要有环境指标，又要有经济社会指标；既要有状态指标，有影响指标，又要有行动指标。这样指标体系才具有稳定性，才能达到规划环评要求，全面客观地进行评价。

指标体系应尽可能地选取可定量化的指标，可是有些环境影响是难以定量化的，因此为了保证评价的全面性，要定量与定性相结合，采用定性分析量化技术、定性描述来弥补数据不足的问题，还要避免指标之间的重叠，因为组成指标体系的是相互制约、相互联系的指标，所有指标之间既要有一定的逻辑性，又要相对独立、界限分明，避免人为地夸大某方面的影响。

④ 限制性原则

指标具有动态性，自身不断地变化发展。要考虑指标时间上及空间上的限制，影响的空间范围、时间段，注意指标时间上和空间上的敏感性。

⑤ 通用可比性原则

该原则实质是比较，包括不同对象间的横向比较，以及不同时间段的纵向比较。

对比不同对象，按照统一要求相同标准选择的有一定共通、逻辑性，联系的量纲不同，性质类型相异的指标，在进行处理后指标之间具有可比性。对比同一对象的不同时期，规划环评作用于规划的全过程，所以要在各个时期各个阶段有可比性，就要求各项指标参数在内涵以及外延上相对一致，保持稳定。

⑥ 实用性原则

这一原则指的是可行性、可操作性和实用性。在客观性、全面性得到保证的前提下，尽可能地简化指标体系。必须考虑指标的数据资料收集工作的可行性，以及信息易于获得且来源渠道可靠。

(4) 评价指标体系

轨道交通规划环境影响评价指标体系的三个层次：① 目标层：以城市轨道交通建设及线网规划环境影响综合评价为目标层。② 准则层：目标层下设置城市生态环境与自然资源和能源利用指标；环境质量指标；社会经济指标三个第一准则层。第一准则层下设置第二准则层，包含城市生态环境指标、自然资源和能源利用指标；噪声指标、振动指标、电磁指标、大气环境指标、水环境指标和固体废物指标；社会经济指标。③ 指标层：第二准则层下的指标又能进一步划分成更小更细的指标，以明确准则层的具体内容，使之清晰化。由这些指标组成指标层，如图 4.1-2 与表 4.1-1 所示。

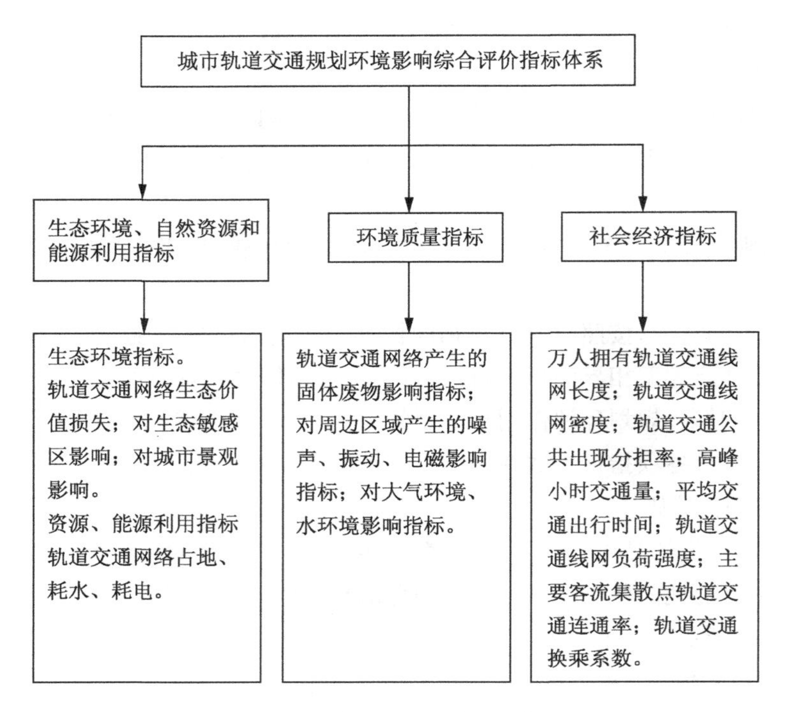

图 4.1-2　城市轨道交通规划环境影响评价指标体系分层

表 4.1-1　城市轨道交通规划环境影响评价指标体系

标准层	第一准则层	第二准则层	指标层
轨道交通规划环境影响综合评价	城市生态环境及自然环境和能源利用指标	城市生态环境指标	1. 轨道交通线网与生态敏感区临近度 2. 轨道交通线网与生态敏感区交界面长度 3. 轨道交通线网占用生态敏感区类型、面积 4. 生态服务价值损失 5. 轨道交通对城市景观的影响
		自然资源和能源利用指标	6. 轨道交通线网占地类型、面积 7. 轨道交通用电量 8. 轨道交通耗水量 9. 轨道交通规划节省的用地面积 10. 其替代地面交通引起机动车耗油的减少量
	环境质量指标	声环境	11. 轨道交通干线两侧噪声影响范围、程度 12. 地下段风亭和冷却塔噪声影响范围、程度 13. 轨道交通线网与噪声敏感区临近度 14. 轨道交通线网与噪声敏感区交界面长度 15. 其替代地面交通引起道路声环境污染的减少量

（续表）

标准层	第一准则层	第二准则层	指标层
轨道交通规划环境影响综合评价	环境质量指标	振动环境	16. 轨道交通线网振动影响范围 17. 敏感保护目标振动影响程度
		电磁环境	18. 轨道交通线网电磁影响 19. 变电所辐射电磁影响范围、程度
		大气环境	20. 其替代地面交通引起机动车尾气排放的减少量 21. 其耗电间接引起电厂废气排放的增加量
		水环境	22. 轨道交通产生污水总量 23. 废水处理率 24. 轨道交通线网与水源保护区临近度 25. 轨道交通线网与水源保护区交界面长度 26. 地下段线路对地下水位、流向、水质影响
		固体废物	27. 轨道交通产生的固体废物量 28. 固体废物处理率
	社会经济指标	社会经济	29. 轨道交通规划与相关政策、规划符合协调性 30. 万人拥有轨道交通线网长度 31. 轨道交通线网密度 32. 中心城区与轨道交通站点的距离 33. 主要客流集散点轨道交通连通率 34. 轨道交通公共出行分担率 35. 高峰小时交通量 36. 平均交通出行时间 37. 轨道交通线网负荷强度 38. 轨道交通换乘系数

4.1.5 规划阶段环境影响评价案例

选取江苏徐州轨道交通的规划环境影响评价报告书作为实际案例，摘选报告书中部分内容以供参考学习：

（前略）

1.6　评价对象与重点

本次规划环评的评价对象主要为《徐州市城市轨道交通近期建设规划（2018—2024）》和《徐州市城市轨道交通线网规划（修编）》中的规划线路（其中的1号线一期、2号线一期、3号线一期为在建线路，拟进行回顾性评价，详见第4章）。

其中，《徐州市城市轨道交通近期建设规划（2018—2024）》包含规划线路4条：3号线二期、4号线、5号线、6号线；《徐州市城市轨道交通线网规划（修编）》包含规划线路11条：3号线二期、4号线、5号线、6号线、1号线二期、2号线二期、7 号线、S1、S2、S3、S4。

由上可知：

近期规划建设线路包括：3 号线二期、4 号线、5 号线、6 号线，共计建设规模 105 km，车站 74 座。

远期规划线路包括：1 号线二期、2 号线二期、7 号线、S1、S4，共计建设规模 90.36 km，车站 54 座；

远景规划线路包括：S2、S3，共计建设规模 67.1 km，车站 28 座。具体详见表 1.6-1。

表 1.6-1　评价对象一览表

分类	规划线路	起讫点	长度(km)	车站数量(座)	备注
近期建设规划线路	3 号线二期	银山车辆段站前后区间	1.57*	1	在 3 号线一期靠近银山车辆段附近，增设 1 座银山车辆段站。该段线路由原出入段线改建，长度约 1.57 km，不计入本次规划线路长度内
		后蟠桃村站——下淀站	6.9	5	
	4 号线	台上村站——刘湾村站	33.9	25	
	5 号线	徐矿城站——孙店村站	33.5	23	
	6 号线	珠江路站——徐州东站	30.7	20	
	小计		105	74	
远期规划线路	7 号线	王新庄站——路庄村站	32	25	
	1 号线二期	徐州东站——旗山站	14.71	9	
	2 号线二期	新区东站——大庙站	11.05	6	
	S1 线	大庙站——凤鸣海站	27.6	14	
	S4 线	汉王新城站——徐州境内	5	/	预留线
	小计		90.36	54	
远景规划线路	S2 线	新城区客运站——双沟站	31.9	12	
	S3 线	泰山路站——黄集镇站	35.2	16	
	小计		67.1	28	
合计			262.46	156	

* 注：1.57 km 的地面线不计入近期建设规划线路长度内，但列入本次评价对象。

由于近期建设规划线路的线路和站点设置较为明确，而远期、远景规划线路目前仅初步确定了线路的大致走向、服务区域和规模。因此，确定本次评价对象重点为近期建设规划的4条线路。针对重点评价的4条线路，除了结合所有线路进行整体线网规模、走向、敷设方式、场站选址、资源及环境承载力、各要素环境影响的相关分析外，本次评价还将着重评价这4条线路对周边振动环境、声环境、生态环境、文物古迹等的影响分析，并提出相应的减缓措施和调整建议。对于远期、远景规划线路，仅分析其合规性并提出规划控制要求。

1.7　评价范围与时段

1.7.1　评价范围

本次规划环评的评价范围与《徐州市城市轨道交通近期建设规划(2018—2024)》和《徐州市城市轨道交通线网规划(修编)》确定的研究范围基本一致，为徐州市域(徐州市域行政管辖范围，总面积11 258 km^2)及周边邻近城市。

规划环评涉及的主要环境要素评价范围如下：

声环境：风亭、冷却塔周围50 m以内区域；轨道交通地上线两侧200 m以内区域；车辆段、停车场场界外1 m区域，如周边存在居住、文教等噪声敏感区域，应扩大到该区域。

振动环境：外轨中心线两侧60 m以内区域。

二次结构噪声：隧道垂直上方至外轨中心线两侧10 m以内区域。

环境空气：风亭周边50 m以内区域。

电磁环境：变电所及配套地面构筑物、地上线两侧50 m。

生态环境：线路周边200 m范围以内区域。

1.7.2　评价时段

依据《徐州市城市总体规划(2007—2020年)》(2017年修订)、《徐州市城市轨道交通线网规划(修编)》、《徐州市城市轨道交通近期建设规划(2018—2024)》的规划年限，确定本次评价的基准年为2017年；预测分析年，近期为2018—2020年，远期为2020—2030年，远景为2030年以后。

(中略)

6.4　评价指标体系和标准

6.4.1　评价指标体系

本次评价所采用的指标分为定性指标和定量指标两类，定性指标见表6.4.1-1，定量指标见表6.4.1-2。

表 6.4.1-1　评价所采用定性指标

序号	评　价　指　标
1	轨道交通建设规划政策符合性
2	轨道交通建设规划与城市总体规划的相容性
3	轨道交通建设规划与城市相关规划的协调性
4	轨道交通经济可行性
5	与自然景观和周围环境相协调
6	方便的交通(车站设置和换乘节点的布局)

表 6.4.1-2　评价所采用定量指标

<table>
<tr><th colspan="2">分类</th><th>评价指标</th><th>单位</th><th>目标值</th></tr>
<tr><td colspan="2" rowspan="6">生态保护红线</td><td>轨道交通线网与生态敏感区的临近度</td><td>m</td><td>不违反各生态敏感区相关保护要求</td></tr>
<tr><td>穿越敏感区域长度或交界面长度</td><td>m</td><td>地上区段尽量减少</td></tr>
<tr><td>轨道交通与居民集中住宅区的临近度</td><td>m</td><td>地上线路尽量远离居民集中住宅区</td></tr>
<tr><td>轨道交通基本农田占用面积</td><td>m^2</td><td>尽量减少</td></tr>
<tr><td>占用基本农田补偿率</td><td>%</td><td>100%</td></tr>
<tr><td>轨道交通占用绿地资源植被恢复率</td><td>%</td><td>100%</td></tr>
<tr><td rowspan="7">环境质量底线</td><td>声环境</td><td>环境噪声:昼/夜等效声级</td><td>dB(A)</td><td>符合声环境功能区划</td></tr>
<tr><td rowspan="3">振动环境</td><td>环境振动:Z 振级(VL_{Z10}、VL_{Zmax})</td><td>dB</td><td>参照城市声环境功能区划,满足振动环境要求</td></tr>
<tr><td>二次结构噪声:等效声级最大值</td><td>dB(A)</td><td>满足声环境功能区划要求</td></tr>
<tr><td>古建筑:铅垂向振速最大值</td><td>m/s</td><td>满足技术规范要求</td></tr>
<tr><td rowspan="2">地表水环境</td><td>沿线及纳污河流水质</td><td>mg/L</td><td>符合水环境功能区划</td></tr>
<tr><td>轨道交通污水处理达标率</td><td>%</td><td>综合维修基地、车辆段、停车场、车站所在区域建有城市污水管网的,污水应纳入市政污水管网</td></tr>
<tr><td>地下水环境</td><td>地下水水质</td><td>mg/L</td><td>符合城市地下水保护要求</td></tr>
</table>

(续表)

分类		评价指标	单位	目标值
环境质量底线	大气环境	沿线大气环境质量	mg/m^3	符合大气环境功能区划
		风亭异味嗅阈值范围	mg/L	满足卫生防护距离
	电磁环境	电视收视信噪比	dB	≥35 dB
		工频电场强度	kV/m	<4 kV/m
		工频磁感应强度	mT	<0.1mT
资源利用上线		轨道交通单位占地指标	hm^2/km	不超过国内平均水平
		轨道交通占用土地资源总量	hm^2	不超过徐州市土地资源承载能力
		轨道交通单位水耗指标	万 m^3 /(km·a)	不超过国内平均水平
		轨道交通耗水总量	m^3/d	不超过徐州市水资源承载能力
		轨道交通单位电耗指标	万 kW·h /(km·a)	不超过国内平均水平
		轨道交通耗电总量	kW·h/a	不超过徐州市电力资源承载能力
		轨道交通沿线土地利用适宜度		高于现状
社会服务公交优先		公共交通出行分担率	%	25%～38%
		轨道交通出行占公共交通的比率	%	
		轨道交通换乘系数		1.35～1.45
		线网负荷强度	万人/(km·a)	
		中心城区居民出行平均交通出行时间	min	30～45 min
		800 m 半径站点覆盖率	%	45%～55%
		大型客流集散点与轨道交通站点的临近度		尽量临近

6.4.2　评价指标体系

(1) 执行标准

定量指标标准及相应限值见表 6.4.2-1。对于定量指标中没有标准值的指标和定性指标，拟在与比较方案对比分析的基础上，结合专家咨询和公众参与意见进行分析评估。

表 6.4.2-1　评价标准汇总表

环境要素	标准名称	标准值与等级(类别)	适用范围
声环境	《声环境质量标准》(GB 3096—2008)	1 类区： 昼间 55 dB(A)、夜间 45 dB(A)	依据《徐州市城市区域声环境质量标准适用区域划分》(2014—2020)，噪声功能区划为“1 类”区内的敏感点
		2 类区： 昼间 60 dB(A)、夜间 50 dB(A)	依据《徐州市城市区域声环境质量标准适用区域划分》(2014—2020)，噪声功能区划为“2 类”区内的敏感点
		3 类区： 昼间 65 dB(A)、夜间 55 dB(A)	依据《徐州市城市区域声环境质量标准适用区域划分》(2014—2020)，噪声功能区划为“3 类”区内的敏感点
		4a 类区： 昼间 70 dB(A)、夜间 55 dB(A)	交通干线两侧一定距离之内 a. 若临交通干线建筑以高于三层楼房以上(含三层)的建筑为主，第一排建筑面向交通干线一侧的区域。 b. 若临交通干线建筑以低于三层楼房(含开阔地)的建筑为主，交通干线两侧一定距离内的区域。 一定距离的划定如下： 相邻区域为 1 类标准适用区域，距离为 50 m； 相邻区域为 2 类标准适用区域，距离为 35 m； 相邻区域为 3 类标准适用区域，距离为 25 m。
	《工业企业厂界环境噪声排放标准》(GB12348—2008)	相应功能区标准	车辆维修基地、车辆段、停车场场界外 1 m
	《建筑施工场界环境噪声排放标准》(GB 12523—2011)	昼间 70 dB(A)、夜间 55 dB(A)	建筑施工场界

（续表）

环境要素	标准名称	标准值与等级（类别）	适用范围
振动环境	《城市区域环境振动标准》(GB 10070—88)	居民、文教区：昼间 70 dB、夜间 67 dB	位于噪声功能区划“1 类”区内的敏感点
		混合区、商业中心区；工业集中区；交通干线道路两侧：昼间 75 dB、夜间 72 dB	位于噪声功能区划“2、3、4a 类”区内的敏感点
	《古建筑防工业振动技术规范》(GB/T 50452—2008)	Vp>2 900 m/s（石结构）：容许水平振速 0.25 mm/s	全国重点文物保护单位
		Vp>5 600 m/s（木结构）：容许水平振速 0.30 mm/s	省级文物保护单位
		Vp<2 900 m/s（石结构）：容许水平振速 0.75 mm/s	市级文物保护单位
	《城市轨道交通引起建筑物振动与二次辐射噪声限值及其测量方法标准》(JGJ/T 170—2009)	昼间：38 dB(A)、夜间：35 dB(A)	位于噪声功能区划“1 类”区内的敏感点
		昼间：41 dB(A)、夜间：38 dB(A)	位于噪声功能区划“2 类”区内的敏感点
		昼间：45 dB(A)、夜间：42 dB(A)	位于噪声功能区划“3、4a 类”区内的敏感点
电磁环境	参照《500 kV 超高压送变电工程电磁辐射环境影响评价技术规范》(HJ/T 24—1998)推荐值	工频电场强度：4 kV/m 工频磁感应强度：0.1 mT	居民区
	参考国际无线电咨询委员会(CCIR)推荐的损伤制衡量方法	信噪比不低于 35 dB	沿线居民电视接收
水环境	《污水综合排放标准》(GB 8978—1996)	一～三级	站段污水排放口
	《城市污水再生利用　城市杂用水水质》(GB/T 18920—2002)	车辆冲洗	段场洗车废水
大气环境	《环境空气质量标准》(GB 3095—1996)	二级	车站、段场区域周围环境

（中略）

13.3　主要评价结论

13.3.1　声环境影响

(1) 地下车站噪声影响

① 对位于不同声功能区的，无冷却塔风亭区/设冷却塔风亭区，在预设措施的情景下需要设置 24～84 m/31～110 m 不等的达标控制距离。在人口密集的主城区，除大面积商业综合体附近外，较难满足该达标控制距离要求。因此，若在居民密集区可优先考虑增加风亭消声器长度以及改用超低噪声冷却塔等降噪措施，采取进一步降噪措施后控制距离可缩小为 15～24 m/15～50 m。

② 针对无住校需求的学校，以及无住院部的医院，无论何种风亭组合形式，除“1 类”声功能区外，风亭区与敏感建筑之间的距离满足 15 m 最小控制距离的要求即可。

(2) 地上线路噪声影响

由于本次建设规划的规划线路中，仅 3 号线二期存在 1.57 km 的地面线路；另外，各线路进出场段前均会有部分地面线路存在。

① 根据预测结果，3 号线二期的规划地面线路的噪声达标距离小于 100 m，增设声屏障措施后达标距离减小到 41 m。

② 在无措施的情况下，出入线段在昼间 30 对/h、夜间 15 对/h 列车且不考虑遮挡的情况下，距离外轨 70 m 达到“2 类”区标准，距离外轨 38 m 达到“3 类”区标准。在采取声屏障措施后，影响大大降低，在外轨中心线 7.5 m 以外均可达标。

③ 规划高架线路的噪声达标距离超过 200 m，增设声屏障措施后达标距离减小到 115 m。

(3) 主变电站噪声影响

本次规划新建 1 座 110 kV 主变电站——京沪高铁西主变电所，拟采用全户内地面布置。根据类比调查和监测结果，在采取设置隔声门窗，加贴吸声材料后，地面布置的全户内主变电站室外 1 m 处基本可满足“2 类”区标准要求，对周边声环境影响不大。

(4) 场段噪声影响

根据类比调查和监测结果，已运行停车场及车辆段场界外 1 m 处基本可满足“2 类”区标准要求，对周边声环境影响不大。

(5) 规划方案分析

地下车站：本次规划线路中的绝大部分车站基本布置在现状或规划的道路

上,风亭区可占用地块主要为道路两侧的空地、绿地、广场、待拆迁地块(由于工程占用)等。由此,呈现出车站环控设施布置的环境限制因素从市郊(存在大量未开发地块)到中心城区(建筑密集区域)递增的趋势。大部分车站的风亭区布置无环境限制因素,或通过合理布设风亭区的位置,基本可以满足声源与敏感目标之间的控制距离。此外,还有部分站点的区域环境敏感程度较高,在后期项目实施过程中需要特别关注:4 号线的七里沟站;5 号线的师大云龙校区站、和平大桥站;6 号线的惠民家园站、大湖北站须在进一步加强降噪措施的前提下,协调好敏感建筑与车站的位置关系,确保噪声不扰民。建议风亭区布置在远离敏感建筑的位置,同时采取严格的降噪措施,确保在满足 15 m 最小控制距离要求的情况下,噪声达标。

地面线路:本次建设规划的规划线路中仅有 3 号线二期南端进入银山车辆段前有小部分地面线路(将原来已批复的出入段线改为正线)。线路穿越地块,与连霍高速平行布置,线路周边主要为空地,100 m 外分布有居民。根据预测结果,本次规划的 3 号线地面线路在不采取措施的情况下噪声达标距离小于 100 m,因此,对周边 100 m 外分布的居民影响不大。鉴于部分不确定因素,建议该段地面线路两侧预留声屏障条件。

高架线路:本次线网规划中的城市轨道快线均有高架敷设,根据前述达标预测分析,在采取声屏障措施后的达标距离仍在 100 m 左右。鉴于规划的高架线沿线均为市郊地区,敏感目标分布不密集,且大部分为未建成区。因此,建议相关路段两侧做好用地规划控制,在达标距离内建议规划商业等非噪声敏感地块。

(6) 降噪措施

地下车站:目前徐州轨道交通建设项目招标时已将全线采取低噪声冷却塔及风亭预设 2~3 m 长消声器的安装作为招标内容的一部分。因此,除合理安排风亭和冷却塔的位置,可采取有针对性的降噪设计,如对风亭和冷却塔进一步加强消声、隔声处理,以及采用超低噪声型冷却塔等。

地面线路:由于本次规划线路基本为地下线路,仅在车辆场段内或进出场段前涉及车辆运行的噪声影响。因此,可考虑降低列车进场速度,以及合理布置试车线位置,尽量远离现状或规划声环境敏感区域,必要时采用加装隔声屏障等方式确保试车线及出入段线的噪声不扰民。

高架线路:鉴于高架线路周边规划的不确定性,可采取全线预留声屏障的措施。

(中略)

13.5　总结论

《徐州市城市轨道交通近期建设规划(2018—2024)》及《徐州市城市轨道交通线网规划(修编)》符合国家相关政策,与徐州市城市总体规划、土地利用总体规划、环境保护、历史文化名城保护等相关规划基本协调,有利于徐州市城市发展目标的实现。

本次建设规划拟定的4条轨道交通线路的总体布局、敷设方式等以及线网规划的其余规划线路走向基本合理。在进一步优化部分线路走向和场站的选址后,并在下一步规划实施阶段进一步落实有效的环境影响减缓措施的基础上,规划实施不存在重大环境制约因素,规划目标和环境目标总体是合理的和可达到的。

综上所述,从环境保护和环境规划的角度,《徐州市城市轨道交通近期建设规划(2018—2024)》及《徐州市城市轨道交通线网规划(修编)》基本可行。

4.2　实施阶段的建设项目环境影响评价

4.2.1　项目环境影响评价的意义及其与规划环境评价的关系

建设项目环境影响评价(Project Environmental Impact Assessment),是我国开展最早、最广泛的一种环境影响评价,是对建设项目对环境可能造成的影响进行分析预测,对拟建的环境保护措施进行技术、经济论证,提出建设期和运营期的环境保护措施,以便有效地减少建设项目对环境的污染。开展建设项目环境影响评价的目的是为某个具体建设项目的决策与管理服务,其主要功能是预测评价功能优化选址和污染控制功能优化设计。建设项目的环境影响评价是由拟建项目的业主组织进行的,建设项目环境影响评价着眼于项目产生的直接的环境污染和生态破坏、资源影响、景观影响、社会人群影响,注重通过工程措施、管理措施来缓解直接影响,主要关注对自然环境和社会人群的直接影响,较少关注间接的、累积的、长期的以及决策层面上的影响问题。因此,建设项目环评难以从生态、资源、能源等角度全方位地考虑替代方案和减缓措施,难以克服较高层次决策所带来的影响。

我国环境影响评价的新发展是将评价领域从建设项目扩展到规划计划领域,这种发展,有助于形成完整的环境影响评价体系,也将影响到现行的建设项目环境影响评价体系。2002年10月28日,第九届全国人民代表大会常务委员会第三十次会议审议并通过了《中华人民共和国环境影响评价法》,自2003年9

月1日起正式实施。《中华人民共和国环境影响评价法》的通过与实施，给我国全面开展规划环境影响评价工作提供了发展的契机，我国从可持续发展和综合决策的战略高度，提出了对规划和计划开展环境影响评价的要求。规划环境影响评价是在计划和规划制订初期，由制定战略、规划的机构或部门组织进行的环境影响评价工作。其目的是在贯彻执行某一政策和进行规划制定中，充分考虑其可能的环境影响，预测其负面影响，研究减缓措施将环境保护纳入规划决策中，全面考虑替代方案，包括零方案，进行规划方案优选其工作特点是将环境污染问题、生态影响与省会经济发展有机结合起来，按可持续发展要求进行综合的客观评价，衡量一个发展规划的社会经济价值和对环境造成的损失，以实现社会经济与环境效益最优化，通过综合分析完成战略性的抉择。规划环境影响评价着眼于规划是否符合国家的可持续发展战略，重视长远的和潜在的环境影响，注重区域性、流域性等较大空间的影响，注重各种因素和影响之间的关系，关注非直接影响问题，并将社会和经济发展问题与环境和生态放在一起综合考虑。总之，规划属于宏观和中观水平上和决策层次上的环境影响评价，它对于全面正确地理解与贯彻国家政策与战略，进行宏观和中观水平上的科学决策是十分必要的。

根据环评法和规划环境影响评价条例有关规定，城市轨道交通规划草案上报审批前应组织进行环境影响评价，并向审批该专项规划的机关提出环境影响报告书。规划环评报告书及其审查意见对项目环评起到积极的先导作用。规划环评和项目环评的衔接主要体现在规划环境影响评价报告书及其审查意见在后续工程可行性研究及项目环境影响评价中的执行情况。

4.2.2 实施阶段环境影响评价的原则、对象与指标

(1) 城市轨道交通项目环评的基本原则

城市轨道交通建设项目环境影响评价是在建设项目施工、生产运行的过程中，对可能造成的环境影响进行分析、预测和评估，提出预防、保护或者减轻不良影响的对策和采取有效的措施。城市轨道交通项目环评的基本原则如下。

① 科学、客观原则

城市轨道交通建设与其他城市公共交通建设相比属于一种清洁的环保交通方式，因此，在对轨道交通建设项目进行环评时要做到客观、科学，综合考虑项目建设后的经济、社会等各种环境要素及其构成对周边生态系统可能产生的正面或负面影响。

② 整体性原则

城市轨道交通建设是一项重要的、投资巨大的基础性工程，因此，城市轨道

建设要与该市的整体发展规划要协调起来，把轨道交通建设与城市其他大型的项目建设规划衔接起来，做到与城市的整体发展相一致。

③ 公众参与原则

城市轨道交通建设对于居民生活、出行的影响是显而易见的，因此，在编制城市轨道交通环评时要充分地鼓励、引导和支持公众广泛参与其中，听取社会各方面的利益和主张，不断提升轨道交通环评的科学化水平。

（2）城市轨道交通项目环评的对象

结合城市轨道交通线路前期规划线路全线地区的环境特点、工程特点，分析项目的选址；施工期环境的影响，运营期声环境、振动环境及对生态环境的影响。

（3）环评指标体系建立的基本原则

① 科学性原则

评价指标选取的是否科学，对最终的评价目标会有很大的影响，指标体系的构建，各项指标的取舍都要符合科学性原则。

② 可靠性原则

城市轨道交通环境影响综合评价体系的建立应具有一定的指导作用，理论能够对实践产生一定的影响，做出的结论真实可靠。

③ 可操作性原则

各项指标概念明确，符合实际，易于定量化处理。

④ 以人为本

人是社会发展的动力，人对需求的增长和事物的多样化，促进社会不断进步，大到城市发展，小到轨道交通建设，都始终以人为出发点，坚持以人为本。

⑤ 可持续发展原则

倡导绿色交通，和谐家园，城市轨道交通建设对城市的可持续发展应该产生积极而深远的影响，施工期间的各项指标都应尽量符合中华人民共和国环境保护行业标准《环境影响评价技术导则 城市轨道交通》。

4.2.3 实施阶段环境影响评价的内容

（1）城市轨道交通项目环评的程序

根据各城市轨道交通建设过程，确定轨道交通环境影响评价工作可以分为三个阶段：准备与分析阶段（第一阶段）、检测与评价阶段（第二阶段）、报告阶段（第三阶段）。城市轨道交通的环境影响评价步骤如图 4.2-1 所示。

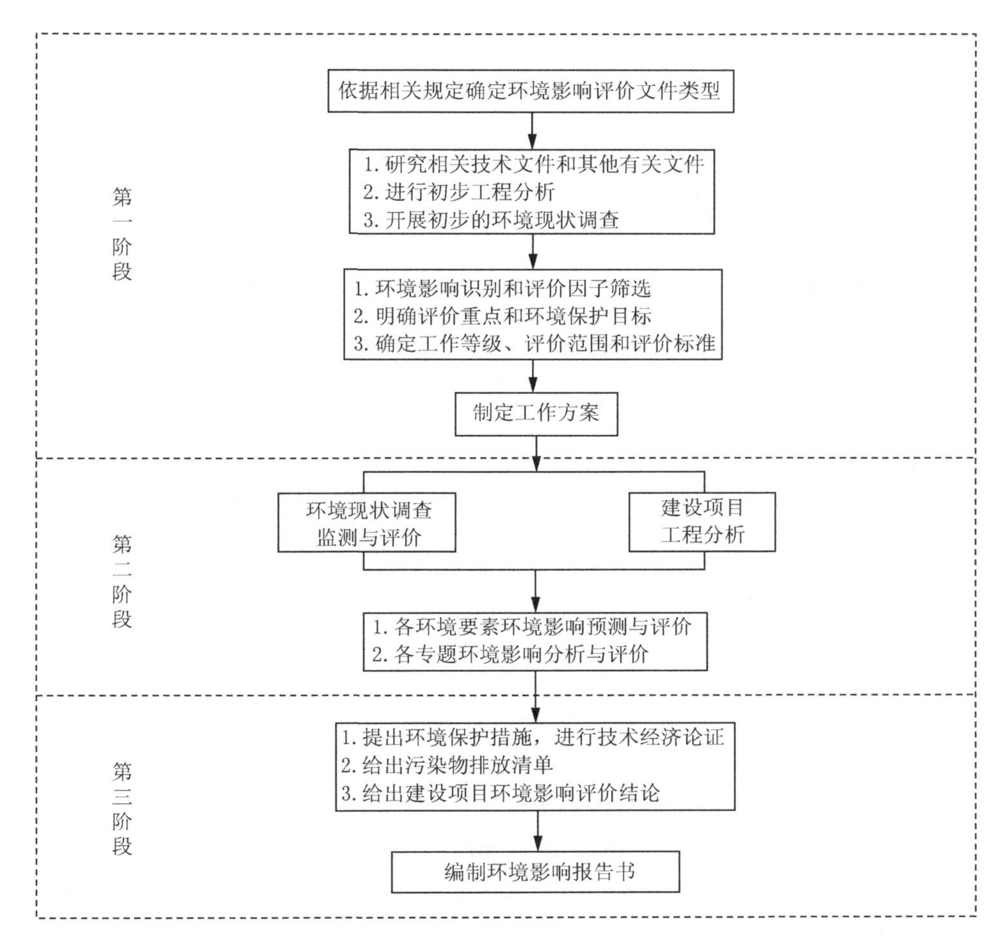

图 4.2-1　城市轨道交通建设项目环境影响评价程序图

(2) 环境影响评价的具体内容

① 准备与分析阶段

城市轨道交通环境影响评价工作应结合沿线地区环境特点、工程特点，重点关注以下几个方面的问题：项目的选址选线可行性，与相关规定及各规划的相符性；施工期环境影响分析，运营期对车站风亭、场段对周边敏感目标的声环境影响分析、列车运行对敏感建筑振动环境影响分析、工程对生态敏感区域的生态影响分析。

该阶段还须确定各个环境要素的评价等级。

声环境：依据《环境影响评价技术导则　城市轨道交通》(HJ 453—2008)和《环境影响评价技术导则　声环境》(HJ 2.4—2009)等级划分原则，划为声环境功能1、2、3、4类区。

振动：依据《环境影响评价技术导则　城市轨道交通》(HJ 453—2008)等级划分原则，划分工程运营前后振动环境评级。

生态环境：依据《环境影响评价技术导则　生态影响》(HJ 19—2011)和《环境影响评价技术导则　城市轨道交通》(HJ 453—2008)等级划分原则，综合考虑城市轨道交通地下线路和地上站、场，划分生态环境评价等级。

地表水：依据《环境影响评价技术导则　地面水环境》(HT/J 2.3—93)和《环境影响评价技术导则　城市轨道交通》(HJ 453—2008)，城市轨道交通污水排放由沿线车站、车辆段和停车场产生的废水和生活污水排放，排放的污染物主要为非持久性污染物，且污染水质成分较简单，一般仅做影响分析。

地下水：依据《环境影响评价技术导则　地下水环境》(HJ 610—2016)划分城市轨道交通线路、停车场及其车辆段类别，按要求决定是否开展地下水环境影响评价。

大气环境：依据《环境影响评价技术导则　大气环境》(HJ 2.2—2008)和《环境影响评价技术导则　城市轨道交通》(HJ 453—2008)，一般而言，城市轨道交通大气环境受地下车站排风亭排气异味影响和场段的食堂油烟影响，污染较小，一般仅做影响分析。

② 检测与评价阶段

a. 声环境影响评价工作

根据工程设计文件和现场调查结果，确定项目中地下车站、区间风亭、主变电站、停车场、车辆段数量及其周边涉及的敏感目标，声环境现状监测以及现状与预测评价须涵盖全部敏感目标。

进行工程噪声源影响分析，分析敏感点的超标原因及噪声影响程度等。

结合评价结果，针对超标敏感点，根据工程实际情况，提出噪声污染防治措施。

配合沿线城区建设和开发，为环境管理和城市规划提供依据，给出地下车站风亭、冷却塔等典型声源的噪声防护距离。

b. 振动环境影响评价工作

在现场调查和监测的基础上，对项目建成前的环境振动现状进行监测评价；预测振动影响程度；振动环境影响预测覆盖全部敏感目标，给出各敏感目标运营期振动预测量、较现状变化量及超标量；针对环境保护目标的环境振动影响范围和程度，提出振动防护措施，并进行技术、经济可行性论证，给出减振效果及投资估算；为给环境管理和城市规划部门决策提供依据，给出沿线地表的振动达标防护距离。

c. 地表水环境影响评价工作

分析城市轨道交通项目中污水产生的来源，一般为停车场、车辆段及沿线车站产生的生活污水和少量检修废水、车辆冲洗废水，分析污水性质和排放量。

根据污水收集及处理系统的建设情况，判断项目建成后车辆段、停车场及沿线各站产生的污水是否有条件纳入市政污水管网中，进入所属城市污水处理厂集中处理，工程沿线是否具备较完善的城市污水接纳设施。

分析项目评价范围内主要涉及的地表水体以及接管污水处理厂尾水纳污河流，根据项目所在城市划定的生态红线区域保护规划，判断项目是否涉及地表水水源保护区。

d. 地下水环境影响评价工作

城市轨道交通地下水环境影响评价的基本目的和任务是对拟建项目在建设期、运营期和服务期满后对地下水质可能造成的直接影响进行分析、预测和评估，并针对这种影响提出预防、保护等对策和措施，为建设项目选址决策、工程设计和环境管理提供科学依据。

e. 大气环境影响评价工作

根据例行监测和现状监测资料，分析工程沿线的空气环境质量现状。

分析地下车站风亭出口排放的气体对周围环境影响情况及风亭异味对周围居民的影响，并提出措施与选址要求。

预测轨道交通建成后可替代公汽运输所减少的汽车尾气污染物排放量。

f. 固体废物环境影响分析工作

城市轨道交通项目施工期产生的固废主要为工程弃土及房屋拆迁的建筑垃圾。运营期产生的固体废物主要为车站候车旅客及工作人员产生的生活垃圾；停车场列车清扫垃圾、生产人员生活垃圾、电动车组用废蓄电池；生产人员、机关办公人员的日常生活垃圾。对固体废物种类进行分析后，分类进行安排与处理，生活垃圾交由环卫统一处置，废弃零件收集后回收利用，危险废物交由有资质的单位处置。

g. 生态环境影响评价工作

重点分析评价范围内的工程对土地利用、弃土、弃渣等生态环境影响；

分析评价地上线路，以及地面的车站风亭、冷却塔、出入口、停车场等对其邻近区域城市景观的影响。

③ 报告阶段

a. 施工期与运营期的环境保护措施

施工期须根据第二阶段调研与分析的结果，对生态环境、噪声环境、振动环境、地表水环境、地下水环境、大气环境、固体废物提出相应的防护措施。

运营期参考已运行轨道交通线路采取的降噪措施，以及国内外城市轨道交通的相关经验，提出噪声污染、振动污染、地表水污染、地下水污染、大气污染和固体废物污染的相应防治措施。

根据以上工程污染治理和环保措施，进行相应环保投资估算，包括生态防护、噪声振动治理、污水处理、风亭异味的处理等。针对未来国家、地方环保要求的提高，根据工程实际情况，在建设和运营过程中应完善环保措施，预留环保投资，确保工程建设和运营满足环保要求。

b. 环境影响经济损益分析

环境影响经济损益分析的主要任务是衡量建设项目需要投入的环保投资所能收到的环境保护效果，通过综合计算环境影响因子造成的经济损失、环境保护措施效益以及工程环境效益，对环境影响做出总体经济评价。因此，在环境影响经济损益分析中，除须计算用于控制污染所需的投资和费用外，还要核算可能收到的环境与经济实效。

城市轨道交通是社会公益性建设项目，其票价一般实行政府指导价，运营后企业的经济效益不突出，大多需要政府财政补贴，但所带来的社会经济效益可观，其中部分效益可以量化计算，部分难以用货币值估算。

可量化社会效益主要包括节约旅客在途时间的效益；提高劳动生产率的效益和减少交通事故的效益，减少噪声及大气排放的环境效益等；不可量化社会效益主要包括改善交通结构、改善区域投资环境、创造区域发展条件、提高人民生活质量、节省城市用地、缓解交通压力等。

分析环境直接经济效益、间接经济效应，计算生态破坏、噪声污染、水环境污染的经济损失及环保工程投资后，对城市轨道交通项目进行环境经济损益分析，得到最终评价。

c. 环境管理职责与措施

城市轨道交通项目的环境管理职责有：对本工程沿线的环境保护工作实行统一监督管理，贯彻执行国家和地方的有关环境保护法律、法规；认真落实环境保护“三同时”政策，对工程设计中提出的环境保护措施在施工过程中得以落实，做到环境保护工程与主体工程同时设计、同时施工、同时投产，以保证能有效、及时地控制污染；做好污染物的达标排放，维护环保设施的正常运转；做好有关环保的考核和统计工作，接受各级政府环境部门的检查与指导；建立健全各种环境管理规章制度，并经常检查监督实施情况；编制环境保护规划和年度工作计划，并组织落实；领导和组织本工程范围内的环境监测工作，建立监测档案；搞好环境教育和技术培训，提高全体工作人员的环境保护意识。

对应管理职责，提出相应管理措施如下：

建设前期的环境管理措施：在工程建设前期，建设单位须按照国务院令第253号《建设项目环境保护管理条例》的规定，负责项目的有关报批手续。在工程设计阶段，建设单位、设计单位及地方主管部门根据环境影响报告书及其审批意见在设计中落实各项环保措施及概算。在工程发包工作中，建设单位应将环保工程放在与主体工程同等重要地位，优先选择环保意识强、环保工程业绩好、能力强的施工单位和队伍。施工合同中应有环境保护要求的内容与条款。

施工期的环境管理措施：建设单位在施工中要把握全局，及时掌握工程施工环保动态，定期检查和总结工程环保措施实施情况，确保环保工程进度要求。协调设计单位与施工单位的关系，消除可能存在的环保项目遗漏和缺口；出现重大环保问题或环境纠纷时，积极组织力量解决，并接受环保部门的监督管理。在工程施工期，建议增加工程环境监理人员。施工期产生的噪声、振动、粉尘、废水等对周围环境的影响以及对城市交通、城市景观的影响较为敏感。因此，对工程施工期的环境管理可采用设立专门的环境监理进行控制。

运营期环境管理措施：运营期的环保工作由运营管理部门承担，环境管理的措施主要是管理、维护各项环保设施，确保其正常运转和达标排放，充分发挥其作用；搞好工程沿线的卫生清洁、绿化工作；做好日常环境监测工作，及时掌握工程各项环保设施的运行状况，必要时再采取适当的污染防治措施，并接受当地城市环保部门的监督管理。

监督体系：就整个工程的全过程而言，地方的环保、水利、交通、环卫等部门是工程环境管理监督体系的组成部分，而在某一具体或敏感环节，审计、司法、新闻媒体等也是构成监督体系的重要组成部分。

d. 环境影响评价结论

综合第一、第二阶段的资料收集、现场调研、经济效益分析等工作结果，对声环境、振动环境、生态环境、地表水环境、大气环境、固体废物环境影响评价作出结论，此阶段还需要总结公众参与调查结论，最终得到整个城市轨道交通的项目评价结论。

4.2.4 实施阶段环境影响评价案例

选取江苏南京地铁4号线二期工程环境影响报告书作为实际案例，摘选报告书中部分内容以供参考学习：

（前略）

1.2　评价内容及重点

(1) 评价内容

根据工程特点及环境敏感性，本次评价的工作内容为：声环境、振动环境、水环境、环境空气、固体废物、生态环境等环境影响评价或分析，施工期环境影响评价，环境影响经济损益，环境管理与环境监测计划，环保措施建议和环保投资估算等。

(2) 评价重点

根据本项目沿线环境特征，结合工程建设特点，确定本项目环境影响评价重点为声环境、振动环境、生态环境及施工期的环境影响。

1.3　评价等级

1.3.1　声环境

本工程为大型新建市政工程项目，工程所在地划分为声环境功能 1、2 类和 4a 类区，工程建成后地下车站风亭、冷却塔周围、停车场等噪声影响区域内对敏感点环境噪声增量最大 9.2 dB(A)〔增量大于 5 dB(A)〕。根据《环境影响评价技术导则 城市轨道交通》(HJ 453—2018)和《环境影响评价技术导则 声环境》(HJ 2.4—2009)等级划分原则，确定本次声环境评价等级为一级。

1.3.2　振动环境

根据《环境影响评价技术导则 城市轨道交通》(HJ 453—2018)，振动环境评价不进行等级划分，本次按照导则的要求进行振动环境影响评价。

1.3.3　生态环境

本工程建设内容主要为地下线路，占地主要为站点和停车场，其影响范围小，工程沿线以人工生态系统为主。

线路下穿长江大胜关长吻鮠铜鱼国家级水产种质资源保护区核心区约 450 m、实验区约 1 638 m，以及下穿南京长江江豚省级自然保护区缓冲区和实验区约 1 638 m。根据《环境影响评价技术导则 生态影响》(HJ 19—2011)和《环境影响评价技术导则 城市轨道交通》(HJ 453—2018)，自然保护区属于特殊生态敏感区。因此，生态评价等级为一级。

根据《水产种质资源保护区管理暂行办法》(农业部令(2011)第 1 号)及《农业部办公厅关于印发建设项目对国家级水产种质资源保护区影响专题论证报告编制指南的通知》(农办渔〔2014〕14 号)、《环境保护部办公厅关于〈涉及国家级自然保护区建设项目生态影响专题报告编制指南(试行)〉的通知》(环办函〔2014〕1419 号)等相关要求，建设单位委托编制了《南京地铁 4 号线二期工程对南京长江江豚省级自然保护区生态影响专题报告》(于2019年3月获得江苏省生态环境厅复函(苏环函〔2019〕48号)和《南京地铁4号线二期工程对长江大胜关长吻鮠铜鱼国家级水产种质资源保护区影响专题论证报告》(于2019年5月获得江苏省农业农村厅的函(苏农函〔2019〕163号)。本次评价中,盾构穿越长江段引用专题报告中的相关评价内容。

1.3.4 大气环境

本工程列车采用电力动车组,工程仅有地下车站排风亭排气异味影响和停车场的食堂油烟影响。根据《环境影响评价技术导则 大气环境》(HJ 2.2—2018)和《环境影响评价技术导则 城市轨道交通》(HJ 453—2018),本次评价仅对大气环境进行影响分析。

1.3.5 地表水

本工程排污由沿线车站分散排放,最大污水排放量127.32 m^3/d。根据工程分析及污染源类比调查,排放的污染物主要为非持久性污染物,沿线车站和停车场污水可纳入既有的城市污水管网进入南京桥北污水处理厂集中处理达标排放。因此,根据《环境影响评价技术导则 地面水环境》(HT/J 2.3—2018)和《环境影响评价技术导则 城市轨道交通》(HJ 453—2018),本次评价等级为三级,仅进行地表水环境影响分析。

1.3.6 地下水

根据《环境影响评价技术导则　地下水环境》(HJ 610—2016),本项目属于T类城市轨道交通设施中轨道交通,其中停车场为Ⅲ类建设项目,线路属于Ⅳ类建设项目。根据导则,Ⅳ类建设项目不开展地下水环境影响评价,因此本次评价仅对停车场进行地下水环境影响评价。

根据江苏省、南京市生态保护红线规划等,本工程不涉及集中式饮用水源保护区及补给径流区、分散式饮用水源地以及特殊地下水资源保护区等,地下水环境敏感程度分级为“不敏感”。因此,根据导则判定本项目地下水评价等级为三级。

1.3.7 环境风险

根据《建设项目环境风险评价技术导则》(HJ 169—2018),本工程涉及危险物质仅为产生的危险废物,环境风险潜势为Ⅰ,评价等级为简单分析。

1.4 评价范围及时段

1.4.1 评价涉及的工作范围

本次环境影响评价以中铁第四勘察设计院集团有限公司编制的《南京地铁4号线二期工程可行性研究报告》(2019年1月)为编制的工程设计依据。

根据此工程可行性研究报告，本次评价工程范围为：

工程土建设计起点右线 CK0＋750～右线 CK10＋759。正线全长约10.0 km，全部为地下线，共设地下车站 6 座，平均站间距为 1.669 km。新建翠山路停车场，主变电站利用 11 号线浦江主变电站供电，控制中心利用既有一期工程灵山控制中心。主变电站不在本次评价范围内。

1.4.2　评价范围

声环境：冷却塔声源周围 50 m 的区域；风亭声源周围 30 m 的区域；停车场场界外 50 m 的区域；停车场出入段线地面段距线路中心线两侧 150 m 的区域。

振动环境：距线路中心线两侧 50 m 以内区域。文物保护单位内不可移动文物的振动影响评价范围一般为距线路中心线两侧 60 m，适当缩小或扩大。

室内二次结构噪声：距线路中心线两侧 50 m 以内区域。

生态环境：线路两侧 100 m，敏感地区适当扩大。本工程以隧道方式穿越南京长江江豚省级自然保护区的实验区及缓冲区和长江大胜关长吻鮠铜鱼国家级水产种质资源保护区，评价范围为保护区水域，重点评价范围为拟建隧道上游 1 km至下游 1 km 的江段。

大气环境：车站排风亭周围 30 m 内区域。

地表水环境：车站污水总排放口、停车场污水总排放口以及纳污污水处理厂排口和沿线涉及的水体。

地下水环境：停车场周边受影响的地下水区域。

1.5　评价标准

1.5.1　声环境

(1) 质量标准

声环境质量评价执行标准如表 1.5.1-1 所列，工程沿线声环境影响评价标准汇总如表 1.5.1-2 所示。

表 1.5.1-1　声环境质量标准环境噪声限值　　单位：dB(A)

声环境功能区类别	时段	
	昼间	夜间
1 类	55	45
2 类	60	50
4a	70	55

表 1.5.1-2　工程沿线声环境影响评价标准汇总表

<table>
<tr><th>标准名称</th><th>行政区划</th><th>适用范围</th><th>功能区/标准</th></tr>
<tr><td rowspan="5">《声环境质量标准》(GB 3096—2008)
《市政府关于批转市环保局〈南京市声环境功能区划分调整方案〉的通知》(宁政发〔2014〕34 号)</td><td rowspan="2">浦口区</td><td>翠山路停车场—西海路—珍珠泉站—花园路—珍珠花苑(不包括)浦乌路与定山大街交会处—定山大街—浦珠路站—浦江路站—中央商务区站—滨江站—长江</td><td>2 类</td></tr>
<tr><td>珍珠花苑(世茂荣里)—花园路—浦乌路—浦乌路与定山大街交会处</td><td>1 类</td></tr>
<tr><td>建邺区</td><td>中间风井</td><td>2 类</td></tr>
<tr><td>鼓楼区</td><td>中间风井—龙江站</td><td>1 类</td></tr>
<tr><td>浦口区、建邺区、鼓楼区</td><td>4a 类区适用范围:
交通干线两侧一定距离之内,需要防止交通噪声对周围环境产生严重影响的区域。
一定距离的划定如下:
相邻区域为 1 类标准适用区域,距离为 50 m;
相邻区域为 2 类标准适用区域,距离为 35 m;
相邻区域为 3 类标准适用区域,距离为 25 m。
a. 若临街建筑以高于三层楼房以上(含三层)的建筑为主,将第一排建筑物面向道路一侧至道路边界线的区域;
b. 若临街建筑以低于三层楼房(含开阔地)建筑为主,将道路边界线(轨道交通用地范围、内河航道的河堤护栏或堤外坡脚)外一定距离的区域划为 4a 类声环境功能区域。</td><td>4a 类区</td></tr>
<tr><td>《关于公路、铁路(含轻轨)等建设项目环境影响评价中环境噪声有关问题的通知》(环发〔2003〕94 号)</td><td>/</td><td>4 类标准适用区域内的学校、医院等特殊敏感建筑。</td><td>昼间
60 dB(A)
夜间
50 dB(A)</td></tr>
</table>

(2) 排放标准

停车场场界噪声执行标准见表 1.5.1-3。

表 1.5.1-3　声环境影响排放标准表

标准号及名称	适用范围	标准等级及限制
《工业企业厂界环境噪声排放标准》(GB 12348—2008)	停车场	2 类： 昼间 60 dB(A)、夜间 50 dB(A)
《建筑施工场界环境噪声排放标准》(GB 12523—2011)	建筑施工场界处	昼间 70 dB(A) 夜间 55 dB(A)

1.5.2　振动环境

本工程沿线振动环境影响评价执行标准见表 1.5.2-1。

表 1.5.2-1　工程振动环境影响评价执行标准

标准名称	标准值与等级(类别)	适用范围	标准选取说明
《城市区域环境振动标准》(GB 10070—88)	居民、文教区：昼间 70 dB，夜间 67 dB	位于噪声功能区划"1 类"区内的敏感点	标准等级参照噪声功能区类型确定 科研党政机关、无住校的学校、无住院部的医院夜间不对标
	混合区、商业中心区：昼间 75 dB，夜间 72 dB	位于噪声功能区划"2 类"区内的敏感点	
	交通干线道路两侧：昼间 75 dB，夜间 72 dB	位于噪声功能区划"4a 类"区内的敏感点	

1.5.3　二次结构噪声

本工程沿线建筑物室内二次结构噪声限值参照《城市轨道交通引起建筑物振动与二次辐射噪声限值及其测量方法标准》(JGJ/T 170—2009)，具体执行标准详见表 1.5.3-1。

表 1.5.3-1　建筑物室内二次结构噪声限值　　单位：dB(A)

环境要素	标准名称	区域	昼间	夜间
二次结构噪声	《城市轨道交通引起建筑物振动与二次辐射噪声限值及其测量方法标准》(JGJ/T 170—2009)	1	38	35
		2	41	38
		4	45	42

1.5.4　大气环境

本次评价大气环境执行《环境空气质量标准》(GB 3095—2012)二级标准，具体见表 1.5.4-1。

表 1.5.4-1 环境空气质量标准

污染物名称	取值时间	浓度限值(mg/Nm³)	标准来源
		二级	
PM_{10}	年平均	0.070	《环境空气质量标准》(GB 3095—2012)
	24 h 平均	0.150	
二氧化硫(SO_2)	年平均	0.06	
	24 h 平均	0.15	
	1 h 平均	0.50	
二氧化氮(NO_2)	年平均	0.040	
	24 h 平均	0.080	
	1 h 平均	0.200	
$PM_{2.5}$	年平均	0.35	
	24 h 平均	0.75	
氮氧化物(NO_x)	年平均	0.050	
	24 h 平均	0.10	
	1 h 平均	0.250	
臭氧(O_3)	最大 8 h 均值	0.16	
	1 h 平均	0.2	
一氧化碳(CO)	24 h 平均	0.004	
	1 h 平均	0.010	

1.5.5 地表水环境

本工程沿线涉及珍珠河、丁家山河、长江、夹江、中保北河。根据《江苏省地表水(环境)功能区划》(苏政复〔2003〕29 号)和《省政府关于江苏省地表水新增水功能区划方案的批复》(苏政复〔2016〕106 号),长江、夹江执行Ⅱ类,其余河流水质参照执行Ⅳ类,具体见表 1.5.5-1。

本工程沿线车站和停车场生活污水排入桥北污水处理厂,集中处理后排入石头河,石头河水质执行《地表水环境质量标准》(GB 3838—2002)中Ⅳ类标准,具体见表 1.5.5-1。

表 1.5.5-1　地表水水环境质量标准(GB 3838—2002) 单位:mg/L

污染物	Ⅱ类	Ⅳ类	Ⅴ类
pH(无量纲)	6～9	6～9	6～9
COD	15	≤30	≤40
BOD_5	3	≤6	≤10
高锰酸盐指数	4	≤10	≤15
DO	6	≥3	≥2
氨氮	0.5	≤1.5	≤2
总磷	0.1	≤0.3	≤0.4
SS*	25	≤60	≤150
石油类	0.05	≤0.5	≤1.0
挥发酚	0.002	≤0.01	≤0.1
LAS	0.2	0.3	0.3

注:* 参考《地表水资源质量标准》(SL 63—94)。

本工程6座车站污水及停车场污水均可纳入既有市政污水管网进入城市污水处理厂集中处理。本项目污水排放执行《污水排入城镇下水道水质标准》(GB/T 31962—2015)中相关标准,具体标准值见表1.5.5-2。

表 1.5.5-2　本工程污水排放拟采用的评价标准

标准号	标准名称	标准类别	主要污染物标准值(mg/L)		适用范围
GB/T 31962—2015	《污水排入城镇下水道水质标准》	B等级	SS	400	6个车站、停车场
			COD	500	
			BOD_5	350	
			动植物油	100	
			氨氮	45	
			总磷	8	
			石油类	15	
			LAS	20	

1.5.6　地下水环境

地下水环境质量执行《地下水质量标准》(GB/T 14848—2017),具体标准值见表1.5.6-1。

表 1.5.6-1　地下水质量分类指标单位　　单位:mg/L

序号	项目	Ⅰ类	Ⅱ类	Ⅲ类	Ⅳ类	Ⅴ类
1	pH	6.5～8.5			5.5～6.5,8.5～9.0	＜5.5,＞9.0
2	耗氧量	≤1.0	≤2.0	≤3.0	≤10.0	＞10.0
3	色	≤5	≤5	≤15	≤25	＞25
4	总硬度	≤150	≤300	≤450	≤650	＞650
5	溶解性总固体	≤300	≤500	≤1 000	≤2 000	＞2 000
6	氨氮	≤0.02	≤0.10	≤0.50	≤1.50	＞1.50
7	氯化物	≤50	≤150	≤250	≤350	＞350
8	硫酸盐	≤50	≤150	≤250	≤350	＞350
9	氟化物	≤1.0	≤1.0	≤1.0	≤2.0	＞2.0
10	氰化物	≤0.001	≤0.01	≤0.05	≤0.1	＞0.1
11	挥发性酚类	≤0.001	≤0.001	≤0.002	≤0.01	＞0.01
12	铜	≤0.01	≤0.05	≤1.00	≤1.50	＞1.50
13	铬(六价)	≤0.005	≤0.01	≤0.05	≤0.10	＞0.10
14	镉	≤0.000 1	≤0.001	≤0.005	≤0.01	＞0.01
15	汞	≤0.000 1	≤0.000 1	≤0.001	≤0.002	＞0.002
16	砷	≤0.001	≤0.001	≤0.01	≤0.05	＞0.05
17	铅	≤0.005	≤0.005	≤0.01	≤0.10	＞0.10
18	镍	≤0.002	≤0.002	≤0.02	≤0.10	＞0.10
19	锌	≤0.05	≤0.5	≤1.00	≤5.00	＞5.00
20	铁	≤0.1	≤0.2	≤0.3	≤2.0	＞2.0
21	锰	≤0.05	≤0.05	≤0.10	≤1.50	＞1.50
22	硝酸盐	≤2.0	≤5.0	≤20.0	≤30.0	＞30.0
23	亚硝酸盐	≤0.01	≤0.10	≤1.00	≤4.80	＞4.80
24	钠	≤100	≤150	≤200	≤400	＞400

(中略)

4　声环境影响评价

4.1　概述

4.2　环境噪声现状评价

4.2.1　环境噪声现状监测

(1) 测量执行的标准和规范

工程沿线区域目前主要受道路交通噪声和社会生活噪声影响,环境噪声现状测量按照《声环境质量标准》(GB 3096—2008)要求进行。

(2) 测量实施方案

① 测量仪器

本次环境噪声现状监测采用AWA6228型噪声统计分析仪,所有测量仪器使用前均在每年一度的计量检定中由具有资质的计量检定部门鉴定合格。

② 测量时间及方法

测量时间:昼间选在6:00～22:00,夜间选在22:00～23:00的代表性时段内。用积分式声级计连续测量20 min等效连续A声级,以代表昼、夜间的背景噪声。测量同时记录噪声主要来源。

③ 测量量及评价量

环境噪声现状测量量为等效连续A声级,评价量同测量量。

④ 监测单位及监测时间

本次声环境质量监测委托南京白云化工环境监测有限公司进行,监测时间为2018年5月9日至2018年10月29日。

(3) 布点原则

工程环境噪声现状监测主要为把握轨道交通沿线声环境现状以及为环境噪声预测提供基础资料。因此,本次环境噪声现状监测针对敏感目标布设。监测点一般设置在距声源最近的敏感点处。

(4) 噪声监测点布置说明及监测结果

① 敏感目标噪声监测结果

本次评价针对地下车站、停车场周边评价范围内的4处敏感目标,设环境噪声现状监测点15个(考虑纵向分层布设)。

各监测点位置说明及现状监测结果见表4.2.1-1。监测点位布置图详见附图2-2。

② 拟建停车场厂界背景噪声监测结果

在翠山路停车场的东、西、南、北厂界各设置2个噪声监测点,监测结果见表

4.2.1-2。

表 4.2.1-2　停车场厂界背景噪声监测结果表

段所名称	测点编号	测点位置	现状值(dB(A))		标准值(dB(A))		超标量(dB(A))		主要声源
			昼间	夜间	昼间	夜间	昼间	夜间	
停车场	N6-1	东厂界外1 m	52.4	49.2	60	50	—	—	①②
	N6-2	东厂界外1 m	55.4	46.7	60	50	—	—	①②
	N7-1	南厂界外1 m	54.0	48.8	60	50	—	—	①
	N7-2	南厂界外1 m	54.5	46.0	60	50	—	—	①②
	N8-1	西厂界外1 m	56.4	48.9	60	50	—	—	①②
	N8-2	西厂界外1 m	57.8	45.0	60	50	—	—	①②
	N9-1	北厂界外1 m	56.8	49.1	60	50	—	—	①②
	N9-2	北厂界外1 m	59.3	48.2	60	50	—	—	①②

注：1. “—”代表不超标；2. 主要噪声源：①社会生活噪声；②道路交通噪声。

4.2.3　环境噪声现状监测结果评价与分析

(1) 噪声源概况

工程线路基本沿道路布置。沿线主要分布有居民区、工业用地等。该段区域主要噪声源为交通噪声和人群活动产生的社会生活噪声。

(2) 敏感点环境噪声现状评价与分析

由表4.2.1-1可知，沿线敏感目标噪声现状值昼间为52.0～55.9 dB(A)；夜间为43.3～47.9 dB(A)。对照《声环境质量标准》(GB 3096—2008)中相应标准，各监测点昼夜监测值均未超标。

(3) 停车场厂界背景噪声评价

由表4.2.1-2可知，停车场厂界噪声环境背景噪声昼间为52.4～59.3 dB(A)；夜间为45.0～49.2 dB(A)。对照《声环境质量标准》(GB 3096—2008)中相应标准，各监测点昼夜监测值均未超标。

表 4.2.2-1 声环境现状监测结果表(地下线)

序号	所在行政区	保护目标名称	所在车站	声源	距声源距离/m	现状值/dB(A)		标准值/dB(A)		超标量/dB(A)		现状主要声源	备注
						昼间	夜间	昼间	夜间	昼间	夜间		
1	江北新区	浦口中医肿瘤科专业诊所	定向河北站	活塞风亭	44.4	54.0	44.7	60	50	—	—	②	正常
				活塞风亭	57.9								
				排风亭	66.8								
				新风亭	80.8								
				冷却塔	28.3								

表 4.2.2-2 声环境现状监测结果表(地面线)

序号	所在行政区	保护目标名称	所在区间	线路形式	线路里程及方位			相对距离/m		测点编号	测点位置	现状值/dB(A)		标准值/dB(A)		超标量/dB(A)		现状主要声源	备注
					起始里程	终止里程	方位	水平	垂直			昼间	夜间	昼间	夜间	昼间	夜间		
1	江北新区	厂西新村1楼	停车场	地面	AK0+700	AK0+900	E	46	1	N2-1	房前1.0 m	53.6	44.8	60	50	—	—	①②	正常
2		厂西新村3楼		地面					3	N2-2	房前1.0 m	53.5	44.9	60	50	—	—	①②	正常
3		浦厂一村		地面	/	/	E	82	0	N3-1	房前1.0m	55.9	47.9	60	50	—	—	①②	正常
4		浦厂二村1楼		地面	距工程车库35 m				0	N4-1	房前1.0m	53.1	44.5	60	50	—	—	①②	正常

（续表）

序号	所在行政区	保护目标名称	所在区间	线路形式	线路里程及方位			相对距离/m		测点编号	测点位置	现状值/dB(A)		标准值/dB(A)		超标量/dB(A)		现状主要声源	备注
					起始里程	终止里程	方位	水平	垂直			昼间	夜间	昼间	夜间	昼间	夜间		
5	江北新区	浦厂二村3楼	停车场	地面	距工程车库35 m				6	N4-2	房前1.0m	52.7	43.8	60	50	—	—	①②	正常
6		浦厂二村5楼		地面					12	N4-3	房前1.0m	52	43.3	60	50	—	—	①②	正常

注：1. 相对距离为与距噪声源（风亭、冷却塔等设备最大尺寸处）的水平和垂直距离；

2. “/”代表无此项内容；“—”代表不超标；

3. 主要噪声源：①—社会生活噪声；②—道路交通噪声。

4.3　环境噪声影响预测与评价

4.3.1　预测评价方法及内容

声环境影响预测主要是在噪声源强的基础上，结合工程所在区域的环境噪声现状背景值和设计作业量，采用模式计算的方法预测各敏感点处的环境噪声等效 A 声级。

4.3.2　预测模式

4.3.2.1　地下车站风亭、冷却塔预测公式

(1) 基本预测计算式

风亭、冷却塔噪声等效连续 A 声级预测公式

$$L_{\mathrm{Aeq,TR}} = 10\lg\left[\frac{1}{T}\left(\sum t\,10^{0.1(L_{\mathrm{Aeq,Tp}})}\right)\right] \tag{4.3.2-1}$$

式中：$L_{\mathrm{Aeq,TR}}$——评价时间内预测点处风亭、冷却塔运行等效连续 A 声级，dB(A)；

T——规定的评价时间，s；

t——风亭、冷却塔的运行时间，s；

$L_{\mathrm{Aeq,Tp}}$——风亭、冷却塔运行时段内预测点处等效连续 A 声级，风亭按式(4.3.2-2)计算，冷却塔按式(4.3.2-3)计算，dB(A)。

$$L_{\mathrm{Aeq,Tp}} = L_{p0} + C_0 \tag{4.3.2-2}$$

$$L_{\mathrm{Aeq,Tp}} = 10\lg\left(10^{0.1(L_{p1}+C_1)} + 10^{0.1(L_{p2}+C_2)}\right) \tag{4.3.2-3}$$

式中：L_{p0}——风亭的噪声源强，dB(A)；

L_{p1}、L_{p2}——冷却塔进风侧和顶部排风扇处的噪声源强，dB(A)；

C_0、C_1、C_2——风亭及冷却塔噪声修正量，按式(4.3.2-4)计算，dB(A)；

$$C_i = C_d + C_a + C_g + C_h + C_f \tag{4.3.2-4}$$

式中：C_i——风亭及冷却塔噪声修正量，$i=0,1,2$，dB(A)；

C_d——几何发散衰减，按照式(4.3.2-5)和式(4.3.2-6)计算，dB；

C_a——空气吸收引起的衰减，dB；

C_g——地面效应引起的衰减，dB；

C_h——建筑群衰减，dB；

C_f——频率 A 计权修正，dB。

(2)几何发散衰减，C_d

风亭当量距离：$D_m = \sqrt{ab} = \sqrt{S_e}$，式中 a、b 为矩形风口边长，S_e为异形风

口面积。

圆形冷却塔当量距离：D_m 为塔体进风侧距塔壁水平距离一倍塔体直径，当塔体直径小于 1.5 m 时，取 1.5 m。

矩形冷却塔当量距离：$D_m = 1.13\sqrt{ab}$，a、b 为塔体口边长。

当预测点到风亭、冷却塔的距离大于其 2 倍当量距离 D_m 时，风亭、冷却塔噪声辐射的几何发散衰减按式(4.3.2-5)计算。

$$C_d = -18\lg\frac{d}{D_m} \tag{4.3.2-5}$$

式中：D_m ——声源的当量距离，m；

d——声源至预测点的距离，m。

当预测点到风亭、冷却塔的距离介于当量点至 2 倍当量距离 D_m 或最大限度尺寸之间时，其噪声辐射的几何发散衰减按式(4.3.2-6)计算：

$$C_d = -12\lg\frac{d}{D_m} \tag{4.3.2-6}$$

当预测点到风亭、冷却塔的距离小于当量直径 D_m 时，风亭、冷却塔噪声接近面源特征。

根据可研单位提供的资料，本工程活塞风亭、排风亭、新风亭、冷却塔的 D_m 分别为 4.5 m、4.0 m、3.5 m、5.1 m。

4.3.2.2 出入段线预测公式

(1) 基本预测计算式

列车运行噪声等效连续 A 声级基本预测计算如式(4.3.2-7)所示。

$$L_{Aeq,TR} = 10\lg\left[\frac{1}{T}\left(\sum n\, t_{eq}\, 10^{0.1(L_{\mathrm{Aeq,Tp}})}\right)\right] \tag{4.3.2-7}$$

式中：$L_{Aeq,TR}$ ——评价时间内预测点处列车运行等效连续 A 声级，dB(A)；

T——规定的评价时间，s；

n——T 时间内列车通过列数；

t_{eq}——列车通过时段的等效时间，s。

$L_{\mathrm{Aeq,Tp}}$ ——单列车通过时段内预测点处等效连续 A 声级，按式(4.3.2-9)计算，dB(A)。

列车运行噪声的作用时间采用列车通过的等效时间 t_{eq}，其近似值按式(4.3.2-8)计算。

$$t_{eq}=\frac{l}{v}\left(1+0.8\frac{d}{l}\right) \qquad (4.3.2\text{-}8)$$

式中：l——列车长度，m；

v——列车通过预测点的运行速度，m/s；

d——预测点到线路中心线的水平距离，m。

$$L_{\mathrm{Aeq,Tp}}=L_{p0}+C_n \qquad (4.3.2\text{-}9)$$

式中：L_{p0}——列车最大垂向指向性方向上的噪声辐射源强，dB(A)或dB；

C_n——列车运行噪声修正，可为A计权声压级修正或频带声压级修正，按式(4.3.2-10)计算，dB(A)或dB。

$$C_n=C_v+C_t+C_d+C_\theta+C_\alpha+C_g+C_b+C_h+C_f \qquad (4.3.2\text{-}10)$$

式中：C_v——列车运行噪声速度修正，dB；

C_t——线路和轨道结构修正，dB；

C_d——列车运行辐射噪声几何发散衰减，dB；

C_θ——列车运行噪声垂向指向性修正，dB；

C_α——空气吸收引起的衰减，dB；

C_g——地面效应引起的衰减，dB；

C_b——声屏障插入损失，dB；

C_h——建筑群衰减，dB；

C_f——频率A计权修正，dB。

(2) 列车运行噪声速度修正，C_v

地铁、轻轨、跨座式单轨交通、现代有轨电车交通的运行噪声速度修正按式(4.3.2-11)、式(4.3.2-12)和式(4.3.2-13)计算。

当列车运行速度$v<35$ km/h时，速度修正C_v按式(4.3.2-11)计算。

$$C_v=10\lg\frac{v}{v_0} \qquad (4.3.2\text{-}11)$$

式中：v——列车通过预测点的运行速度，km/h；

v_0——噪声源强的参考速度，km/h。

当列车运行速度35 km/h$\leqslant v\leqslant$160 km/h时，速度修正C_v按式(4.3.2-12)和式(4.3.2-13)计算。

高架线：

$$C_v = 20\lg\frac{v}{v_0} \tag{4.3.2-12}$$

地面线：

$$C_v = 30\lg\frac{v}{v_0} \tag{4.3.2-13}$$

(3)地铁、轻轨线路和轨道结构修正，C_t

不同线路和轨道结构修正如表 4.3.2-1 所示。

表 4.3.2-1 不同线路和轨道条件噪声修正值

线路类型		噪声修正值/dB
线路平面圆曲线半径(R)	$R<300$ m	+8
	300 m$\leqslant R \leqslant$500 m	+3
	$R>500$ m	+0
有缝线路		+3
道岔和交叉		+4
坡道(上坡,坡度>6‰)		+2

(4) 列车运行噪声几何发散衰减，C_d

地铁(旋转电机)：

$$C_d = -10\lg\frac{\dfrac{4l}{4d_0^2+l^2}+\dfrac{1}{d_0}\arctan\left(\dfrac{l}{2d_0}\right)}{\dfrac{4l}{4d^2+l^2}+\dfrac{1}{d}\arctan\left(\dfrac{l}{2d}\right)} \tag{4.3.2-14}$$

式中：d_0 ——源强点至声源的直线距离，m；

l——列车长度，m；

d——预测点至声源的直线距离，m。

(5) 垂向指向性修正，C_θ

地面线或高架线无挡板结构时：

当 $21.5°\leqslant\theta\leqslant 50°$时，垂向指向性修正按式(4.3.2-15)计算。

$$C_\theta = -0.0165\,(\theta-21.5°)^{1.5} \tag{4.3.2-15}$$

当 $-10°\leqslant\theta\leqslant 21.5°$时，垂向指向性修正按式(4.3.2-16)计算。

$$C_{\theta} = -0.02\,(21.5^{\circ} - \theta)^{1.5} \tag{4.3.2-16}$$

当 $\theta < -10^{\circ}$ 时，按照 -10° 进行修正；当 $\theta > 50^{\circ}$ 时，按照 50° 进行修正。

式中：θ ——声源和预测点之间的连线与水平面的夹角，声源位置为高于轨顶面以上 0.5 m，预测点高于声源位置角度为正，预测点低于声源位置角度为负，(°)。

(6) 空气吸收引起的衰减，C_{α}

空气吸收引起的衰减量 C_{α} 按式(4.3.2-17)计算。

$$C_{\alpha} = -\alpha d \tag{4.3.2-17}$$

式中：α ——空气吸收引起的纯音声衰减系数，由 GB/T17247.1 查表获得，dB/m，南京平均气温 15.9℃，平均相对湿度 74.9%，地铁噪声频率为 α 为2.84 dB/km；

d——预测点至线路中心线的水平距离，m

(7) 地面效应引起的衰减，C_{g}

当声波掠过疏松地面或大部分为疏松地面的混合地面时，地面效应引起的衰减量 C_{g} 参照 GB/T17247.2—1998，按式(4.3.2-18)计算。

$$C_{g} = -\left[4.8 - \frac{2h_{m}}{d}\left(17 + \frac{300}{d}\right)\right] \leqslant 0 \tag{4.3.2-18}$$

式中：h_{m} ——传播路程的平均离地高度，m；

d——预测点至线路中心线的水平距离，m。

当声波掠过反射面，包括铺筑过的路面、水面、冰面以及夯实地面时，地面效应引起的衰减量 $C_{g} = 0$ dB。

(8) 声屏障插入损失，C_{b}

列车运行噪声按线声源处理，根据 HJ/T90 中规定的计算方法，对于声源和声屏障假定为无限长时，声屏障顶端绕射衰减按式(4.3.2-19)计算，当声屏障为有限长时，应根据 HJ/T90 中规定的计算方法进行修正。

$$C'_{b} = \begin{cases} 10\lg \dfrac{3\pi\sqrt{1-t^{2}}}{4\arctan\sqrt{\dfrac{1-t}{1+t}}}, & t = \dfrac{40f\delta}{3c} \leqslant 1 \\ 10\lg \dfrac{3\pi\sqrt{t^{2}-1}}{2\ln\left(t+\sqrt{t^{2}-1}\right)}, & t = \dfrac{40f\delta}{3c} > 1 \end{cases} \tag{4.3.2-19}$$

式中：C'_{b} ——声屏障顶端绕射衰减，dB；

f——声波频率，Hz；

δ——声程差，m；

c——声波在空气中的传播速度，m/s。

声源与声屏障之间应考虑1次反射声影响，如图4.3.2-1所示，声屏障插入损失 C_b 按式(4.3.2-20)计算。

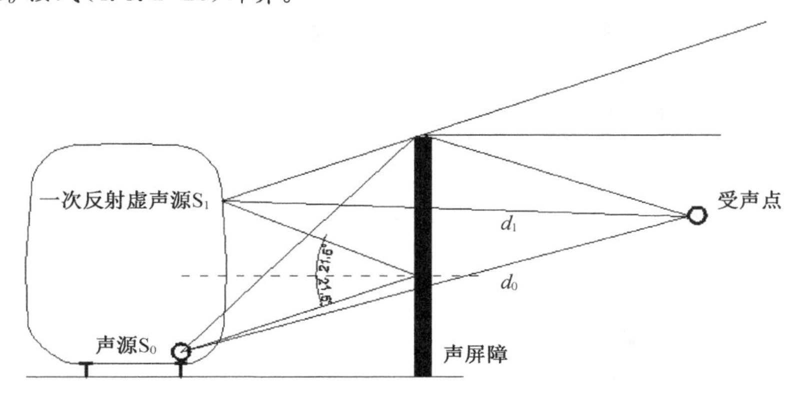

图 4.3.2-1　声屏障传播路径

$$C_b = L_r - L_{r0} = 10\lg\left(10^{0.1(L_{r0}-C'_{b0})} + 10^{0.1\left(L_{r0}+10\lg(1-NRC)-10\lg\frac{d_1}{d_0}-C'_{b1}\right)}\right) - L_{r0} \tag{4.3.2-20}$$

式中：C_b——声屏障插入损失，dB；

L_r——安装声屏障后，受声点处声压级，dB；

L_{r0}——未安装声屏障时，受声点处声压级，dB；

C'_{b0}——安装声屏障后，受声点处声源 S_0 顶端绕射衰减，可参照式(4.3.2-19)计算，dB；

NRC——声屏障的降噪系数；

d_1——受声点至一次反射虚声源 S_1 直线距离，m；

d_0——受声点至声源 S_0 直线距离，m；

C'_{b1}——安装声屏障后，受声点处一次反射虚声源 S_1 的顶端绕射衰减，可参照式(4.3.2-19)计算，dB。

当声源与受声点之间存在遮挡时(如高架线路桥面的遮挡等)，受声点位于声影区，此时应参考屏障插入损失方法进行计算。

(9) 建筑群衰减，C_h

建筑群衰减应参照GB/T 17247.2—1998计算，建筑群的衰减 C_h 不超过10 dB时，近似等效连续A声级按式(4.3.2-21)估算。当从受声点可直接观察到城市轨道交通线路时，不考虑此项衰减。

$$C_h = C_{h,1} + C_{h,2} \tag{4.3.2-21}$$

式中 $C_{h,1}$ 按式(4.3.2-22)计算,dB。

$$C_{h,1} = -0.1B d_b \tag{4.3.2-22}$$

式中:B——沿声传播路线上的建筑物的密度,等于建筑物总平面面积除以总地面面积(包括建筑物所占面积);

d_b——通过建筑群的声路线长度,按式(4.3.2-23)计算,d_1 和 d_2 如图4.3.2-2所示。

$$d_b = d_1 + d_2 \tag{4.3.2-23}$$

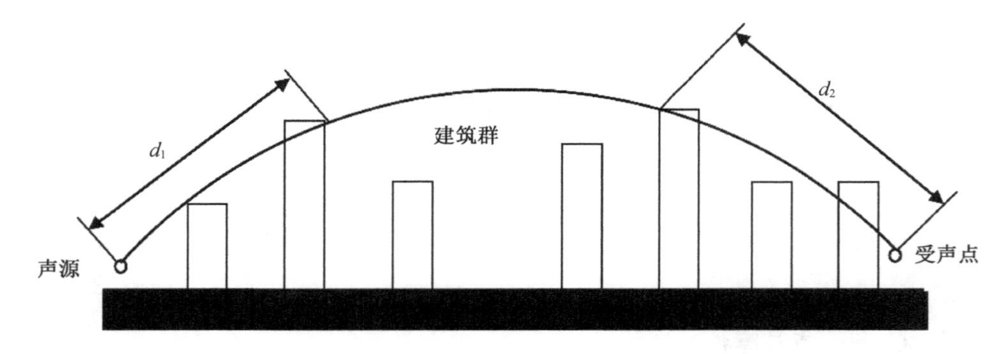

图 4.3.2-2　建筑群中声传播路径

在城市轨道交通沿线附近有成排整齐排列的建筑物时,可将附加项 $C_{h,2}$ 包括在内(假定这一项小于在同一位置上与建筑物平均高度等高的一个屏障插入损失)。$C_{h,2}$ 按式(4.3.2-24)计算。

$$C_{h,2} = 10\lg\left(1 - \frac{p}{100}\right) \tag{4.3.2-24}$$

式中:p——沿城市轨道交通线路纵向分布的建筑物正面总长度除以对应的城市轨道交通线路长度,其值小于或等于 90%。

在进行预测计算时,建筑群衰减 C_h 与地面效应引起的衰减 C_g 通常只需考虑一项最主要的衰减。对于通过建筑群的声传播,一般应不考虑地面效应引起的衰减 C_g;但地面效应引起的衰减 C_g(假定预测点与声源之间不存在建筑群时的计算结果)大于建筑群衰减 C_h时,则不考虑建筑群插入损失 C_h。

4.3.3 预测技术条件

(1) 预测评价量

预测评价量为昼、夜间运营时段等效连续A声级。

(2) 运营时间

列车运营时间安排为:昼间运营时段为6:00～22:00,共16 h;夜间运营时段为22:00～23:00,共1 h。

(3) 环控系统运行时间

车站风机运行时段为5:30～23:30,共18 h,其中活塞风机为地铁运营时段前后各运行30 min。冷却塔一般在6～9月(可根据气候做适当调整)空调期内运行,运行时间为5:30～23:30,共18 h。

(4) 通风系统模式

采用全封闭站台门制式下的通风空调系统。

(5) 已采取降噪措施

风亭预设3 m消声器,超低噪声冷却塔(工程设计已含)。本次评价在此基础上进行预测分析,并提出进一步降噪措施。

4.3.4 环境噪声预测结果与评价

4.3.4.1 地下车站噪声预测及评价

(1) 敏感点处环境噪声预测结果

本次6座地下车站风亭区周围涉及1处敏感目标。敏感目标相关的噪声源包括新风亭、排风亭和活塞风亭,冷却塔。因此,本次敏感点处预测评价以空调期进行预测。其环境噪声预测结果列于表4.3.4-1中。

(2) 预测结果评价

定向河北站评价范围内,1处敏感目标的预测点,纯粹受地铁环控设备噪声的影响(不叠加背景),昼、夜间实际运营时段内等效连续A声级分别为45.3 dB(A)、46.1 dB(A)。敏感点处环控设备噪声在叠加了背景噪声之后,昼间和夜间实际运营时段内等效连续A声级为54.5 dB(A)和48.4 dB(A),分别较现状值增加0.5 dB(A)和3.7 dB(A)。对照《声环境质量标准》(GB 3096—2008)中相应标准,昼夜均达标。

(3) 影响范围分析

根据《地铁设计规范》(GB 50157—2013),各类功能区风亭、冷却塔距敏感建筑的噪声防护距离要求具体如表4.3.4-2所示。

表 4.3.4-1　地下车站风亭区周围敏感点环境噪声影响预测结果表

序号	所在行政区	保护目标名称	所在车站	声源	距声源距离/m	现状值/dB(A)		贡献值/dB(A)		预测值/dB(A)		标准值/dB(A)		超标量/dB(A)		增量/dB(A)		超标原因
						昼间	夜间	昼间	夜间	昼间	夜间	昼间	夜间	昼间	夜间	昼间	夜间	
1	江北新区	浦口中医肿瘤科专业诊所	定向河北站	活塞风亭	44.4	54.0	44.7	45.3	46.1	54.5	48.4	60	50	—	—	0.5	3.7	/
				活塞风亭	57.9													
				排风亭	66.8													
				新风亭	80.8													
				冷却塔	28.3													

注：1. 最近距离：敏感目标距噪声源（风亭、冷却塔等设备最大尺寸处）的最近直线距离；

2. “/”代表无此项内容；“—”代表不超标。

表 4.3.4-2 地铁设计规范中风亭、冷却塔距敏感建筑物的噪声防护距离

声环境功能区类别	各环境功能区敏感点	风亭、冷却塔边界与敏感建筑物的水平间距	噪声限值 dB(A)	
			昼间	夜间
1 类	居住、医疗、文教、科研区的敏感点	≥30	55	45
2 类	居住、商业、工业混合区的敏感点	≥20	60	50
3 类	工业区的敏感点	≥10	65	55
4a 类	城市轨道交通两侧区域(地下线)的敏感点	≥10*	70	55

注:* 在有条件的新区,宜不小于 15 m。

针对本工程实际并结合轨道交通在设计中,风亭和冷却塔可能存在多种组合形式的特点,本次评价按照南京地铁 4 号线二期工程设计方案中的风亭、冷却塔组合类型,根据不同声功能区的要求,预测相应的达标距离。

根据风亭及冷却塔的噪声源强弱,在考虑工程预设环保措施(风亭预设 3 m 消声器)的情况下,将各声源(不考虑环境噪声现状值,开阔无遮挡)的达标距离汇于表 4.3.4-3 中。

表 4.3.4-3 风亭及冷却塔噪声达标距离

噪声源类别	达标距离(m)							
	4a 类		3 类		2 类		1 类	
	昼间	夜间	昼间	夜间	昼间	夜间	昼间	夜间
2 台活塞+排风亭+新风亭	/	10	2	10	3	17	8	32
风亭(2 台活塞+排+新)+2 台冷却塔	1	13	3	13	6	23	11	44

注:1. “/”号表示在风亭百叶窗外即可达标;夜间达标距离指实际运营时段内达标距离。
2. 以上预测结果是不考虑环境噪声现状值,开阔无遮挡的条件下的预测结果。

由表 4.3.4-3 可知,在风亭、冷却塔外机噪声中,冷却塔噪声占有主导地位。在非空调期(不开启冷却塔),风亭区周围 4a、3 类区噪声达标距离为 10 m,2 类区噪声达标距离为 17 m,1 类区噪声达标距离为 32 m。在空调期,风亭区周围 4a、3 类区噪声达标距离为 13 m,2 类区的噪声达标距离为 23 m,1 类的噪声达标距离为 44 m。

综合考虑《地铁设计规范》(GB 50157—2013)和本次评价的预测结果,对于地下车站风亭区的噪声防护距离建议如下:

4a、3类区的噪声防护距离分别为15 m,2类区、1类区的噪声防护距离分别为23 m、44 m;若对于夜间不需要对标的科研党政机关、无住校的学校、无住院部的医院等敏感目标,防护距离可缩小为15 m。

4.3.4.2 场段噪声预测及评价

本项目设停车场一处,目前场段周边主要为村庄。停车场主要承担车辆的双周三月检、列检、停放、运用、整备等工作,因此,场段的噪声主要来自列车进出库、调车作业、车辆调试时牵引设备噪声、鸣笛噪声以及检修车间的各种设备噪声。在场段各类噪声源中,以进出库列车运行、鸣笛噪声对外环境影响较明显,而固定声源设备设在车间或厂房内,并且具有衰减较快的特点,因此对外环境影响不大。因此,对停车场周边靠近出入线段敏感点厂西新村及浦厂一村考虑出入线噪声及场段内的固定噪声源的噪声影响;对距离出入线较远的敏感点浦厂二村只考虑场段内的固定噪声源影响。

运营期,由本工程场段周边敏感点噪声预测结果可知,停车场周边3处敏感目标昼间预测值为52.0～55.9 dB(A)、夜间预测值为43.4～50.5 dB(A)。其中,昼间全部达标;夜间靠近出入段线的1处敏感目标超标,超标量为0.1～0.5 dB(A)。

4.3.4.3 厂界噪声预测结果及评价

运营期停车场厂界噪声预测结果见表4.3.4-4。

4.4 噪声污染防治措施方案

4.4.1 概述

略

4.4.2 噪声污染防治建议

4.4.2.1 地下车站的噪声污染防治措施

风亭和冷却塔是轨道交通地下区段对外环境产生影响的最主要噪声源,因此,本次评价针对地下线路的风亭和冷却塔提出相关噪声污染防治措施。

(1) 合理选型

鉴于本工程设计的环控设备型号尚未最终确定,故评价对其选型提出以下要求:

① 风机选型

在满足工程通风要求的前提下,尽量采用低噪声、声学性能优良的风机,合理控制风亭排风风速,减少气流噪声。

表 4.3.4-4 各场段厂界噪声预测结果

段所名称	测点编号	测点位置	现状值(dB(A))		标准值(dB(A))		设计年度	厂界噪声预测值(dB(A))		厂界噪声超标量(dB(A))	
			昼间	夜间	昼间	夜间		昼间	夜间实际	昼间	夜间实际
停车场	N2-1	东厂界外 1 m	52.4	49.2	60	50	初期	28.3	28.3	—	—
							近期	28.3	28.3	—	—
							远期	28.3	28.3	—	—
	N2-2	东厂界外 1 m	55.4	46.7	60	50	初期	31.0	32.7	—	—
							近期	31.9	33.3	—	—
							远期	32.4	33.8	—	—
	N3-1	南厂界外 1 m	54.0	48.8	60	50	初期	41.8	43.9	—	—
							近期	43.0	44.6	—	—
							远期	43.6	45.2	—	—
	N3-2	南厂界外 1 m	54.5	46.0	60	50	初期	45.3	47.5	—	—
							近期	46.6	48.2	—	—
							远期	47.2	48.8	—	—
	N4-1	西厂界外 1 m	56.4	48.9	60	50	初期	40.6	42.7	—	—
							近期	41.8	43.4	—	—
							远期	52.3	44.0	—	—
	N4-2	西厂界外 1 m	57.8	45.0	60	50	初期	30.5	30.5	—	—
							近期	30.5	30.5	—	—
							远期	30.5	30.5	—	—
	N5-1	北厂界外 1 m	56.8	49.1	60	50	初期	30.9	30.9	—	—
							近期	30.9	30.9	—	—
							远期	30.9	30.9	—	—
	N5-2	北厂界外 1 m	59.3	48.2	60	50	初期	28.5	28.5	—	—
							近期	28.5	28.5	—	—
							远期	28.5	28.5	—	—

② 冷却塔选型

冷却塔一般设置于地面，其辐射噪声直接影响外环境。根据本次工程设计，4 号线二期工程冷却塔拟全部采用超低噪声冷却塔，以降低其对周边环境的影响。

(2) 设计要求及工程措施

① 要求风亭在设计时尽量远离声环境敏感点。

② 充分利用车站设备、出入口及管理用房等非噪声敏感建筑的屏障作用，将其设置在风亭与敏感建筑物之间。

③ 工程设计中，所有风亭已考虑预设 3 m 消声器的措施。针对超标敏感点，可采取进一步加长风亭消声器等工程措施，减缓噪声影响。

根据章节 4.3.4 的预测结果，本次风亭冷却塔周边敏感目标较少，对 1 处敏感目标进行预测，预测结果满足环境噪声标准要求，因此，在现有的防治措施下无须再增加防治措施。

(3) 规划控制措施

①综合《地铁设计规范》(GB 50157—2013)的相关要求和本次预测结果，本次评价提出了地下车站风亭区的噪声防护距离：4a、3 类区的噪声防护距离分别为 15 m，2 类区、1 类区的噪声防护距离分别为 23 m、44 m；若对于夜间不需要对标的科研党政机关、无住校的学校、无住院部的医院等敏感目标，防护距离可缩小为 15 m；在以上噪声防护距离内，不宜规划对噪声敏感的建筑。

②科学规划建筑物的布局，临近噪声源的第一排建筑宜规划为商业、办公用房等非噪声敏感建筑。

③结合旧城区的改造，应优先拆除靠声源较近的居民房屋，结合绿化设计和建筑物布局的重新配置，为新开发的房屋留出噪声防护距离或利用非敏感建筑物的遮挡、隔声作用，使之对敏感建筑物的影响控制在标准允许范围内。

4.4.2.2 场段噪声防治措施

根据预测结果，本工程拟设置的翠山路停车场在厂界处出现噪声预测值超标，评价建议采取以下措施进一步控制场段的噪声影响：

①运营期加强日常管理、提高司乘人员的环保意识，控制鸣笛；

②定期修整车轮踏面和打磨钢轨表面，保持车轮踏面和钢轨表面光滑；

③对场段咽喉区的小曲线半径轨道安装钢轨润滑装置，以降低轮轨侧磨噪声的影响；

④禁止夜间进行高噪声车间(如不落轮镟库等)的生产作业；

⑤另外，考虑到停车场周边敏感目标的超标情况、场段内部布置的特点以及

周边的环境现状，评价建议在停车场南侧设置 3 m 高实体围墙，以减少出入段线、出入库线对周边居民的影响，如周边敏感目标全部拆迁完毕，围墙可不加高；同时，建议在场段周边适当范围内进行合理绿化，以减小场段对周边环境的不利影响。

4.3 建设阶段的环境保护监理

4.3.1 建设阶段环境监理的概念、意义与目的

(1) 环境监察与监理

早期环境监察称为环境监理，是政府行为。环境监察是一种具体的、直接的、“微观”的环境保护执法行为，是环境保护行政部门实施统一监督、强化执法的主要途径之一，是环境管理的主要职能之一，是中国社会主义市场经济条件下实施环境监督管理的重要举措。环境监察的主要任务，是在各级人民政府环境保护部门领导下，依法对辖区内污染源排放污染物情况和对海洋及生态破坏事件实施现场监督、检查，并参与处理。

目前环境监理主要指建设项目环境监理，是指环境监理机构受项目建设单位委托，依据环境保护相关的法律法规和政策、项目工程设计文件、项目环境影响评价文件、环境保护行政主管单位批复文件及环境监理合同工和施工承包合同，对工程建设项目实施专业化的环境保护咨询和技术服务，协助和指导建设单位全面落实建设项目各项环境保护措施。

环境监理工作应从项目建设的筹备阶段(包括建设项目的可行性研究与设计工作)开始参与，在建设项目的施工阶段实施全方位、不间断的环境管理工作，该阶段是环境监理工作的核心部分，建设项目后期的竣工验收(试运营)阶段则根据项目工程运营后的监测数据检查前期环境监理工作是否达标。

(2) 环境监理的目的

环境监理的目的，即在项目的设计和施工过程中，按照国家有关建设项目的环境管理法律、法规、标准和环境影响评价文件及审批文件的要求，对施工现场及其周围环境进行监督，同时检查污染物排放及生态保护是否符合国家规定标准或要求，配套的环境保护设施是否与主体工程同时施工。归纳起来，建设项目环境监理的目的主要包括以下几个方面：

① 监督环境影响评价文件中所提出的各项环境保护措施和设施的落实情况；

② 防止施工期间各类环境因素对工程周边的自然环境、生态环境、人文环境、社会环境造成影响或破坏；

③ 监督各环境保护相关合同条款的落实情况；

④ 监督环境保护投资有效利用的情况；

⑤ 对建设过程中受到破坏的环境要素应及时修整和恢复，跟踪调查各恢复措施的实施情况，是否实现了经济效益与环境保护相统一的目标；

⑥ 及时形成完整的环境监理报告和监理总结，真实反映监理工作过程，为工程的环保验收提供可靠依据。

(3) 环境监理的意义

① 环境监理是提高环境影响评价有效性、落实“三同时”制度、实现工程建设项目全过程中环境管理的有效手段

为了加强建设项目过程中的环境保护管理，严格控制新的污染出现，加大保护和改善环境力度，我国先后颁布了《中华人民共和国环境影响评价法》《建设项目环境保护管理条例》《建设项目竣工环境保护验收管理办法》等法律法规，明确了工程建设项目过程中对环境保护管理的要求。然而在落实“三同时”制度时，对于工程建设项目的设计和竣工验收阶段管理力度较大，而对施工阶段缺乏相应的监督管理手段。建设项目对周边的自然环境、生态环境、水质保持、文物景观等产生的影响和破坏基本都是在施工阶段出现，有些破坏是无法逆转的。环境监理对建设项目实施全程监督管理，把政府宏观管理转变为政府监督管理和承包施工单位自查自律，对于减少或避免施工过程中出现的环境污染问题、协调工程建设与环境保护的关系具有重要作用。

② 环境监理是环保部门的决策和审批工作可靠的技术后盾

环境监理可以比较全面地分析向环保部门报审的工程建设项目申请，为待批的工程项目是否符合环保部门的要求提供专业、权威的分析报告。环境监理在建设项目施工阶段对承包施工单位的环境保护方法和措施进行更加针对性的检查监督，确保承包施工单位能够按照该项目的环境保护批复文件开展环境管理工作，并定期向环保部门提供该建设项目的环境监理报告。在实际施工过程中如果出现突发环境污染问题，可以为环保部门提供有效的解决办法，将环境污染控制在较小程度内。环境监理在建设项目竣工验收阶段通过对项目多方面的实时监测数据，检查该建设项目环境保护工作是否达标，为建设项目环境保护竣工验收工作提供技术支持。

③ 环境监理可以为工程项目建设单位和承包施工单位提供技术服务

我国环境监理还处于起步发展阶段，环境监理专业人员比较缺乏。工程项

目建设单位和承包施工单位从筹备设计阶段至项目建设施工阶段，如果没有专业的环境保护人员进行指导，等项目建成后发现问题再整改就会造成时间上和经济上的浪费。而引入环境监理，越早介入，建设项目出现环境污染问题的可能性就越小。从设计阶段环境监理可提供专业意见，避免在项目投入使用后发生环境问题；环境监理可以帮助承包施工单位建立健全环境管理制度和组织机构，满足环境保护部门的管理要求，增强承包施工单位的市场竞争力；在施工阶段环境监理通过指导承包施工单位的环境保护方法和措施，将施工过程中对周边环境的污染和破坏降到最低。

④ 环境监理是实现工程建设项目环境保护目标的重要保证

建设项目的工程建设期，施工进度和施工方法要根据工程地质条件、场地条件和天气条件随时进行调整变化，这就决定了施工期环境保护管理也是动态变化的。而基于设计审批文件形成的环批文件，其环境保护措施未必能够较好的适应工程调整，这就需要环境监理对现场诸多环保问题进行专业性的现场协调和解决，保证建设项目的环境保护目标能够实现。受市场经济影响，部分工程项目建设单位和承包施工单位的环保意识认识不到位，在施工过程中的环境管理不足或存在偏差，因此需要通过环境监理强化环保监督工作以实现工程项目的环保目标。

4.3.2　建设阶段环境监理的政策要求

(1) 建设项目环境监理的政策变化

2002年，原国家环保总局联合铁道部、交通部等共计6家单位发出了《关于在重点建设项目中开展工程环境监理试点的通知》(环发〔2002〕141号)，率先在国家十三个重点建设项目工程开展环境监理。

2010—2011年，原环境保护部根据原辽宁省环境保护厅和江苏省环境保护厅请示，同意将辽宁省(环办函〔2010〕630号)和江苏省(环办函〔2011〕821号)列为建设项目环境监理工作试点省份。2012年1月，原环境保护部在辽宁、江苏两省建设项目环境监理试点工作的基础上增加河北等11省市进行环境监理试点工作。至此环境监理工作基本全面铺开。

2015年12月，原环境保护部印发《建设项目环境保护事中事后监督管理办法(试行)》(环发〔2015〕163号)，强调施工期的环境监理工作是事中监督管理的主要内容之一。2016年4月，建设项目环境监理试点工作结束，原环境保护部出具关于废止《关于进一步推进建设项目环境监理试点工作的通知》的通知(环办环评〔2016〕32号)，但该文件仅表达了试点工作结束，并未表达取消环境监理的工作。2016 年 7 月，在《“十三五”环境影响评价改革实施方案》（环环评〔2016〕95 号）中再次强调“强化事中事后监管”，“鼓励建设单位委托具备相应技术条件的第三方机构开展建设期环境监理”。因此，环境监理仍然是工程建设中重要的环境保护监管手段之一。

（2）环境监理工作管理要点

环境监理服务周期应为环评获得批复后至该工程通过建设项目竣工环保验收，实现工程设计、施工及试运营阶段的全过程环境管理，并按照要求提交专项核查报告、环境监理阶段报告（月报、季报、半年报、年报）、建设项目变动环境影响分析报告及环境监理总结报告。

① 设计阶段环境监理工作管理要点

环评获得批复后，环境监理单位进场，并于进场前应提交完整的环境监理工作方案。环境监理进场后至开工前，跟踪全设计期的设计变更情况。

为避免工程设计发生变更引起重大变动，忽略了环评的重新报批流程，要求环境监理单位在接收到设计单位提供的资料后，根据建设项目重大变动环评管理相关要求，依据环评阶段工程资料和批复后的工程设计资料核查工程变动情况，判定是否有重大变动事项，并向建设单位提出相应的工作建议。

环境监理单位需对减振、降噪、污水处理、危废暂存、大气治理、生态防护等各环境要素的设计资料进行逐项核实，在满足环评批复的前提下，结合现行法律法规要求提出专业意见，确保满足竣工环保验收要求。

环境监理单位应每半年梳理一次工程沿线环境敏感目标变化情况（包括设计阶段和施工阶段），并形成专项核查报告。环境监理还需对初步设计、施工图设计方案分别出具批设相符性审查报告，其中施工图设计方案的批设相符性审查报告应依据施工图出图计划分阶段完成。

② 施工阶段管理要点

环境监理单位定期开展环保巡查工作（至少每月一次），对施工中存在的环境问题提出整改要求，对有敏感保护目标地段的环保设施按图施工情况进行抽查，必要时提出整改要求。环境监理单位需按要求完成《建设项目变动环境影响分析》报告，明确建设项目变动环境影响结论。

③ 试运营阶段工作要点

完成环境监理总结报告，配合竣工环保验收调查单位做好环保验收的相关工作。

④ 环境监理单位专业技能要求

轨道交通环境监理单位应具备如下专业技能：熟悉相关环境保护法律法规

的要求，熟悉环境政策导向；具备轨道交通振动及噪声等关键要素的环境影响预测技能；具备与环境保护相关部门、建设单位、设计单位和施工单位的沟通协调能力。

⑤ 工作成果要求

环境监理工作应按时提交各类核查报告及监理报告，包括：环保措施批设相符性核查报告（初步设计阶段和施工图阶段）、工程沿线环境敏感目标变化情况核查报告（每半年提交一次）、轨道减振措施专项核查报告、噪声治理措施专项核查报告、场段环保设施专项核查报告、建设项目变动环境影响分析报告、环境监理月报、环境监理季报、环境监理半年报、环境监理年报、环境监理总结报告、环保投诉监测报告等，配合建设单位做好环境管理的工作，从源头上降低轨道交通实施对周边环境产生的影响，发挥轨道交通对社会影响的正效益。

4.3.3 建设阶段环境监理的工作内容

（1）施工阶段环境监理的工作内容

① 施工阶段环保达标监理

施工期环境保护达标监理主要是监督检查项目施工时各污染因子的环境达标情况，依据项目环境影响评价文件跟踪核查项目环保设施的建设情况，并定期汇报监督核查的结果及结论。

② 环保设施（措施）环境监理

施工期间环保设施（措施）监理主要是监督检查本项目废水治理设施、废气治理设施、隔声减振设施、固废设施是否按环评要求及批复落实。环保设施的建设要求是否满足工程需要。

③ 施工期环境管理

工作重点是补充制定环境管理制度和建立环境管理机构。协助建设单位和施工单位补充建立项目环境保护管理制度，编制项目环境保护管理计划和实施细则，保证项目后续建设过程中环保工作的科学化和规范化；开展环保宣传教育，提高管理人员和施工人员的环保意识；对已开工工程的环保措施进行审查，针对出现的问题采取补救措施，同时做好工程施工期环境保护工作文档的归档管理工作；协助建设单位召开环境保护方面的专题会议，配合环境保护主管部门的日常检查；建立与项目工程施工当地环保局及环保部门的协调机制。

(2) 试运营期环境监理工作内容

工程交工后,在环保验收之前全面总结施工过程和环保措施落实情况,形成环境监理工作总报告,提交建设单位和环境保护行政主管部门,并向建设单位和环保行政主管部门移交全部环境监理档案,作为建设项目竣工环境保护验收的依据。

4.3.4 建设阶段环境监理的工作方法

(1) 现场巡查

环境监理员对正在施工的部位或工序在现场进行定期或不定期的监督。

(2) 环境监测

环境监测分为外部检测和内部检测。

① 外部检测

主要是根据环评文件的要求,委托有监测资质的单位在规定的时间和地点定期监测,主要指竣工验收监测工作。该项工作将由业主单独委托进行。

② 内部检测

主要是监理单位为进行过程控制而进行的监测,主要为施工期环境现状监测,将由监理单位委托有资质的单位开展相应工作。

(3) 旁站

在关键部位或关键工序施工过程中(例如地下管道、管线等隐蔽工程),由环境监理员在现场进行监督。

(4) 记录与报告

记录主要是监理单位在现场巡查、旁站等过程中,采取文字、数据、图像、声像等形式对现场环境状况、环境保护等情况进行记录。报告主要是环境监理单位向建设单位及环境保护行政主管部门定期提供的环境监理报告(包括周报、月报、季报、年报等)、环境监理现场工作情况报告以及环境监理范围内的环境状况。

(5) 发布文件

在监理过程中采取通知、指示、批复、签认等形式,向承建单位发出纠正或整改通知等。

(6) 审阅报告

对承建单位编制并提交的环保工作月报进行审阅;对其的环境保护工作进行评价,从环境保护的角度提出优化方案与方法的建议,并签署意见,作为施工组织计划实施的依据。

(7) 环境监理工作会议

主要包括环境保护第一次工地会议、环境监理例会和环境监理专题会议。

在环境监理启动前，召开环境保护第一次工地会议，作为环境监理机构、工程监理机构、承建单位等开始环境保护合作的正式开始；环境监理例会在施工过程中定期召开，一般为每周一次；当施工过程中出现重大环境问题时，将召开环境监理专题会议，由项目负责人、环境监理机构、工程监理机构、承建单位代表参加，共同商讨解决问题。

4.3.5 建设阶段环境监理案例

选取《宁和城际轨道交通一期工程环境监理方案》作为实际案例，摘选方案书和报告书中部分内容以供参考学习：

《宁和城际轨道交通一期工程环境监理方案》

(前略)

1.4 监理范围、时段和标准

1.4.1 环境监理范围

本次项目环境监理的对象主要包括工程轨道、车站、车辆段及变电站施工区域，各施工标段的施工营地、办公场所、施工场地、弃土(渣)场等，以及这些项目范围内的施工活动可能造成周边环境污染和生态环境破坏的区域。

本项目环境监理具体范围包括：外轨道中心两侧 150 m 范围，车站、变电所及车辆段周围 50 m 范围；工程取弃土场，施工营地范围；施工场地、工程材料堆场、施工道路；工程路线穿越的地面水区域和地下水区域。

1.4.2 环境监理时段

环境监理时段从设计阶段起，至竣工环保验收试生产申请经环境保护行政主管部门批准，提交项目环境监理总报告为止。具体包括：设计阶段环境监理、施工阶段环境监理、试运营阶段环境监理。

目前除 NH - TA04、NH - TA05 标段土建施工较多外，江南段其他标段施工较少(打桩或者临时工地刚建设等待施工)，另有江北标段未开工。因此，环境监理项目部对已开工标段进行回顾性监理，重点关注未开工及刚开工标段的建设。

1.4.3 环境监理标准

根据本项目环评报告报批稿，本项目执行的环境质量标准如下：

(1) 声环境质量标准

表 1.4-1 声环境质量标准

标准号	标准名称	标准值与等级（类别）	适用范围
GB 3096—2008（运营期）	《声环境质量标准》	4a 类区标准值：昼间 70 dB，夜间 55 dB	一、道路交通干线两侧区域 (1) 城市道路红线外第一排三层(含)以上建筑面向道路以内区域。 (2) 城市道路红线外三层以下建筑：如相邻为 2 类标准适用区域，则距道路红线 30 m 以内区域。 二、轨道交通高架段(含车辆段出入段线)两侧区域 如相邻为 2 类标准适用区域，距轨道交通外轨中心线两侧 30 m 以内区域。 三、铁路两侧区域 相邻为 2 类区时，距铁路外轨中心线 30～60 m 区域
		2 类区标准值：昼间 60 dB，夜间 50 dB	设计起点至大胜关桥南岸段两侧区域、大胜关桥北岸至设计终点线路两侧区域。
GB 12348—2008（运营期）	《工业企业厂界环境噪声排放标准》	2 类区标准值：昼间 60 dB，夜间 50 dB	桥林车辆段厂界
GB 12525—90（运营期）	《铁路边界噪声限值及其测量方法》修改方案	昼间 70 dB 夜间 70 dB	距铁路外轨中心线 30 m 以内区域参照执行。
GB 12523—2011（施工期）	《建筑施工场界环境噪声排放标准》	昼间 70 dB 夜间 55 dB	施工场界

(2) 振动标准

表 1.4-2 振动标准 单位 mg/L

标准名称	标准值与等级	适用范围	标准选择依据
《城市区域环境振动标准》	混合区、商业中心区：昼间 75 dB，夜间 72 dB	位于噪声功能区划“2 类”区内的敏感点	标准等级参照噪声功能区类型确定
	交通干线两侧标准值：昼间 75 dB，夜间 72 dB	位于噪声功能区划“4a 类”区内的敏感点	

（续表）

标准名称	标准值与等级	适用范围	标准选择依据
《城市轨道交通引起建筑物振动与二次辐射噪声限值及其测量方法标准》	混合区、商业中心区：昼间 41 dB(A)，夜间 38 dB(A)	位于噪声功能区划"2类"区内的敏感点	标准等级参照噪声功能区类型确定
	交通干线两侧标准值：昼间 45 dB(A)，夜间 42 dB(A)	位于噪声功能区划"4a类"区内的敏感点	

（3）污水排放标准

本工程桥林车辆段及沿线 18 座车站污水均可纳入既有或规划的城市污水管网进入相应城市污水处理厂集中处理，污水排放均执行《污水综合排放标准》(GB 8978—1996)之三级标准。

表 1.4-3 污水综合排放标准 单位：mg/L

执行标准	标准类别	主要污染物标准限值				
		CODcr	BOD_5	石油类	动植物油	LAS
《污水综合排放标准》(GB 8978—1996)	三级	500	300	20	100	10

表 1.4-4 本工程各段执行的污水综合排放标准

序号	站 名	污水排放去向	排放标准
1	南京南站	宁和城际线南京南站与宁高城际线平行换乘，已划归宁高城际代建，为配合国铁南京南站的建设与运营，该站经专家评审后已开工建设	
2	景明佳园站	城东污水处理厂	GB 8978—1996 之三级排放标准
3	铁心桥站		
4	春江新城站		
5	华新路站		
6	汪家村站	江心洲污水处理厂	GB 8978—1996 之三级排放标准
7	中和街站		
8	黄河路站		
9	天河路站		
10	新梗街站		

(续表)

序号	站　名	污水排放去向	排放标准
11	天保路站	城南污水处理厂	GB 8978—1996之三级排放标准
12	生态科技园站		
13	滨江村站	浦口经济开发区污水处理厂	GB 8978—1996之三级排放标准
14	步月路站		
15	林中路站		
16	林东站		
17	经六路站		
18	黄里站		
桥林车辆段		浦口经济开发区污水处理厂	GB 8978—1996之三级排放标准

(4) 地下水质量标准

工程沿线地区地下水水质执行《地下水质量标准》(GB/T 14848—93)之Ⅲ类标准。

表 1.4-5　地下水环境质量标准　　单位:mg/L

环境要素	标准名称	标准类别	主要污染物标准限值	
地下水环境	《地下水质量标准》GB/T 14848—93	Ⅲ类	pH	6.5~8.5
			溶解性总固体(TDS)	≤1 000
			总硬度(以 $CaCO_3$ 计)	≤450
			硫酸盐	≤250
			氯化物	≤250
			高锰酸盐指数 COD_{Mn}	≤3.0
			硝酸盐(以 N 计)	≤20
			亚硝酸盐(以 N 计)	≤0.02
			氨氮(NH_4)	≤0.2

(5) 环境空气质量标准

沿线环境空气质量执行《环境空气质量标准》(GB 3095—1996)之二级标准。

表 1.4-6 环境空气执行标准 单位:mg/m³

标准名称	标准类别	主要污染物标准值	
《环境空气质量标准》(GB 3095—1996)	Ⅱ类	PM_{10}	0.15(24 h)

(6) 电磁辐射评价标准

① 无线电干扰执行《高压交流架空送电线无线电干扰限值》(GB 15707—1995)的规定,以 110 kV 电压下在 0.5 MHz 频率时产生的无线电干扰限值为 46 dB(μV/m)。

② 送变电设施的工频电场、磁场强度,根据《500 kV 超高压送变电工程电磁辐射环境影响评价技术规范》(HJ/T 24—1998)的规定,推荐以 4 kV/m 作为居民区工频电场评价标准,推荐应用国际辐射保护协会关于对公众全天辐射时的工频限值 0.1 mT 作为磁感应强度的评价标准。

③ 出入段线电磁辐射干扰对居民电视接受质量的影响,参照国际无线电咨询委员会(CCIR)推荐的图像损伤制衡量方法,以信噪比大于 35 dB 作为评价标准。

(中略)

5 环境监理工作内容

5.1 环境监理入场前已经开展的施工内容回顾

5.2 设计审核阶段工作内容

5.2.1 收集资料

环境监理部主要收集以下资料:

环境影响评价报告书及其批复、项目初步设计、施工图设计、施工组织设计、环保设计、施工承包合同环保专项条款、施工方案、招投标文件、施工期环境管理体系等相关资料。

5.2.2 设计文件环保核查

本项目设计阶段的环境监理要点汇总于表 5.2-1、表 5.2-2。

表 5.2-1　设计阶段环境监理要点一览表

序号	项目	报告书及批复提出的环保措施	环境监理要点	监理方法	监理成果
1	环境敏感目标	车站风亭与周边敏感目标最小控制距离不小于15 m;距高架线外轨中心线30 m处的噪声应达到昼间70 dB(A)/夜间60 dB(A)的铁路边界噪声限值,30 m内的声环境敏感建筑应满足各自相应功能要求,不满足功能要求的,应采取搬迁或功能置换措施	根据本项目线路走向图和设计文件中的图,并结合现场勘察,核实建成后风亭与周边环境敏感目标的最小距离是否满足15 m要求。对报告书中提出的拆迁工作,现场踏勘核实拆迁工程的范围,若风亭设计位置和拆迁距离不能满足环评及批复要求,监理单位将及时提醒建设单位采取补救措施	资料审查 现场调查	监理报告 照片
2	主体工程设计	车辆段总图设计	审查本项目车辆段的总平面布置与环评的相符性,包括废水处理设施、办公区、生活区等,核实总平面布置的变动情况	资料审查 现场调查	监理报告 照片
		规模、线路走向、变电站、车站	审查本项目设计文件中的线路走向是否与环评一致,审查主变电站的数量,位置与环评的一致性,审查设计文件中的车站的数量、车站形式与环评的一致性。对发现不符之处告知建设单位,及时做好修编工作	资料审查	监理报告
		线路施工方案设计	审查设计文件中的各车站区间、高架区间的施工方案与环评的一致性	资料审查 现场调查	监理报告 照片
3	施工组织设计	关于施工扬尘、废水、噪声、弃土、建筑垃圾等污染减缓措施	审查施工单位的施工组织设计中的环保篇章,是否制定了本项目的相关污染防治措施,审核其与环评的一致性	资料审查	监理报告
		施工方式	审查施工组织设计中的施工方案与环评的一致性。	资料审查	监理报告
		环保管理体系	审查施工单位的环保管理体系是否明确责任,切实有效。审查是否变质施工期环境管理手册	资料审查	监理报告

（续表）

序号	项目	报告书及批复提出的环保措施	环境监理要点	监理方法	监理成果
4	施工方案与环评报告及批复文件的符合性	/	重点审核施工方案中施工期间的污染防治措施落实情况。重点关注其中弃土的去向，审查弃土委托处置协议，审查弃土场设置情况、大小、规模及容量，审查弃土场的扬尘防治措施及水土保持措施	资料审查 现场巡查	监理报告
5	噪声、振动防治系统设计	认真落实振动、噪声防治措施	审查风亭消声器、低噪声冷却塔的采购协议中的相关参数、重点关注其降噪效果是否与环评一致；审查直立声屏障的采购协议，关注其高度等相关参数；审查桥梁轨道采购文件，关注其采用的轨道类型与环评的一致性；审查车辆段设备采购协议，重点关注其设备选型是否采用低噪声设备；审查设计文件中有无风亭废气除臭措施，提醒建设单位做好风亭的除臭设备安装	资料审查	监理报告
			审查设计文件、采购文件中车辆选型，关注其振动防护措施及振动指标是否满足环评要求；审查设计文件中是否采用钢轨无缝线路；审查设计文件及采购文件中的扣件类型、弹性支承块整体道床、橡胶减振垫、钢弹簧浮置板道床是否与环评一致	资料审查	监理报告
6	废水处理系统设计	具有接管条件的车站污水经处理后接管；不具备接管条件的车站近期化粪池处理后委托环卫清运，远期接管；车辆段废水处理后回用，其他废水经生物膜一体化处理后外排，远期接管。	审查设计文件中各车站化粪池设计参数；审查污水管网设计图纸，审查各个车站废水接管设计；审查车辆段废水设计工艺与环评的一致性，审查废水回用系统的设计文件，关注其回用管的直径、长度、走向；审查各车站污水处理后去向，核实设计文件中有无车站污水接管内容，对无接管条件的车站，及时提醒建设单位做好废水去向设计，对于前期化粪池处理后抽运的，审查其车站日人流量及废水产生量，审查抽运的频次及去向	资料审查	监理报告

表 5.2-2　设计阶段环境监理要点一览表(附表,各标段)

序号	标段	项目	环境监理要点	监理方法	监理成果
1	NH-TA01 标	噪声防治	审查设计文件中 01 标的风亭消声器的长度是否满足 3 m 要求;审查设计文件中冷却塔设备选用型号是否满足国家标准,同时审查冷却塔风口的消声器是否设计。	资料审查	监理报告
		振动防治	审查设计文件中 01 标的道床的选用型号,是否与环评中钢弹簧浮置板道床一致,设计的长度是否为 420 m。		
		废水防治	审查设计文件中 01 标涉及车站的废水处理方式是否为化粪池处置,审查化粪池的设计参数,对于化粪池容量不能满足环评要求的,监理单位建议建设单位重新设计;审查设计文件中污水管网的设计参数及废水去向,对近期无接管能力,远期接管市政管网的,要求建设单位明确环卫抽运的频次、抽运去向。		
		固废防治	审查设计文件中车站中固废收集箱的个数;审查设计文件中固废的最终去向。		
		废气防治	审查风亭附近的绿化设计是否满足环评要求;对环评中未提出的风亭防臭措施,监理单位建议其增加风亭的防臭措施。		
		施工方式	审查设计文件中施工单位的施工方式是否采用暗挖/盾构的方式进行。审查设计文件中施工过程产生的土方处置去向。		
		施工内容	检查设计文件中 01 标的施工内容是否与环评一致:建设南京南站—景明佳园站区间以及景明佳园车站;审查设计文件中 01 标车站的设置形式与环评的一致性;审查设计文件中 01 标的线路走向与环评的一致性;审查设计文件,对不符合环评的设计内容提出整改要求。		
2	NH-TA02 标	噪声防治	审查设计文件中 02 标风亭消声器的长度是否满足 3 m 要求;审查设计文件中冷却塔设备选用型号是否满足国家标准,同时审查冷却塔风口的消声器是否设计;审查设计文件中的活塞风亭绿化设计。	资料审查	监理报告
		振动防治	审查设计文件中 02 标的道床的选用型号,是否与环评中钢弹簧浮置板道床一致,设计的长度是否为 190 m;审查设计文件中 02 标段扣件类型是否为 ZB 型扣件,设计长度是否为 290 m。		

（续表）

序号	标段	项目	环境监理要点	监理方法	监理成果
2	NH－TA02 标	废水防治	审查设计文件中 02 标涉及车站的废水处理方式是否为化粪池处置，审查化粪池的设计参数，对于化粪池容量不能满足环评要求的，监理单位建议建设单位重新设计；审查设计文件中污水管网的设计参数及废水去向，对近期无接管能力，远期接管市政管网的，要求建设单位明确环卫抽运的频次、抽运去向。	资料审查	监理报告
		固废防治	审查设计文件中车站中固废收集箱的个数；审查设计文件中固废的最终去向。		
		废气防治	审查风亭附近的绿化设计是否满足环评要求；对环评中未提出的风亭防臭措施，监理单位建议其增加风亭的防臭措施；审查风亭的风口方向设计是否与环评一致。		
		施工方式	审查设计文件中施工单位的施工方式是否采用盾构的方式进行。审查设计文件中施工过程产生的土方处置去向。		
		施工内容	检查设计文件中 02 标的施工内容是否与环评一致：建设景明佳园站—铁心桥站区间及铁心桥车站；审查设计文件中 02 标车站的设置形式与环评的一致性；审查设计文件中 02 标的线路走向与环评的一致性；审查设计文件，对不符合环评的设计内容提出整改要求。		
3	NH－TA03 标	噪声防治	审查设计文件中 03 标段风亭消声器的长度是否满足 3 m 要求，审查排风亭口外部是否设计消声百叶，风口方向是否背离敏感点；审查设计文件中冷却塔设备选用型号是否满足国家标准，同时审查冷却塔风口的消声器是否设计；审查冷却塔北侧是否设计 5 m 高的隔声屏。	资料审查	监理报告
		振动防治	审查设计文件中 03 标的道床的选用型号，是否与环评中钢弹簧浮置板道床一致，凤翔花园附近设计的长度是否为 150 m，凤翔山庄三区、四区设置长度是否满足 200 m；审查设计文件中 03 标段中春江新城将军坊/正和坊、春江新城牛首坊/隐龙坊、春江第二幼儿园附近扣件类型是否为 ZB 型扣件，设计长度是否为 600 m。		

（续表）

序号	标段	项目	环境监理要点	监理方法	监理成果
3	NH－TA03 标	废水防治	审查设计文件中 03 标涉及车站的废水处理方式是否为化粪池处置，审查化粪池的设计参数，对于化粪池容量不能满足环评要求的，监理单位建议建设单位重新设计；审查设计文件中污水管网的设计参数、及废水去向，对近期无接管能力，远期接管市政管网的，要求建设单位明确环卫抽运的频次、抽运去向。	资料审查	监理报告
		固废防治	审查设计文件中车站中固废收集箱的个数；审查设计文件中固废的最终去向。		
		废气防治	审查风亭附近的绿化设计是否满足环评要求；对环评中未提出的风亭防臭措施，监理单位建议其增加风亭的防臭措施；审查风亭的风口方向设计是否与环评一致。		
		施工方式	审查设计文件中施工单位的施工方式是否采用盾构的方式进行。审查设计文件中施工过程产生的土方处置去向。		
		施工内容	检查设计文件中 03 标的施工内容是否与环评一致：建设铁心桥站—春江新城站区间及春江新城站车站；审查设计文件中 03 标车站的设置形式与环评的一致性；审查设计文件中 03 标的线路走向与环评的一致性；审查设计文件，对不符合环评的设计内容提出整改要求。		
4	NH－TA04 标	噪声防治	/	资料审查	监理报告
		振动防治	审查设计文件中 04 标的线路钢轨采用型号是否为 60 kg/m 钢轨无缝线路。		
		废水防治	审查设计文件中 04 标涉及车站的废水处理方式是否为化粪池处置，审查化粪池的设计参数，对于化粪池容量不能满足环评要求的，监理单位应建议建设单位重新设计；审查设计文件中污水管网的设计参数及废水去向，对近期无接管能力，远期接管市政管网的，要求建设单位明确环卫抽运的频次、抽运去向。		
		固废防治	审查设计文件中车站中固废收集箱的个数；审查设计文件中固废的最终去向。		
		废气防治	/		

（续表）

序号	标段	项目	环境监理要点	监理方法	监理成果
4	NH-TA04 标	施工方式	审查设计文件中施工单位的施工方式是否采用盾构的方式进行。审查设计文件中施工过程产生的土方处置去向。	资料审查	监理报告
		施工内容	检查设计文件中 04 标的施工内容是否与环评一致：建设中和街站、中和街站-黄河路站区间、黄河路站、黄河路站-天河路站区间；审查设计文件中 04 标车站的设置形式与环评的一致性；审查设计文件中 04 标的线路走向与环评的一致性；审查设计文件，对不符合环评的设计内容提出整改要求。		
5	NH-TA05 标	噪声防治	/	资料审查	监理报告
		振动防治	审查设计文件中 05 标的道床的选用型号，是否与环评中钢弹簧浮置板道床一致，西寇村附近设置长度是否满足 340 m。		
		废水防治	审查设计文件中 05 标涉及车站的废水处理方式是否为化粪池处置，审查化粪池的设计参数，对于化粪池容量不能满足环评要求的，监理单位建议建设单位重新设计；审查设计文件中污水管网的设计参数及废水去向，对近期无接管能力，远期接管市政管网的，要求建设单位明确环卫抽运的频次、抽运去向。		
		固废防治	审查设计文件中车站中固废收集箱的个数；审查设计文件中固废的最终去向。		
		废气防治	/		
		施工方式	审查设计文件中施工单位的施工方式是否采用盾构的方式进行。审查设计文件中施工过程产生的土方处置去向。		
		施工内容	检查设计文件中 05 标的施工内容是否与环评一致：建设天河路站、天河路站—新梗街站区间、新梗街站、新梗街站—2＃盾构井区间、2＃盾构井；审查设计文件中 05 标车站的设置形式与环评的一致性；审查设计文件中 05 标的线路走向与环评的一致性；审查设计文件，对不符合环评的设计内容提出整改要求。		

（续表）

序号	标段	项目	环境监理要点	监理方法	监理成果
6	NH－TA06 标	噪声防治	审查设计文件中 06 标段 1 号风亭的风亭消声器的长度是否满足 3 m 以上要求，审查排风亭口外部是否设计消声百叶，风口方向是否背离敏感点；审查设计文件中冷却塔设备选用型号是否满足国家标准，同时审查冷却塔风口的消声器是否设计。	资料审查	监理报告
		振动防治	审查设计文件中 06 标的道床的选用型号，是否与环评中钢弹簧浮置板道床一致，梅山化工厂家属区附近设置长度是否满足 210 m。		
		废水防治	审查设计文件中 06 标涉及车站的废水处理方式是否为化粪池处置，审查化粪池的设计参数，对于化粪池容量不能满足环评要求的，监理单位建议建设单位重新设计；审查设计文件中污水管网的设计参数及废水去向，对近期无接管能力，远期接管市政管网的，要求建设单位明确环卫抽运的频次、抽运去向。		
		固废防治	审查设计文件中车站中固废收集箱的个数；审查设计文件中固废的最终去向。		
		废气防治	审查风亭附近的绿化设计是否满足环评要求；对环评中未提出的风亭防臭措施，监理单位建议其增加风亭的防臭措施；审查风亭的风口方向设计是否与环评一致。		
		施工方式	审查设计文件中施工单位的施工方式是否采用盾构的方式进行。审查设计文件中施工过程产生的土方处置去向。		
		施工内容	检查设计文件中 06 标的施工内容是否与环评一致：建设春江新城站—华新路站区间及华新路站车站；审查设计文件中 06 标车站的设置形式与环评的一致性；审查设计文件中 06 标的线路走向与环评的一致性；审查设计文件，对不符合环评的设计内容提出整改要求。		

（续表）

序号	标段	项目	环境监理要点	监理方法	监理成果
7	NH－TA07 标	噪声防治	/	资料审查	监理报告
		振动防治	审查设计文件中 07 标的道床的选用型号及扣件类型，是否与环评中钢弹簧浮置板道床、ZB 型扣件一致，其中东升裕园附近 ZB 型扣件设计长度是否为 280 m，七彩星城附近 ZB 型扣件是否为 130 m，莲花新城附近 ZB 型扣件是否为 590 m，东升裕园钢弹簧浮置板道床长度是否为 170 m。		
		废水防治	审查设计文件中 07 标涉及车站的废水处理方式是否为化粪池处置，审查化粪池的设计参数，对于化粪池容量不能满足环评要求的，监理单位建议建设单位重新设计；审查设计文件中污水管网的设计参数及废水去向，对近期无接管能力，远期接管市政管网的，要求建设单位明确环卫抽运的频次、抽运去向。		
		固废防治	审查设计文件中车站中固废收集箱的个数；审查设计文件中固废的最终去向。		
		废气防治	/		
		施工方式	审查设计文件中施工单位的施工方式是否采用盾构的方式进行。审查设计文件中施工过程产生的土方处置去向。		
		施工内容	检查设计文件中 07 标的施工内容是否与环评一致：建设华新路站－汪家村站区间、汪家村站、汪家村站－中和街站区间；审查设计文件中 07 标车站的设置形式与环评的一致性；审查设计文件中 07 标的线路走向与环评的一致性；审查设计文件，对不符合环评的设计内容提出整改要求。		

（续表）

序号	标段	项目	环境监理要点	监理方法	监理成果
8	NH－TA08标	噪声防治	审查设计文件中08标段拆迁范围是否为线路两侧30 m，拆迁的户数是否为3户；审查设计文件中AK16＋000—AK16＋300右侧是否设置4.5 m高的声屏障，长度是否满足环评中300 m；审查08标段轨枕的形式是否为梯形轨枕；审查设计文件中隔声窗的面积是否为环评中80 m^2。	资料审查	监理报告
		振动防治	审查设计文件中08标的道床的选用型号，是否与环评中钢弹簧浮置板道床一致，设计文件中西寇村附近钢弹簧浮置板道床长度是否为340 m。		
		废水防治	审查设计文件中08标涉及车站的废水处理方式是否为化粪池处置，审查化粪池的设计参数，对于化粪池容量不能满足环评要求的，监理单位建议建设单位重新设计；审查设计文件中污水管网的设计参数及废水去向，对近期无接管能力，远期接管市政管网的，要求建设单位明确环卫抽运的频次、抽运去向。		
		固废防治	审查设计文件中车站中固废收集箱的个数；审查设计文件中固废的最终去向。		
		废气防治	/		
		施工方式	审查设计文件中施工单位的施工方式2＃盾构井—天保路站区间是否采用盾构的方式进行；其他采用支架现浇方式。审查设计文件中施工过程产生的土方处置去向。		
		施工内容	检查设计文件中08标的施工内容是否与环评一致：建设2＃盾构井—天保路站区间、天保路站、天保路站—生态科技园站区间、生态科技园站—滨江村站区间（江南段）；审查设计文件中08标车站的设置形式与环评的一致性；审查设计文件中08标的线路走向与环评的一致性；审查设计文件，对不符合环评的设计内容提出整改要求。		

（续表）

序号	标段	项目	环境监理要点	监理方法	监理成果
9	NH-TA09标	噪声防治	审查设计文件中09标段西江村新建组线路两侧30 m的拆迁户数是否与环评一致；设计文件中的ZAK23+110—ZAK23+480左侧、AK22+750—AK23+090右侧是否设置3.5 m高吸声屏障710 m；对应线路是否设计设置弹性支承块整体道床。 审查设计文件中AK23+400—AK23+610右侧是否设置4.5 m高吸声屏障210 m，同时对应线路是否设置弹性支承块整体道床。 审查设计文件中西江村中埂组涉及的多拆迁户数是否为4户，同时审查设计文件中AK23+610—AK23+750右侧、AK23+590—AK23+730左侧、ZAK24+060—AZK24+140左侧是否设置3.5 m高吸声屏障360 m，审查对应线路是否设置弹性支承块整体道床，审查设计文件中西江村中埂组零散住户是否设置通风隔声窗80m²。 审查设计文件中西江村光明组多拆迁户数是否为2户；审查设计文件中AK24+580—AK24+880左侧是否设置3.5 m高吸声屏障300 m；审查其对应线路是否设置弹性支承块整体道床，同时是否对零散住户设置通风隔声窗70 m²。 审查设计文件中西江小区多拆迁户数是否为6户，审查ZAK24+880—ZAK25+050左侧是否设置3.5 m高吸声屏障170 m，对应线路是否设置弹性支承块整体道床。 审查设计文件中张村组AK25+080—AK25+300右侧是否设置3.5 m高吸声屏障220 m，同时对应线路是否设置弹性支承块整体道床。 审查张村前河组多拆迁户数是否为8户，审查设计文件中ZAK25+200—ZAK25+400右侧、ZAK25+290—ZAK25+450左侧、AK25+520—AK25+700右侧是否设置3.5 m高吸声屏障共540 m，审查对应线路是否设置弹性支承块整体道床。 审查设计文件中马骡村多拆迁户数是否为7户，审查AK26+460—AK26+680右侧、AK26+900—AK27+100左侧、AK27+200—AK27+400右侧是否设置3.5 m高吸声屏障620 m，审查对应线路是否设置弹性支承块整体道床，并对零散居民住户设置通风隔声窗40 m²。	资料审查	监理报告

（续表）

序号	标段	项目	环境监理要点	监理方法	监理成果
9	NH－TA09 标	振动防治	审查设计文件中 09 标的道床的选用型号，是否与环评中弹性支承块，审查设计文件中西江村中埂组附近弹性支承块长度是否为 220 m，审查设计文件中张村前河组附近弹性支承块长度是否为 200 m。	资料审查	监理报告
		废水防治	审查设计文件中 09 标涉及车站的废水处理方式是否为化粪池处置，审查化粪池的设计参数，对于化粪池容量不能满足环评要求的，监理单位建议建设单位重新设计；审查设计文件中污水管网的设计参数及废水去向，对近期无接管能力，远期接管市政管网的，要求建设单位明确环卫抽运的频次、抽运去向。		
		固废防治	审查设计文件中车站中固废收集箱的个数；审查设计文件中固废的最终去向。		
		废气防治	/		
		施工方式	审查设计文件中施工单位的施工方式是否采用预制箱梁、整孔架设的方式进行。审查设计文件中施工过程产生的土方处置去向。		
		施工内容	检查设计文件中 09 标的施工内容是否与环评一致：建设生态科技园站—滨江村站区间（江北段）、朱石路站；审查设计文件中 09 标车站的设置形式与环评的一致性；审查设计文件中 09 标的线路走向与环评的一致性；审查设计文件中对不符合环评的设计内容提出整改要求。		
10	NH－TA10 标、NH－TA11 标	噪声防治	审查设计文件中双垅村多拆迁户数是否为 5 户，审查 AK29＋750—AK30＋450 左侧、AK30＋580—AK31＋650 左侧、AK31＋350—AK31＋650 右侧是否设置 3.5 m 高吸声屏障 2 070 m，审查对应线路是否设置弹性支承块整体道床，并对零散居民住户设置通风隔声窗 130 m^2。	资料审查	监理报告
		振动防治	审查设计文件中双垅村附近的道床的选用型号，是否与环评中弹性支承块，一致审查设计文件中双垅村附近弹性支承块长度是否为 300 m。		

（续表）

序号	标段	项目	环境监理要点	监理方法	监理成果
10	NH-TA10标、NH-TA11标	废水防治	审查设计文件中10、11标涉及车站的废水处理方式是否为化粪池处置，审查化粪池的设计参数，对于化粪池容量不能满足环评要求的，监理单位建议建设单位重新设计；审查设计文件中污水管网的设计参数及废水去向，对近期无接管能力，远期接管市政管网的，要求建设单位明确环卫抽运的频次、抽运去向。	资料审查	监理报告
		固废防治	审查设计文件中车站中固废收集箱的个数；审查设计文件中固废的最终去向。		
		废气防治	/		
		施工方式	审查设计文件中施工单位的施工方式是否采用预制箱梁、整孔架设的方式进行。审查设计文件中施工过程产生的土方处置去向。		
		施工内容	检查设计文件中10、11标的施工内容是否与环评一致：建设滨江村站—步月路站、步月路站、步月路—林中路站、林中路站—林东站、林中路站、林东站；审查设计文件中10、11标车站的设置形式与环评的一致性；审查设计文件中10、11标的线路走向与环评的一致性；审查设计文件，对不符合环评的设计内容提出整改要求。		
11	NH-TA12标	噪声防治	审查设计文件中12标段林东村线路两侧30 m的拆迁户数是否与环评一致，是否另设置通风隔声窗90 m^2。 审查设计文件中林山村南埂组多拆迁户数是否为1户，审查设计文件中的AK35＋000—AK35＋230左侧是否设置3.5 m高吸声屏障230 m；对应线路设计设置弹性支承块整体道床，另设置通风隔声窗40 m^2。 审查设计文件中林山村高楼组多拆迁户数是否为3户，审查设计文件中的AK35＋355—AK35＋650左侧是否设置4.5 m高吸声屏障295 m，右侧的声屏障是否与南一村集中农民居住区声屏障设置相同；对应线路是否设置弹性支承块整体道床。 审查设计文件中的南一村集中农民居住区AK35＋355—AK35＋650右侧是否设置4.5 m高吸声屏障295 m，对应线路是否设置弹性支承块整体道床。	资料审查	监理报告

（续表）

序号	标段	项目	环境监理要点	监理方法	监理成果
11	NH－TA12 标	噪声防治	审查设计文件中南一村高西组多拆迁户数是否为 1 户，审查设计文件中的 AK36＋700—AK36＋975 左侧、AK36＋900—AK36＋975 右侧是否设置 3.5 m 高吸声屏障 350 m；对应线路是否设置弹性支承块整体道床，零散住户是否设置通风隔声窗 40 m^2。 审查南一村小狄组 1 是否多拆迁 1 户，其余设置通风隔声窗 50 m^2。 审查南一村小狄组 2 是否设置通风隔声窗 70 m^2。 审查车辆段车辆的选型是否符合国家标准的低噪声设备，同时采用电机变频调节技术，审查车辆段设备是否设计安装隔振机座、减振垫，管道是否采用弹性连接，通风排风设备是否安装效应器。 审查试车线段东侧是否设计建设 2.5 m 高的实体围墙，长度是否为 1 600 m。	资料审查	监理报告
		振动防治	审查设计文件中车辆段设备是否采用隔振机座、减振垫，审查设计文件中管道是否采用弹性连接。		
		废水防治	审查设计文件中 12 标涉及车站的废水处理方式是否为化粪池处置，审查化粪池的设计参数，对于化粪池容量不能满足环评要求的，监理单位建议建设单位重新设计；审查设计文件中污水管网的设计参数及废水去向，对近期无接管能力，远期接管市政管网的，要求建设单位明确环卫抽运的频次、抽运去向。 审查设计文件中车辆段的生活污水（含粪便污水）经化粪池及生物膜一体化处理工艺处理；洗车污水经调节沉淀、处理及回用装置、消毒处理，洗车污水处理后考虑回用；生产含油污水经中和、沉淀、隔油、气浮、过滤等工艺处理。处理后排入市政污水管网。		
		固废防治	审查设计文件中车站中固废收集箱的个数；审查设计文件中固废的最终去向。 审查设计文件中车辆段的定期更换的电动车组用废蓄电池去向。		
		废气防治	审查设计文件中车辆段油烟是否采用油烟净化系统处置。		

（续表）

序号	标段	项目	环境监理要点	监理方法	监理成果
11	NH－TA12 标	施工方式	审查设计文件中施工单位的施工方式采用预制箱梁、整孔架设的方式进行。审查设计文件中施工过程产生的土方处置去向。	资料审查	监理报告
		施工内容	检查设计文件中 12 标的施工内容是否与环评一致，建设林东站—经六路站区间、经六路站、经六路站—黄里站区间、黄里站、黄里站—终点区间；审查设计文件中 12 标车站的设置形式与环评的一致性；审查设计文件中 12 标的线路走向与环评的一致性；审查设计文件中车辆段的平面布置与环评的一致性，审查设计文件中有关环保设施内容与环评的一致性，审查车辆段废水去向，审查设计文件，对不符合环评的设计内容提出整改要求。		

5.3 施工阶段工作内容

5.3.1 环保达标监理

本项目施工阶段由于土方开挖量大，施工路线长等原因，在施工过程中不可避免的产生扬尘、噪声、施工废水、施工垃圾，以及施工人员产生的生活污水、生活垃圾均将造成环境污染问题。因此本次施工期环保达标监理内容主要包括水、气、声、渣的防治措施。施工阶段环保达标监理主要内容汇总于表 5.3-1。

表 5.3-1　施工阶段环保达标监理

类别	报告书及批复提出的环保措施及要求	监理内容和要点	监理方法	监理成果
噪声防治	• 施工单位应尽量选用低噪声施工设备，噪声较大的机械如发电机、空压机等尽量布置在偏僻处或施工场地的中央，远离居民区、学校、医院等声环境敏感点，并采取定期保养，严格操作规程。 • 优化施工方案，合理安排工期。 • 使用商品混凝土的，不在施工场地内进行混凝土搅拌作业。 • 夜间禁止打桩，确需使用的，应报经南京市环保局批准。夜间尽量安排盾构、吊装等低噪声施工作业。 • 运输车辆进出施工场地的出入口应安排在远离敏感点的一侧。 • 施工场地靠近敏感建筑一侧的，设置临时 3～4 m 高声屏障，施工场地内的临时房屋建议建于敏感点分布一侧。 • 施工期应加强对沿线与施工场地临近敏感点的噪声监测，根据监测结果适时采取噪声防护措施。	• 现场审查施工设备是否属于低噪声设备，噪声大的设备是否做到合理布置。 • 现场检查施工单位施工作业时间安排，对夜间施工的检查其夜间施工许可证。 • 检查现场混凝土使用情况，监督其是否存在现场混凝土搅拌作业行为。 • 检查施工现场的厂平布置，督促施工单位出入口设置安排在远离敏感目标侧。 • 对高考、青奥等特殊时期，督查其高噪声设备运行情况，严禁噪声超标。 • 检查施工现场是否设置临时声屏障，并督查其高度、长度是否满足隔声降噪要求。 • 开展环境噪声监测，监测噪声达标情况，核实施工单位噪声防治效果。	资料审查 现场巡查 环境监测	监理报告 照片
振动防治	• 科学合理布局，在满足施工作业的前提下，应充分考虑施工场地布置与周边环境的相对位置关系。 • 在保证施工进度的前提下，优化施工方案，合理安排作业时间。 • 区间段采用盾构法施工的，应事先对离隧道较近的敏感点详细调查、做好记录，对可能造成的房屋开裂、地面沉降等影响采取加固等预防措施。 • 在工程施工和监理中设专人负责，确保施工振动控制措施的实施。	• 检查施工区域布局是否合理，是否做到固定振动源集中设置，是否做到远离敏感目标。 • 监督施工单位合理安排施工作业时间，限制其夜间进行强振动施工。 • 监督施工环境管理体系建设情况，督促施工单位设置专人负责，确保振动防治措施得到有效实施。 • 选择代表性敏感点进行实际监测，根据监测报告督促施工单位采取相应减振措施。	资料审查 现场巡查 环境监测	监理报告 照片

（续表）

类别	报告书及批复提出的环保措施及要求	监理内容和要点	监理方法	监理成果
空气防治	•建筑工地周围必须设置不低于 2.5 m 的遮挡围墙。 •施工现场应设专人负责保洁工作，必须保持现场周边环境整洁，所产生的废弃物必须日产日清，工程竣工后必须做到工完场净。 •建筑工地运输车辆的车厢应确保牢固、严密，严禁在装运过程中沿途抛、洒、滴、漏。工地出入口 5 m内应用砼硬化，土方量在 2 万 m^3 以上的，应当在工地出入口安装自动洗轮装置。运输车辆应当在除泥、冲洗干净后，方可驶出施工工地。 •在拆迁和开挖干燥土面时，应适当喷水，使作业面保持一定的湿度。 •施工现场的办公区和生活区应当进行绿化和美化，热水锅炉、炊事炉灶等应采用清洁燃料。 •本工程位于城市中心区或近郊区，对混凝土浇注量超过 10 m^3 的工程，就应当使用预混凝土。若因商品混凝土生产企业的生产能力不足或运输困难等其它原因，需在现场搅拌混凝土的，应由建设单位提出书面申请，报请市商品混凝土管理办公室审核批准。 •运输车辆和各类燃油施工机械应优先使用含硫量低于 0.02％的低硫汽油或含硫量低于 0.035％的低硫柴油，机动车辆排放的尾气应满足标准要求。	•检查施工场地是否设置遮挡围墙，并核实遮挡围墙的高度是否能够起到防尘作用。 •监督施工现场的洒水频次，以及道路清扫频次。 •检查出入施工厂区内的车辆密闭情况，一旦发现抛、洒、漏、滴现场，立即阻止。 •检查施工场地内的道路硬化情况，并检查在出入口是否安装自动冲洗平台。 •检查在拆迁及开挖干燥土面时，是否做到及时喷水，确保作业面能够保持湿度不起扬尘。 •检查临时居住用地的临时炊事炉灶的燃料使用情况，严格要求其采用清洁能源。 •检查施工现场是否存在混凝土搅拌作业，对存在现场混凝土搅拌作业的，检查其申请许可证。 •开展现场大气监测，核实施工达标情况，对监测不达标站点下发整改通知单，要求做好扬尘防治措施。 •现场巡查施工过程中的扬尘防治措施是否满足《南京市扬尘防治管理办法》。	资料审查 现场巡查 环境监测	监理报告 照片

（续表）

类别	报告书及批复提出的环保措施及要求	监理内容和要点	监理方法	监理成果
水污染防治	•施工期做好施工场地排水体系设计。施工场地内设置化粪池，并接入市政管网，不能接管的，环卫定期清运；在施工场地设沉淀池，施工污水经沉淀处理后回用于场地冲洗、绿化、洒水防尘；盾构施工泥浆水经泥水分离系统处理后污水全部回用，污泥经干化后与工程弃渣一并外运至指定地点由市渣土管理部门统一处置。 •设计及施工单位应根据沿线地形，对地面水的排放进行组织设计，严禁施工污水乱排、乱流污染道路、周围环境或淹没市政设施。 •制定严格的施工管理制度：设置生活垃圾临时堆放点，施工过程中产生的生活垃圾应定点存放，定期由环卫部门清运，严禁乱丢乱弃；严禁向沿线附近水体倾倒残余燃油、机油、施工废水和生活污水。 •施工中应做到井然有序地实施施工组织设计，严禁暴雨时进行挖方和填方施工。雨天时必须在临时弃土、堆料表面覆盖篷布等覆盖物，以防止弃土在暴雨的冲刷下，进入附近水体，对水体造成污染。 •在施工阶段成立有效的环保机构，设立专职或兼职环保人员有效地监管、监控、监督施工过程中的各项环保措施的落实。 •地铁车站深基坑开挖应采用地下水排水量少的止水、降水工艺，并考虑回灌等措施以保护地下水资源。 •在做好地表水防护措施的同时，施工过程中也应对地下水进行防护，防止地下水水质污染及地下水水量下降和地面沉降。 •避免过量抽排地下水。	•监督检查施工场地内的排水设计体系的合理性及最终去向，严禁随意排放。 •检查施工场地内的化粪池设置情况，是否接管市政管网，或由环卫定期清运。 •检查施工场地的沉淀池设置的参数情况，是否满足厂内施工废水的囤积。 •检查处理后的废水回用去向。 •检查污泥干化后与工程气渣的统一去向。 •检查施工现场的生活垃圾临时堆放点及堆放设施，并检查其最终去向。 •检查临时弃土、堆料表面覆盖情况，是否做到雨天不被冲刷至附近水体。 •开展施工期水环境监测，监测废水达标情况。 •检查施工过程中深基坑开挖时采用的工艺是否能够满足地下水排水量少的止水、降水工艺。 •检查施工过程中深基坑开挖时是否做到回灌，保护地下水。 •检查施工过程中是否长时间、过量抽用地下水，对于长时间过量抽用地下水的，监理单位将严厉禁止。 •检查施工单位在钻孔灌注桩等基坑支护和维护工作的用水来源。 •监督隧道施工后，是否及时采取注浆、衬砌或喷锚支护措施，控制地下水排泄。	资料审查 现场巡查 环境监测	监理报告 照片

（续表）

类别	报告书及批复提出的环保措施及要求	监理内容和要点	监理方法	监理成果
水污染防治	• 做好地下连续墙和钻孔灌注桩等基坑支护和基坑围护止水，采用基坑内降水。 • 在满足降水要求的前提下，降水管井优先选用细目过滤器。 • 对于明挖、暗挖法施工的隧道，施工面开挖后应及时封堵地下水，并采取注浆、衬砌或喷锚支护措施，控制地下水的排泄。 • 加强对开挖地段周围的地下水水位观测和地面建筑物的沉降变形观测。	• 根据地下水位观测和地面建筑物沉降变形观测报告，核实下水是否受到污染。 • 监测大胜关桥轨道安装时的作业方式，审查其废水排放去向及危险化学品的管理方式。	资料审查 现场巡查 环境监测	监理报告 照片
固废防治	• 建设单位应根据《南京市建筑垃圾和工程渣土处置管理规定》办理渣土处置手续，运输渣土必须经市市容主管部门批准。 • 施工单位应配备管理人员对渣土垃圾的处置实施现场管理，渣土运输的车辆必须设置密闭式加盖装置，并按规定的时间、地点和路线进行。 • 建设单位和施工单位应积极与南京市市容主管部门联系，渣土消纳应尽可能与城市建设相结合，并按南京市市容主管部门最终确定的场地消纳渣土。	• 检查弃土处理是否符合相关管理规定，是否与市市容主管部门签订渣土处置协议，解决渣土消纳去向。 • 检查渣土运输车辆的密闭措施，并跟进其运输的路线及运输时间，督查其是否在运输过程中存在扰民现象。 • 检查弃土场的水土保持措施，检查弃土场的水土保持效果。	资料审查 现场巡查	监理报告 照片
城市、生态保护	• 在施工前，对沿线所涉及的道路和各种地下管线进行详细调查，并提前协同有关部门确定拆迁、改移方案，做好各项应急准备工作。 • 施工期除在交叉路口采用“就近便道”分流外，城市道路交通车辆走行应进行分流规划，对施工机械及运输车辆走行路线进行统一安排，施工道路上应减少交通流量，以防止交通堵塞。	• 审查施工单位施工前对各沿线设计的道路及管线的调查资料，审查拆迁、改移方案。 • 审查施工现场占用道路时是否设置“就近便道”分流。 • 审查施工单位用电及用水的管线接引方案，是否满足相关要求。 • 检查地表沉降报告，对有沉降的施工区域，督促施工单位做好补救措施，地面沉降报告参考路桥指挥中心提供的监测报告。	资料审查 现场巡查	监理报告 照片

（续表）

类别	报告书及批复提出的环保措施及要求	监理内容和要点	监理方法	监理成果
城市、生态保护	•施工期间用电负荷和用水量均较大，施工单位应提前与有关部门联系，确定管线接引方案，并提前做好临时管线的接引，对局部容量不足区段，应事先进行管线的改造，防止临时停电、停水或影响附近地区的正常供水供电。 •建设单位应委托有资质的单位，加强工程沿线区域的地表沉降观测，当出现异常沉降情况时，应立即停止施工，并采取有效的补救措施，确保工程沿线地表建筑物的安全。对盾构施工引起的管线、道路路面和建筑物的破坏应随时维修恢复。 •施工单位应根据《南京市城市绿化管理条例》有关条例的要求，对占用绿地以及砍伐、移植树木，需报请南京市园林局同意、办理临时用地手续和树木砍伐证、移植证后，方可实施。施工场地应尽可能采用临时绿化措施，施工完毕后应尽快清理场地、为绿化创造条件。 •建设单位和设计单位应重视沿线的文物保护工作，并严格执行南京市有关文物保护的规定和要求。施工过程中如发现地下文物，应立即停止施工，保护现场，并及时通知文物、公安、工商等相关部门，由其派员到场处理。	•检查施工单位临时绿地、砍伐、移植树木手续；监督施工单位对占用地是否采用临时绿化措施，检查施工完成后的施工便道的恢复状况，是否做到绿化修复或作为永久性道路。 •根据《江苏省政府关于印发江苏省生态红线区域保护规划的通知》，本项目距离南京绿水湾国家湿地公园较近，因此在施工过程中监理方会加强这段施工检查，严禁占用绿水湾国家湿地公园内区域作为轨道基地等临时施工场地。同时根据生态红线图，线路会穿越绿水湾国家湿地公园下方的长江堤岸桥林段生态公益林，因此，重点监督这段施工单位的生态保护措施，并严格监督临时施工场地是否设置在生态公益林范围内；主要关注施工单位在施工过程中的施工便道是否占用生态红线，施工单位的施工营地是否占用生态红线，施工单位的生活垃圾及生活污水是否向生态红线区域排放，施工单位的材料堆场是否占用生态红线，施工单位在施工过程中的扬尘防治挡板是否能防止扬尘向生态红线输送，施工单位人员在施工作业期间是否存在破坏生态红线区域行为。 •监督下穿铁心桥古墓葬群区时施工单位的文物保护措施，旁站其施工过程中对发现文物的保护及处置方式。审查其施工前的勘探资料；审查其施工过程中的减振行为，防止古墓群的塌方；审查其发现文物时的处置方式，是否采取禁止停工，立即通知文物等单位进行处理。	资料审查 现场巡查	监理报告 照片

5.3.2 施工阶段环境质量监测方案

为了实现以上施工阶段环保达标监理的科学性和规范性，本次监理拟对噪声、振动、大气、地表水污染程度进行定量分析，进行施工期的环境质量监测。

施工期的环境监测通过观察、分析数据可及时、准确地发现建设项目施工过程中对环境的影响以及建设项目环保措施落实效果、提醒施工和建设单位采取更加科学合理的环保措施，避免造成环境污染事件和不必要的环保纠纷事件。通过开展施工期环境监测工作，有利于监理人员提早发现一些潜在的环境问题，避免环境污染事件的发生；通过监测数据使施工单位和建设单位更直观地认识到环境监理人员指出的环境污染问题的客观存在性和环境保护工作的重要性，采纳环境监理工程师提出的意见和建议。

本项目施工期的环境质量监测计划列于表 5.3-2。

表 5.3-2 本项目施工期的环境质量监测计划

环境要素	监测位置	监测项目	监测频次	监测时间
声环境	施工厂界处(所有标段的施工项目地)	等效连续 A 声级	1 次/季度	昼、夜间各监测 1 次
振动环境	施工厂界周边敏感点(所有标段的施工项目地)	垂铅垂向 Z 振级 VL_{Z10}	1 次/季度	每次监测 1 昼夜
地表水环境	施工营地生活污水及生产废水(铁心桥站、汪家村站、步月路站、桥林车辆段)	pH、SS、COD、氨氮	1 次/季度	每次监测 1 天
环境空气	施工场地(铁心桥站、新梗街站、桥林车辆段)	TSP	1 次/季度	/
地下水环境	铁心桥站、汪家村站、中和街站、黄河路站、新梗街站、步月路站、桥林车辆段外围 10 m	TDS、总硬度、硫酸盐、氯化物、硝酸盐氮、亚硝酸盐、氨氮	1 次/半年	/
声环境	沿线的所有敏感目标	等效连续 A 声级	1 次/季度	昼、夜间各监测 1 次

5.4 试运行阶段工作内容

5.4.1 试运行阶段监测方案

试运行期间，为保证日常污染物排放符合环保要求，核实各项环保设施的处理效果，可通过现场监测的手段进行定量分析。监测方案如表 5.4-1 所示。

表 5.4-1　试运行阶段监测方案

类别	监测点位置	监测项目	监测频次
声环境	沿线声环境敏感目标	等效连续A声级	2次
振动环境	小荷塘、大荷塘、凤翔花园、春江新城新河苑、梅山化工厂家属区、七彩星城、友谊公寓、西窕村、东升园	铅垂向Z振级 VL_{Z10}	2次
地表水环境	车辆段、未接管车站废水排放口	pH、SS、COD、石油类、氨氮	2次
电磁环境	主变电所	工频电磁场、无线电干扰场	2次

5.4.2　试生产阶段环境监理要点

本项目试运行阶段环境监理工作主要内容汇总于表5.4-2。

（中略）

表 5.4-2　运行阶段环境监理要点

项目	环评及批复要求	监理要点	监理方法	监理成果
运行状况	/	• 审查轨道交通的日运行批次是否与环评一致； • 审查车辆运行过程中的运行状况，是否做到稳定运行； • 监测车辆在运行过程中产生的噪声情况，是否能够与采购合同中的噪声标准一致； • 检查车辆检修过程中产生的固体废物及废水的排放去向。	资料审查 现场巡查 现场监测	监理报告 监理照片 监测报告
噪声	噪声、振动达到相应标准要求。	• 核实车站风亭与周边环境敏感目标的最小距离是超过 15 m； • 核实拆迁范围内的拆迁情况，对未拆迁的，下发监理联系单，要求做好拆迁工作； • 现场监测列车运行时沿线的隔声屏、风亭等降噪达标情况； • 现场监测列车运行时，沿线敏感目标的噪声达标情况。	资料审查 现场巡查 现场监测	监理报告 监测报告 监理照片
振动		• 督查工程车辆选型，重点关注其振动防护措施及振动指标，是否能够满足环评要求； • 检查沿线振动范围内是否存在新建敏感点，对发现的问题及时联系建设单位，要求其与规划部门联系，合理规划城市建设； • 根据振动监测结果核实实际减振效果的达标性。	资料审查 现场巡查 现场监测	监理报告 监测报告
电磁防护	根据实际情况，对敏感区设置合理的防护距离，并考虑噪声防护，建议远离学校、医院、幼儿园和居民密集区等敏感建筑 20 m。	• 核实主变电站周边 20 m 范围内有无敏感目标，以及新建敏感目标。 • 监测变电站的辐射强度是否满足标准要求。	现场巡查 现场监测	监理报告 监理照片 监测报告

（续表）

项目	环评及批复要求	监理要点	监理方法	监理成果
地表水防护	•景明佳园站、铁心桥站、春江新城站、华新路站、汪家村站污水经收集预处理达接管标准后，纳入市政污水管网收集系统；对于目前不具备纳管条件的车站，近期经化粪池处理后，委托环卫部门定期清运，远期纳入市政污水管网收集系统；桥林车辆段冲洗废水经沉淀处理后回用，其他生产污水及生活污水经生物膜一体化处理工艺处理达《污水综合排放标准》(GB 8978—1996)一级标准后外排，远期纳入市政污水管网收集系统。	根据监测报告核实各车站废水处理达标情况： •检查景明佳园站、铁心桥站、春江新城站、华新路站、汪家村站的废水是否接管至市政污水管网；其他车站废水经化粪池处理后是否由环卫定期抽运，检查其抽运协议，检查协议中的抽运频次，对不能满足抽运频次的站点，要求加强抽运，并核实抽运后废水去向，严禁废水随意排放。 •根据车辆段监测报告，核实桥林车辆段冲洗废水经沉淀池处理后，废水是否达到回用标准； •根据监测报告核实桥林车辆段生活污水及其他生产废水接管至生物膜一体化处理装置后的处理达标情况，并核实废水是否具备接管条件； •检查各车站接管污水厂运行情况，以及接管的可行性。	资料审查 现场巡查 现场监测	监理报告 监测报告

6 环境监理机构

6.1 监理人员

略。

6.2 环境监理人员的职责

略。

6.3 环境建立设施

略。

6.4 环境监理工作及事故处理程序

6.4.1 环境监理工作程序

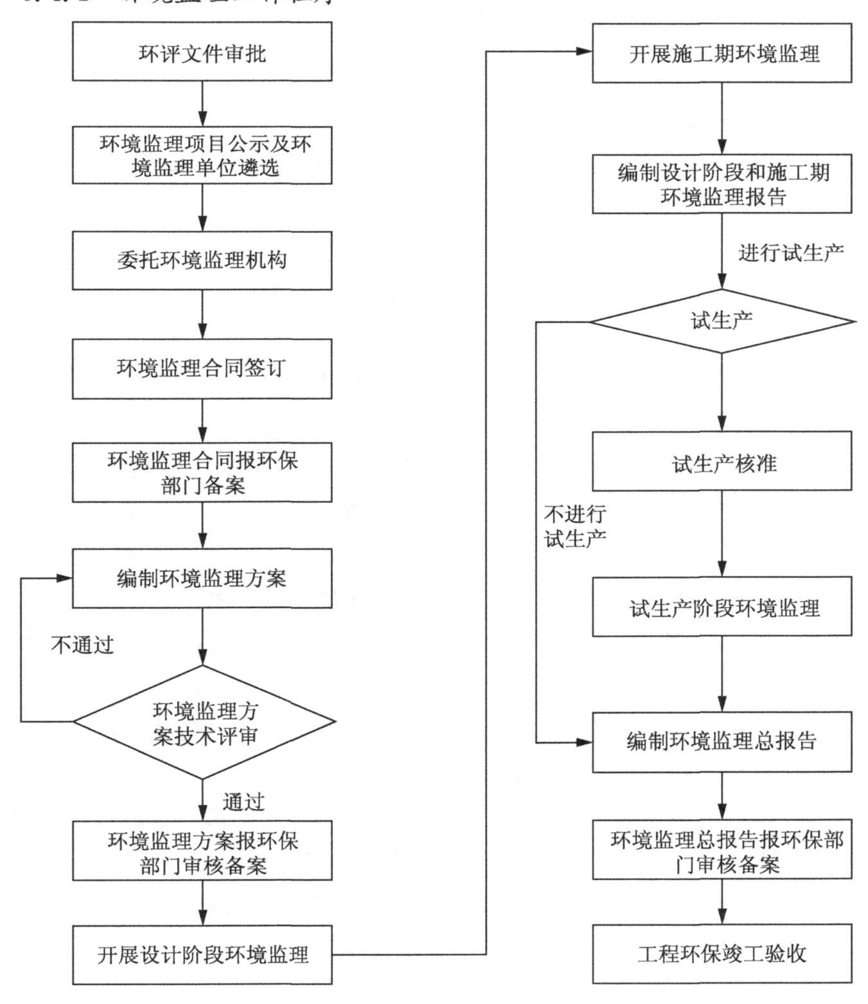

图 6.4-1 环境监理工作程序图

6.4.2 污染事故处理程序

(1) 环境监理机构及人员发现建设项目施工中存在如下问题时，将及时向项目建设单位和环境保护行政主管部门报告：

① 项目施工过程中存在超过国家或地方环境保护标准排放污染物的环境违法行为。

② 项目实施过程中存在污染扰民的情况。

③ 项目实施过程中存在生态破坏，或未按照环境影响评价及批复要求实施生态恢复的。

④ 项目实施过程中未对自然保护区、风景名胜区、水源保护区实施有效环境保护，造成破坏的。

⑤ 环境污染治理设施、环境风险防范设施未按照环境影响评价文件及批复的要求建设的。

⑥ 环境污染治理设施、环境风险防范设施、施工进度与主体工程施工进度不符合建设项目环境保护“三同时”要求的。

⑦ 项目实施过程中存在其他环境违法行为的。

(2) 环境监理机构及人员发现建设项目施工中出现重大污染事故时，按如下程序处理：

① 环境总监在接到环境监理工程师报告后，应立即与业主代表联系，同时书面通知承包人暂停该工程的施工，并采取有效的环保措施。

② 在发生事故后，承包人除口头报告环境监理工程师外，应事后书面报告，并填报《工程污染事故报告单》(附事故初步调查报告)至环境监理工程师，污染事故报告初步反映该工程名称、部位、污染事故原因、应急环保措施等。该报告经环境监理工程师签署意见，环境总监审核批准后转报业主。

③ 环境监理工程师和承包人对污染事故继续深入调查，并和有关方面商讨后，提出事故处理的初步方案并填报《工程污染事故处理方案报审表》(附工程污染事故详细报告和处理方案)报环境总监核准后再转报业主研究处理。

④ 环境总监会同业主组织有关人员在对污染事故现场进行审查分析、监测、化验的基础上，对承包人提出的处理方案予以审查、修正、批准，形成决定，方案确定后由承包人填《复工报审表》向环境监理工程师申请复工。

⑤ 环境总监组织对污染事故的责任进行判定。判定时将全面审查有关施工记录。

环保事故处理工作程序见图 6.4-2。

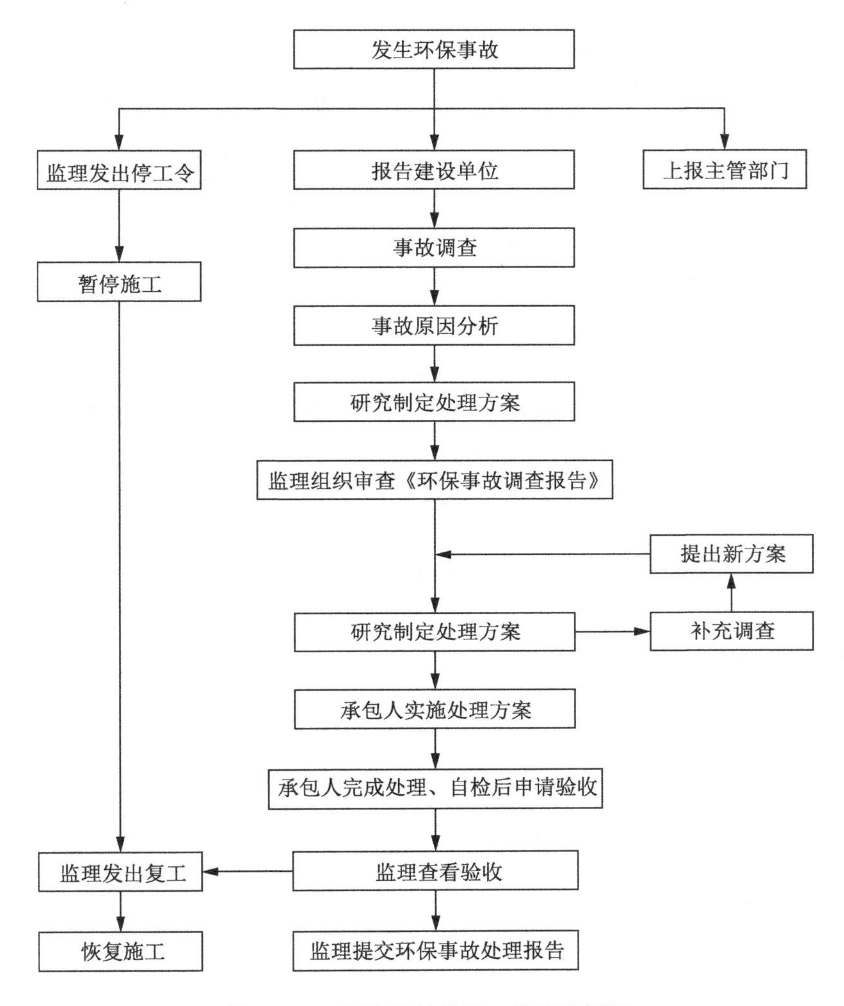

图 6.4-2　污染事故处理工作程序框图

《宁和城际轨道交通一期工程施工阶段总结报告》

（前略）

6　监理情况

6.1　施工期环境保护达标监理

6.1.1　地表水污染防治措施监理

6.1.1.1　环评要求

略。

6.1.1.2　实际落实情况

(1) 施工单位施工生活区生活污水均设置有隔油池、化粪池，处置后就近排入市政污水管网，无污水管网的江北段委托环卫清运。施工场地设有沉淀池，施工污水经沉淀后回用于场内进行场地清洗、绿化、洒水防尘。盾构机施工泥浆均进入泥浆池进行泥水分离，泥浆干化后与工程弃渣、弃土一起运至指定地点。

(2) 施工单位对施工现场设置了排水系统，避免场区的清洗地面废水及雨水等外溢。

(3) 施工场地及生活区均设有垃圾堆放点，并委托环卫清运。

(4) 施工过程中，施工单位均按照施工组织设计进行施工，并对弃土、材料等及时进行覆盖。

6.1.2　地下水污染防治措施监理

略。

6.1.3　环境空气污染防治措施监理

略。

6.1.4　噪声污染防治措施监理

略。

6.1.5　固体废物污染防治措施监理

略。

6.1.6　振动污染防治措施监理

略。

6.1.7　施工期监测监理

略。

6.2　环保设施监理

略。

6.3　生态保护措施监理

（中略）

9　环境监理结论

环境监理单位通过对“宁和城际轨道交通一期工程”的现场环境监理，按照该项目的环境影响报告书、修编报告以及环评审批意见的具体要求，得出如下环境监理结论。

9.1　设计文件环保核查结论

环境监理单位收集本工程的设计文件、施工组织设计、相关的合同等认为：

本项目的线路走向、车站建筑、轨道工程、车辆及附属环保工程基本符合环评报告及批复要求，除增加一个马骡圩站外，未发生重大变化。

9.2 施工期环境保护达标监理结论

环境监理进场后加强对施工现场的环境管理工作监督，采取了巡视、旁站等环境监理方式，督促施工单位严格落实施工期的各项污染防治措施，施工现场未发生严重的环境污染事件。

在项目施工过程中环境监理单位委托第三方环境监测单位对施工场地、周边环境敏感点等进行了噪声、振动、扬尘、地下水、废水等各种污染物监测，监测结果表明各污染物基本满足环境标准要求。

9.3 施工期生态保护措施监理结论

本项目施工过程中施工单位严格落实了各项环保措施，对占用的绿化等用地在施工结束后进行了及时的恢复，未造成遗留问题。

9.4 环保设施监理结论

（1）本项目固体废物均得到有效处置。

（2）车站均设置了化粪池，经化粪池处置后进污水管网，其中江北段由于管网未建设，由环卫清运。桥林车辆段已经设置了化粪池及一体化的污水处理工艺，相关废水得到有效处置。

（3）本项目地下段涉及的敏感点排风亭封口均背向敏感点一侧，并保持在15 m以上的距离。风亭周边均采取了绿化等措施；桥林车辆段食堂油烟已经进行油烟净化器安装。

（4）声屏障涉及中，已经对声屏障设施进行优化，将原3.5 m，4.0 m高的声屏障调整为4.0 m、5 m高声屏障，并适当进行了线路声屏障位置优化；未安装隔声窗。

（5）本项目在环评报告的基础上对减振设施进行了优化，满足环评要求。

（6）主变电所落实了绿化措施。

因此，本项目环保设施基本按照环评、环评修编及其批复要求进行了落实。

9.5 环境管理监理

施工单位在项目施工过程配备了专业的环保管理人员，督促施工人员严格落实各项污染防治措施，避免对周边敏感目标造成影响。

运营公司已经建立了完善的管理机构和体系，并在此基础上建立健全各项环境监督和管理制度，确保各项环保设施的正常运转。

4.4 运营阶段的竣工环境保护验收

4.4.1 运营阶段竣工环境保护验收的范围及内容

地铁工程竣工验收工作，是通过应用分析、勘察、调研、监测及报告编制等一系列方法，按照环境影响评价报告、批复文件等相关资料核查项目建设内容、建设规模、项目变更等需要落实的环保工程或措施。对城市轨道交通污染进行分析，包括噪声、振动、电场磁场、废气、废水、固体废物等的产生环节、主要污染因子、相应的环境保护治理设施、处理流程、污染物排放去向。勘察各车站、风亭、冷却塔、变电站以及停车场或车辆段布设情况及各项环境保护设施安装运行情况等。调查项目沿线现存的居民区、学校、医院、疗养院、党政机关办公区等敏感点受噪声、振动、电场磁场的影响情况。实际监测建设项目验收各基本污染因子，建设项目环境保护机构的设置及环境保护管理规章制度的建立，包括环境监测机构的建设及日常性监督监测计划；固体废物综合利用处理要求等，并将环境保护投资计划、项目沿线及所属区域绿化等有关环境影响评价措施落实情况列表备查等，从而为环境保护行政主管部门验收及日常环境管理提供技术依据。

4.4.2 运营阶段竣工环境保护验收的程序

(1) 验收报告编制程序

依据原环境保护部规定，建设项目依法进入试生产后，建设单位应及时委托有相应资质的验收监测或调查单位开展验收监测或调查工作。验收监测或调查单位应在国家规定期限内完成验收监测或调查工作，及时了解验收监测或调查期间发现的重大环境问题和环境违法行为，并书面报告原环境保护部。

(2) 竣工验收的上报程序

国内城市轨道交通项目竣工环保验收的工作流程基本相同。根据环发〔2009〕150号《关于印发〈环境保护部建设项目“三同时”监督检查和竣工环保验收管理规程(试行)〉的通知》，城市快速轨道交通属于原环境保护部现场验收，竣工环保验收管理规程给出了地铁项目竣工环保验收管理流程及要求。

国家验收前需要完成的工作：建设项目建成后，省级环境保护行政主管部门依据环境影响评价文件及其审批文件、日常监督管理记录、施工期环境监理报告，对环境保护设施和措施落实情况进行现场检查。需要进行试生产的，应在接到试生产申请之日起30个工作日内，征求项目所在区域的环境保护督查中心意见后，做出是否允许试生产的决定。试生产审查决定抄送原环境保护部及环境保护督查中心。

验收报告受理工作流程(如图4.4-1所示)：验收报告上报原环保部评估中心被受理→交送原环保部评估中心总工办技术审查→提出修改意见反馈给报告编制单位→修改后再交送评估中心总工办→审查合格后总工办出具评估意见，连同验收报告、环境监理报告、公示材料、申请材料报送原环保部→原环境保护部召开现场会，同时原环境保护部督查中心邀请专家根据验收报告再一次的核

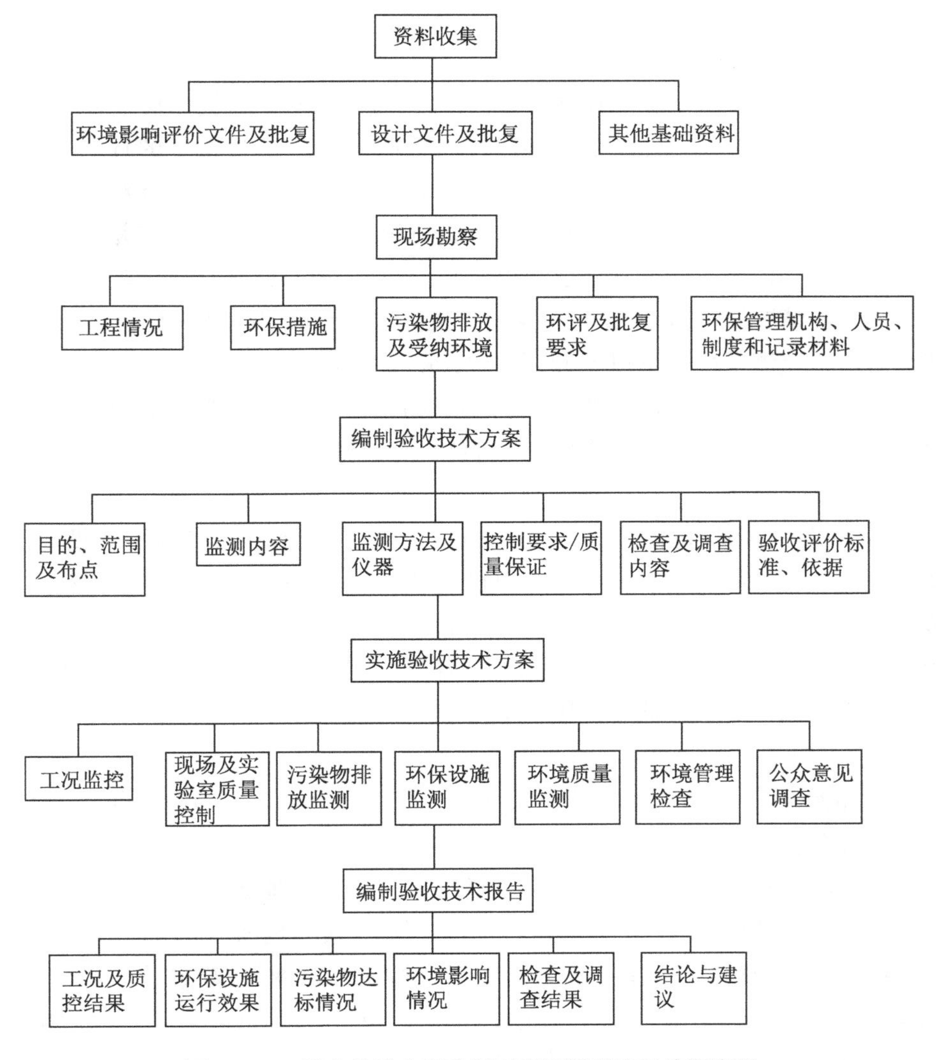

图4.4-1 城市轨道交通建设项目环境影响评价程序图

查→通过现场验收和专家审查后，出具验收意见→报审司长专题会，如果存在问题即下达整改通知，否则通过审查进行公示。

4.4.3 运营阶段竣工环境保护验收的重点

(1) 准备工作

验收工作周期的长短主要取决于过程中所发现环保问题的整改行为，如果整改难度大、工程量大，则往往会影响到整体验收时间。如广州地铁则是在申请验收前，地铁项目应完成调试、工程验收，三废要达标，环评涉及的敏感点现状受地铁影响较小，环评批复提出的要求逐一落实。

(2) 现场调查

一般要进行两次现场调查，覆盖所有敏感点，逐个排查，第一次主要对照全线的平面图、施工图和竣工图，熟悉沿线的敏感点，风亭和冷却塔的具体位置及变化情况，车辆段废气、污水等处理措施等进行调查，收集资料，有针对性地分析后，对敏感点的调查制定初步方案后，再进行第二次现场调查，核准并确定每部分检测的具体内容和方案。但是对于地下线来说，现场调查存在更多困难。根据现场调查情况制定监测方案，主要监测项目是振动、噪声，如果主变设在地下，则电磁辐射监测视情况可以不测；如果废水进入城市污水管网，一般不需要监测。振动、噪声的监测布点应根据环保措施的设计与距离控制、重点敏感点分布情况来综合考虑。如广州地铁的废水排放口全部设置在线监测装置。

(3) 投诉处理

对于噪声、振动、电磁场等的扰民投诉，在建设和运营期尽量做到无投诉，如果有投诉，在环保验收前，所有的环保投诉必须通过采取措施解决，使得投诉者满意解决方案或者采取了最高级别的环保措施，否则环保验收无法通过。理论上环保验收通过后，环保投诉已不成为环保的约束条件，但是各政府对相关的环保投诉都会通知地铁建设或运营单位进行整改。

(4) 调研内容

在环保验收中部分容易被忽视或者通常认为与环保无关的内容也是环保验收的一部分。包括：① 执行国家建设项目环境管理制度情况、环境保护管理规章制度的建立及其执行情况；② 环境保护机构人员、计划及监测设备配置水平、环境保护档案管理情况；③项目沿线的污染控制区规划范围；环评报告书建议及环评批复要求的落实情况；④ 项目工程绿化植树(草)种类、数量，绿化面积、绿化系数及景观情况；⑤移民与安置情况；⑥ 环境风险及应急预案应急防护措施；⑦ 污染物排放控制标准、总量控制标准及环境保护设施处理设计指标等。

(5) 调查关注点

① 振动影响调查关注点

敏感点:振动敏感点的统计对象为外轨中心线 60 m 内的住宅、学校、医院和政府机关办公区等。调查中需重点关注外轨中心线 10 m 内的敏感点。根据近年来对轨道交通项目竣工环保验收的调查情况,由于距轨道较近,外轨中心线 10 m 内的敏感点所受的振动影响相对明显,轨道交通运营后的振动投诉敏感点多集中在该范围内。《环境影响评价技术导则 城市轨道交通》(HJ 453—2008)中明确要求,对于轨道上方(下穿)或距外轨中心线两侧 10 m 范围内的振动敏感点,应进行室内二次结构噪声影响评价,验收过程中需开展相应的监测。此外,需重点关注工程外轨中心线 60 m 内的文物古迹和历史优秀建筑,明确建筑保护级别及结构形式,制订相应的监测方案。

影响情况:工程产生的振动对沿线敏感目标的影响情况主要采用监测与类比分析相结合的方式进行调查。在制订监测方案时,需关注监测点的可代表性。影响地铁列车振动传播的因素包括地铁车辆的条件、轨道线路的状况、地基地质条件、建筑物与线位的位置关系(距离、埋深)及建筑物的特性等。因此,应结合轨道埋深、与敏感建筑的水平距离及采取的具体减振措施等因素,分别在线路各区间选点监测。考虑到轨道振动的实际影响范围,可选择距离外轨中心线 30 m 以内的建筑,重点监测距离外轨中心线 10 m 以内的敏感建筑,建议室内二次结构噪声监测覆盖外轨中心线 10 m 以内的敏感点。

防治措施落实情况:环境评价措施的落实情况是验收的重点。在振动影响调查中,应对减振措施进行对照核查,关注措施变更或未采取措施路段的敏感点,进行重点监测,以明确实际措施的有效性及振动的影响程度。

② 噪声影响调查关注点

场站设备噪声:场站设备噪声源主要有地下车站风亭和冷却塔。在调查时应重点关注距离噪声源 15 m 内的敏感点并安排监测,监测点位应选择近声源处最不利的位置。地下车站风亭和冷却塔通常设置在既有的道路侧,道路噪声会对监测结果产生干扰,因此应增加背景噪声的监测,夜间可选择在车流量最低点开展监测工作。

地面/高架段:城市轨道交通采用地面/高架形式具有建设速度快、造价低等优点,但其给沿线敏感点带来的噪声污染不容小觑。根据近几年对轨道交通工程竣工环保验收的调查情况,地面/高架段一般设置在郊区,与中心城区相比沿线敏感点数量较少,尽管如此,很多工程仍因高架段声环境无法达标而影响验收,且存在整改措施实施困难和效果不佳等问题。此外,车辆段和停车出入场线、试车线因工作时间不定、位置不知等原因(列车多集中在凌晨及深夜出入库;

试车线一般紧靠厂界布设),使周边敏感点夜间声环境超标的概率较高。

敏感点:在地面/高架段沿线敏感点调查中,需关注设计线位下穿的敏感点与线位实际位置的关系及使用功能。通常情况下,上述敏感点前排一定范围内的区域会予以拆迁或改变其使用功能,敏感点和线位距离对定量分析噪声影响有直接的关系,因此在调查时需仔细核实。轨道交通运输的便利性往往可带动轨道沿线房产经济的发展,该现象在郊区路段尤为明显。在验收调查过程中发现,项目沿线新增集中住宅区的情况十分普遍。新增住宅区在履行环境评价手续时考虑到轨道交通噪声的影响,会在环境评价报告中提出采取安装双层窗或告知购买者等措施,但多数措施未予实施,居民入住后投诉轨道交通噪声扰民,影响项目验收,因此,调查中需关注对此类住宅区环境评价的批复时间和建议降噪措施的实施情况,必要时安排监测。

影响情况:高架段噪声影响情况主要采用监测与类比分析相结合的方式进行调查。在编制监测方案时,需关注监测点的可代表性。影响轨道交通噪声的因素主要有建筑物与线位的距离、路段采取的降噪措施及所处声功能区等,因此应结合距离、降噪措施等因素,分别在线路各区间、不同声功能区选点监测。地铁线位多沿既有的或规划的道路走行,道路噪声会对监测结果产生干扰,因此应增加背景噪声的监测。

防治措施落实情况:环境评价措施的落实情况为验收的重点,在噪声影响调查中,应对降噪措施进行对照核查,对措施变更或未采取措施路段的敏感点进行重点监测,以明确实际措施的有效性及噪声影响程度。

③ 电磁辐射调查关注点

城市轨道交通工程的电磁辐射主要来自 110 kV 或 220 kV 主变电站,工作频率为 50 Hz,主要验收指标为工频电场强度和工频磁感应强度,产生的原理为高压线架构及变压器等电器设备因电磁感应形成工频电磁环境。该环境无高频电流及高频设备,电磁能量很小,不会对人体造成影响,近几年的轨道交通项目竣工环保验收监测结果显示,主变电站工频电场强度和工频磁感应强度的监测值均远低于相应标准的限制。尽管主变电站的电磁辐射影响很小,但公众对其设置的位置仍较为敏感。在进行电磁辐射影响调查时,应重点关注主变电站周边住宅的敏感点,加强监测及沟通工作,争取取得公众的认同。

④ 施工期环境影响调查关注点

施工期环境影响调查主要是对环境监理报告及公众意见调查情况进行分析,重点关注环境敏感区域(如饮用水源保护区、生态功能区、风景名胜区和文物遗迹区等)的环保措施落实情况,注意收集相关协议及照片文件。

⑤ 废水调查关注点

工程运营后排风亭可能会产生异味，当风口的位置设置不合理或距离住宅区太近时，可能会对周围的居民产生干扰。因此，需重点关注周边存在敏感点排风亭的废气排放情况，安排相应的监测，定量分析臭气浓度达标情况。北方城市通常需要考虑冬季采暖，因此停车场和车辆段内的锅炉会产生大气污染物。鉴于目前国家对锅炉废气排放的标准逐步严格化，需加强对相关内容的监测。

⑥ 固废影响调查关注点

工程运营期产生的固体废物主要是场站排放的生活垃圾等，一般交由市政卫生系统处理，对环境的影响较小；车辆段和停车场在维修过程中会产生含油废物及废弃蓄电池等危险废物，因此在固废影响调查时应注意收集运管部门关于危险废物的处置协议。

⑦ 公共意见调查关注点

公众意见调查的对象为受建设项目直接或间接影响的单位和个人。公众意见调查的关注点为项目运营后的环境投诉问题。目前各省市均设置有环境投诉热线，在进行验收调查时应注意收集相关材料，尽量通过监测方法进行定量分析，若确实存在问题，应及时向建设单位反映，制订相应方案实施整改。在公众意见调查表发放阶段，需对投诉点进行重点回访。

⑧ 其他关注点

《环境影响评价技术导则 城市轨道交通》(HJ 453—2008)于 2009 年 4 月 1 日实施，此前轨道交通项目环境评价多存在评价内容简单、整改措施原则化等问题。

早期修建的轨道交通项目建设周期长，验收不及时的情况较为普遍。在项目实际建设过程中，由于征地拆迁和规划等原因，线位长度、走向及场站设施位置等都有可能发生变化，进而带来环保措施的变更。对于此类项目，建议结合实际运营工况下的环境监测数据，明确工程变更后的环境影响情况是否属于重大变更，根据相关要求，并与验收审批单位沟通，在确定补充环境评价的形式后再开展下一步工作。

4.4.4 运营阶段竣工环境保护验收案例

选取《徐州市城市轨道交通 1 号线一期工程竣工环境保护验收调查报告》作为实际案例，摘选方案书和报告书中部分内容以供参考学习。

第一章　总　论

1.1　调查目的

旨在调查本项目环境保护设施与建设项目主体工程是否同时投入使用，是否全面落实了施工期和营运期各项环境保护措施;各项环保措施和设施是否有效,是否起到了防治污染和保护生态的作用,符合竣工环境环保验收的各项要求,并根据调查结果提出环境保护补救措施。

(中略)

1.6　验收标准

1.6.1　声环境

1.6.1.1　声环境功能区划

根据《市政府办公室关于转发市环保局〈徐州市城市区域声环境质量标准适用区域划分〉的通知》(徐州市人民政府办公室,2014 年 2 月 10 日),本项目工程沿线区域声环境功能区划分为 1 类、2 类、3 类和 4 类标准适用区,具体如下:

1 类标准适用区:徐萧公路与西三环路交叉口段西南侧;和平大道与庆丰路交叉口西南侧;庆丰路与和平大道交叉口至和平大道与汉源大道交界口左侧;淮海西路至韩山路南侧。

2 类标准适用区:淮海西路两侧、大马路两侧、三环东路两侧、和平大道与庆丰路交界口左侧;庆丰路与和平大道交叉口至和平大道与汉源大道交界口右侧。

3 类标准适用区:京沪高铁右侧。

4a 类标准适用区:高架段两侧、地下段淮海西路、大马路、三环东路、和平大道沿线。

1.6.1.2　声环境质量标准

徐州市城市轨道交通 1 号线一期工程沿线声环境验收标准详见表 1.6.1-1。

表 1.6.1-1　徐州市城市轨道交通 1 号线一期工程沿线声环境验收标准一览表

标准号	标准名称	适用范围	标准值与等级(类别)
GB 3096—2008	《声环境质量标准》	工程两侧有声环境功能区划的区域,执行相应的声环境功能区划标准,没有声环境功能区划的区域,参照执行《声环境质量标准》(GB 3096—2008)之 2 类标准。	1 类区: 昼间 55 dB(A) 夜间 45 dB(A) 2 类区: 昼间 60 dB(A) 夜间 50 dB(A) 3 类区: 昼间 65 dB(A) 夜间 55 dB(A)
		相邻区域为 1 类标准适用区域,距离为道路红线外 50 m 内;相邻区域为 2 类标准适用区域,距离为道路红线外 35 m 内;相邻区域为 3 类标准适用区域,距离为道路红线外 25 m 内。	4 类区: 昼间 70 dB(A) 夜间 55 dB(A)

（续表）

标准号	标准名称	适用范围	标准值与等级（类别）
环发〔2003〕94号	《关于公路、铁路（含轻轨）等建设项目环境影响评价中环境噪声有关问题的通知》	评价范围内未划分声环境功能区划和4类标准适用区域内的学校、医院等特殊敏感建筑。 注：若学校无住校，医院无住院部，则夜间不对标	昼间 60 dB(A) 夜间 50 dB(A)
GB 12348—2008	《工业企业厂界环境噪声排放标准》	停车场、车辆段厂界	2类： 昼间 60 dB(A) 夜间 50 dB(A)
GB 12523—2011	《建筑施工场界环境噪声排放标准》	建筑施工场地边界处	昼间 70 dB 夜间 55 dB

1.6.2 振动环境

各敏感建筑振动参照执行《城市区域环境振动标准》(GB 10070—88)相应标准；二次辐射噪声参照执行《城市轨道交通引起建筑物振动与二次辐射噪声限值及其测量方法标准》(JGJ/T 170—2009)相应标准，具体见表1.6.2-1。

表1.6.2-1 徐州市城市轨道交通1号线一期工程沿线振动环境验收标准

标准号	标准名称	标准值与等级	适用范围	标准选择依据
GB 10070—88	《城市区域环境振动标准》	居民、文教区： 昼间 70 dB，夜间 67 dB	位于噪声功能区划“1类”区内的敏感点	标准等级参照噪声功能区类型确定
		混合区、商业中心区： 昼间 75 dB，夜间 72 dB	位于噪声功能区划“2类”区内的敏感点	
		工业集中区标准： 昼间 75 dB，夜间 72 dB	位于噪声功能区划“3类”区内的敏感点	
		交通干线两侧标准值： 昼间 75 dB，夜间 72 dB	位于噪声功能区划“4类”区内的敏感点	

（续表）

标准号	标准名称	标准值与等级	适用范围	标准选择依据
JGJ/T 170—2009	《城市轨道交通引起建筑物振动与二次辐射噪声限值及其测量方法标准》	居民、文教区：昼间 38 dB(A)，夜间 35 dB(A)	位于噪声功能区划“1 类”区内的敏感点	标准等级参照噪声功能区类型确定
		混合区、商业中心区：昼间 41 dB(A)，夜间 38 dB(A)	位于噪声功能区划“2 类”区内的敏感点	
		工业集中区标准：昼间 45 dB(A)，夜间 42 dB(A)	位于噪声功能区划“3 类”区内的敏感点	
		交通干线两侧标准值：昼间 45 dB(A)，夜间 42 dB(A)	位于噪声功能区划“4 类”区内的敏感点	

根据《古建筑防工业振动技术规范》(GB/T 50452—2008)及本工程沿线文物结构特征，地铁运行对文物的振动影响执行古建筑砖砌体结构的容许振动速度限值标准，详见表 1.6.2-2。

表 1.6.2-2　古建筑砖体结构容许振动速度[v]　　单位：mm/s

保护级别	控制点位置	控制点方向	容许振动速度[v]		
			VP＜1 600 m/s	1 600 m/s＜VP＜2 100 m/s	VP＞2 100 m/s
市、县级文物保护单位	承重结构最高处	水平	0.45	0.45～0.60	0.60

1.6.3　地表水环境

1.6.3.1　地表水功能区划

工程沿线下穿水体水质功能区划见下表。

表 1.6.3-1　沿线水体执行标准

水体名称	水体功能	水质目标（2010 年）	水质目标（2020 年）	执行标准
废黄河	景观娱乐，工业用水	Ⅳ类	Ⅳ类	《地表水环境质量标准》(GB 3838—2002)
三八河	/	Ⅲ类	Ⅲ类	

1.6.3.2 验收标准

本工程车站及场段等纳入市政污水管网的污水执行《污水综合排放标准》(GB 8978—1996)的三级排放标准，具体标准见表1.6.3-2。

表1.6.3-2 污水综合排放标准

单位：pH无量纲，其余均为mg/L

污染物 标准等级	pH	SS	BOD_5	COD	氨氮
三级排放标准	6～9	400	300	500	/

1.6.4 大气环境

1.6.4.1 大气环境功能区划

本工程线路经过区域主要为居住区、文教区等，按《环境空气质量标准》(GB 3095—2012)，工程沿线所处区域均为二类功能区。

1.6.4.2 大气环境质量标准

本项目风亭废气执行《恶臭污染物排放标准》(GB 14554—93)中的“恶臭污染物厂界标准值”二级标准，具体标准值见表1.6.4-1。

表1.6.4-1 恶臭污染物厂界标准值

控制项目	单　位	标准值
臭气浓度	无量纲	20

1.6.4.3 电磁环境

根据《500 kV超高压送变电工程电磁辐射环境影响评价技术规范》(HJ/T 24—1998)，采用4 kV/m和0.1 mT作为本项目工频电场强度和工频磁场强度的验收标准。

(中略)

第五章 验收调查结果与分析

5.1 振动影响调查

5.1.1 调查内容

1. 调查沿线敏感目标情况。

2. 调查本工程产生的振动对沿线敏感目标的影响情况。

3. 调查振动防治措施的落实情况及其效果。

5.1.2 振动敏感目标核查

5.1.2.1 敏感目标统计

环评报告阶段，工程沿线共计62处振动敏感目标，其中含有1处文物保护单位；1处敏感点位于出入线，其他振动敏感目标均位于地下段。

本次验收调查，振动敏感目标统计对象为外轨中心线60 m内住宅、学校、医院、政府机关等。现场勘查显示，工程沿线共分布各类振动敏感目标57处，其中含有1处文物保护单位，所有振动敏感目标均位于地下段。

经对比核查，由于线路的局部优化以及拆迁范围的调整，使得沿线振动敏感目标减少15处；由于敏感建筑性质变化减少4处；环评阶段未识别新增2处；由于线路调整新增3处；本工程环评批复后新建9处(此9处敏感目标仅进行识别，建议后期敏感目标做好跟踪监测)。

环评阶段与验收调查阶段的振动敏感目标变化统计情况见表5.1.2-1。

表5.1.2-1　工程沿线环境振动敏感目标核查结果一览表

环评阶段振动敏感目标	验收阶段振动敏感目标	具体变化情况		
62处	57处	减少	敏感建筑性质变化	4处
			由于线路或拆迁范围调整，减少	15处
		增加	由于线路或调整，新增	3处
			环评阶段未识别	2处
			本工程批复后新建	9处

5.1.3　工程振动影响调查

5.1.4　振动调查结论

(1) 工程沿线共分布各类振动保护目标57处，其中含有1处文物保护单位。

(2) 环境影响报告书和批复意见提出的各项的减振措施，均予以落实或根据实际情况调整。具体措施落实情况见4.2章节。

(3) 环境振动监测点的监测数值和类比分析结果显示，沿线敏感目标振动环境均满足《城市区域环境振动标准》(GB 10070—88)相应标准要求。

(4) 建筑物二次辐射噪声调查结果和类比分析结果表明，除干休所外(拟拆迁)，各敏感目标的昼、夜等效声级L_{Aeq}测量值满足《城市轨道交通引起建筑物振动与二次辐射噪声限值及其测量方法标准》(JBJ/T 170—2009)相应标准要求。

(5) 文物振动调查和测量结果显示，沿线60 m范围内的文物保护单位可满足《古建筑防工业振动技术规范》(GB/T 50452—2008)中的相关容许振动标准要求。

（中略）

第六章　环境管理及检测计划落实情况调查

6.1　施工期环境管理状况和检测计划落实情况

本工程是徐州市重点市政建设工程，建设过程中受到市、区各级领导的关注，施工过程中的环境保护工作也十分规范，主要体现在以下：

施工期委托项目工程监理单位承担本工程的环境监理工作。环境监理根据不同工程内容对环保措施实施情况进行了定期检查，以确保环保工程进度要求；及时协调设计单位与施工单位的关系，消除可能存在的环保项目遗漏和缺口，工程结束后编制有《徐州市城市轨道交通1号线一期工程环境监理总报告》。

6.2　运营期环境管理状况和监测计划落实情况

1. 运营期环境管理状况

工程运营由徐州地铁运营有限公司进行管理，该公司设有专人负责运营期的环境保护工作。

2. 运营期环境监测计划

运营环境监测计划的目的是检验各项减缓措施的有效性，以及对运营过程中未预测到的环境问题及早作出反应，根据监测数据制定政策，改进或补充环保措施。运营公司对验收后线路有常规的监测计划，但针对本线路尚未开展日常监测。本次验收建议尽快制定针对本线路的环境监测计划，并落实。

根据环评及实际情况，本次验收建议运营期环境监测计划如表6.2-1所示：

表6.2-1　环评运营期监测计划

监测项目	监测参数	监测点	采样频率	监测单位
废水	pH、石油类、COD_{Cr}、SS、氨氮	车辆段、停车场污水处理场排放口	每年一次	有资质监测单位
噪声	A声级或等效连续A声级	风亭、冷却塔敏感点	每2年1期	
振动	振　级	线路正穿敏感点	每2年1期	

6.3　运营期环境管理工作建议

由于本项目经过中心城区和居住区，与既有城市交通干线并行，沿线敏感目标同时受道路交通噪声、轨道交通噪声、相邻企业噪声、社会生活噪声等的多种噪声影响，导致超标情况出现。建议本项目运营管理单位在加强营运期对部分敏感目标的定期监测外，要协同地方政府相关部门重点做好沿线环境保护目标的噪声、振动治理工作，如出现与本项目相关的环境纠纷，及时解决。

第七章　验收调查结论

7.1　工程调查情况

1. 工程建设概况

徐州地铁1号线为东西向骨干线，线路贯穿城市东西发展主轴，联系了老城区、坝山片区和城东新区，衔接人民广场、淮海广场和彭城广场三大老城商业中心，快速联系铁路徐州站和京沪高铁徐州东站两大综合客运枢纽。

徐州市轨道交通1号线一期工程线位全长21.814 km，其中高架线562.95 m，路基段93.05 m，地下线21 158 m(含U型槽274.5 m)；共设18座车站，其中地下站17座，高架站1座；设杏山子车辆段1座，高铁停车场1座，主变电站2座。列车采用6节编组B型列车，最高运行速度达80 km/h。

2. 工程建设单位：徐州市壹号线轨道交通投资发展有限公司。

3. 工程建设日期：2014年2月13日正式开工建设，于2019年9月28日通车试运营。

4. 环境影响报告书编制单位：中铁第四勘察设计院集团有限公司。

5. 竣工环保验收调查报告编制单位：江苏环保产业技术研究院股份公司。

6. 竣工环保验收监测单位：南京白云环境科技集团股份有限公司、江苏省苏核辐射科技有限责任公司、南京航空航天大学。

7.2　环境保护执行情况

施工期和试运行期执行环境保护有关规定进行环境管理。施工期间，采取了环评提出的各项污染防治措施。运营期对环评及批复、试运营申请批复提出的各项措施进行了落实。污水纳管或环卫抽运，噪声、振动采取安装消声器、钢弹簧浮置板、隔离式减振垫浮置板及压缩型轨道减振扣件等设施的措施。主变电所、牵引变电所均做到厂界达标。运营阶段，由管理单位组织日常检查及各项环保设施维护、管理工作。但在实际建设过程中也存在部分不相符的情况，详见表7.2.1-1。

表 7.2.1-1 工程批建不符情况汇总表

项目	实际工程	环评阶段	变化情况
线路长度	全长 21.814 km,高架线 0.562 km,路基段93.05 m、地下线 21.15 km(含 U 型槽)	全长 20.047 km,均为地下线	增加 1.767 km,主要增加 1 站 1 区间
车站	设站 18 座,17 座地下站、1 座高架站; 其中韩山站向东移动 50 m; 徐医附院站向北调整约 14 m; 民主北路站向北调整约 12 m; 子房山站向东调整约 80 m; 铜山路站向东移动 28 m; 其他站点位置基本未发生变化	设站 17 座,均为地下站	增加 1 座高架车站;车站位置最大偏移 80 m
车辆段	设杏山子车辆段 1 座, 占地 30.71 ha	设杏山子车辆段 1 座, 占地 27.01 ha	占地增加 3.7 ha
主变电站	设杏山子车辆段主变电所 1 座,乔家湖主变电所 1 座	设韩山主变电所 1 座、一号路主变电所 1 座	数量未变、选址调整,其中韩山主变电所调整至杏山子车辆段;一号路主变电所位置未变,名称变为乔家湖主变电所
线位走向	1. 新增 1 站 1 区间(路窝村站—杏山子站,起点—DK2+700); 2. 杏山子站—韩山站(韩山商业街站)(DK4+600—DK5+345.5):线位横向偏移 0—9 m,仍采用地下线; 3. 韩山站(韩山商业街站)—工农路站(工农北路站)(DK5+345.5—DK6+201):线位横向偏移 0—11 m,仍采用地下线; 4. 工农路站(工农北路站)—人民广场站(DK6+201—DK7+101):线位横向偏移 0—14 m,仍采用地下线;	/	线位多处主要的局部调整和偏移,最大偏移距离约为 40 m(小于 200 m)

（续表）

项目	实际工程	环评阶段	变化情况
线位走向	5. 人民广场站—苏堤路站(苏堤北路站)(DK7＋101—DK8＋036)：线位横向偏移 0～10 m，仍采用地下线； 6. 苏堤路站(苏堤北路站)—徐医附院站(西安路站)(DK8＋036—DK8＋978)：线位横向偏移 0～35 m，仍采用地下线； 7. 徐医附院站(西安路站)—彭城广场站(DK8＋978—DK9＋738.5)：线位横向偏移 0～35 m，仍采用地下线； 8. 彭城广场站—民主北路站(文化宫站)(DK9＋738.5—DK10＋651.7)：线位横向偏移 0～25 m，仍采用地下线； 9. 民主北路站(文化宫站)—徐州火车站站(DK10＋651.7—DK11＋298)：线位横向偏移 0～9 m，仍采用地下线； 10. 徐州火车站站—子房山站(站东广场站)(DK11＋298—DK12＋025)：线位横向偏移 0～29 m，仍采用地下线； 11. 子房山站(站东广场站)—铜山路站(DK12＋025—DK13＋910.7)：线位横向偏移 0～40 m，仍采用地下线； 12. 黄山垅站(狮子山站)—庆丰路站(DK15＋387.000—DK16＋497)：线位横向偏移 0～25 m，仍采用地下线	/	线位多处主要的局部调整和偏移，最大偏移距离约为 40 m(小于 200 m)
振动敏感目标	57 处，其中含有 1 处文物保护单位	62 处振动敏感目标，其中含有 1 处文物保护单位	经对比核查，由于线路的局部优化以及拆迁范围的调整，敏感目标总体减少 5 处

（续表）

项目	实际工程	环评阶段	变化情况
噪声敏感目标	17 个地下车站，1 座高架站，涉及敏感目标 13 处，车辆段周边有 3 处敏感目标	17 个地下车站设 39 处风亭区，涉及敏感目标 17 处；主变电所周边无敏感目标；车辆段周边有 3 处敏感目标、高铁停车场周边无敏感目标	经对比核查，由于风亭位置得到优化，总体减少 4 处。
减振措施	实际工程对沿线 41 处振动敏感点路段采取了减振措施，其中 10 处安装弹簧浮置板道床、7 处安装隔离式减振垫道床、24 处安装压缩型减振扣件。经统计，工程实施减振措施 7 480 m，其中钢弹簧浮置板道床 1 500 m、隔离式减振垫道床 1 150 m、压缩型减振扣件 4 830 m	对于距外轨中心线 0～5 m 或环境振动超标量(VLzmax)≥8 dB 的铜山县传染病医院、法苑社区、段庄新村等 14 处敏感点，设置钢弹簧浮置板道床 对于敏感建筑物 6 dB≤超标量(VLzmax)＜8 dB 或距外轨中心线 5～10 m 的韩山公寓、淮海西路 183 号、大马路小学等，共 8 处敏感点，采取道床垫浮置板道床 对于其它环境振动超过标准的环境敏感点，包括马山庄、尚城国际、和平社区等 7 处敏感点，采取 GJ－Ⅲ型减振扣件 对于花园饭店中楼等 1 处文物保护单位采取钢弹簧浮置板道床	涉及 13 处敏感点因拆迁或建筑物性质调整，取消了减振措施，其中包括要求安装 GJ－Ⅲ型轨道减振器扣件 2 处，采用钢弹簧浮置板道床 8 处，采用道床垫浮置板道床 3 处 环评要求安装钢弹簧浮置板道床 15 处敏感点中，3 处安装压缩型减振扣件、8 处因拆迁或建筑性质取消、3 处安装钢弹簧浮置板道床、1 处未安装（徐州市军队第四干休所） 环评要求安装道床垫浮置板道床 8 处敏感点中，4 处安装隔离式减振垫浮置板道床、1 处安装钢弹簧浮置板道床，3 处取消 环评要求安装 GJ－III 型减振扣件 7 处环境敏感点中，2 处安装隔离式减振垫道床、2 处取消，3 处安装压缩型减振扣件

（续表）

项目	实际工程	环评阶段	变化情况
噪声措施	经调查，工程地下车站风亭均设置长2～4 m的消声器，并采用超低噪声冷却塔	环评根据预测对预测超标的敏感点提出合理设置风亭风口朝向，选择合理低噪声设备，加长消声器，移动风亭区等降噪措施	工农路站由于风亭优化调整安装了冷却塔导向消声器，但未设置声屏障、未安装隔声窗，监测结果显示满足标准要求
废水措施	杏山子车辆段、高铁停车场、路窝站由于市政污水管网尚未建设，产生的生活污水由环卫抽运。目前杏山子车辆段、高铁停车场生产废水处理设施已经建设完成，但目前尚未有检修废水等产生。目前产生的生产废水主要为洗车废水，洗车废水经污水回用系统处理后回用于洗车。建设单位表示，一旦具备纳管条件，及时予以接入	车辆段、停车场等生活污水经过化粪池预处理后均排入市政污水管网及车站生活污水经化粪池处置后排入市政污水管网；杏山子车辆段洗车设备自带污水回用系统，洗车废水回用，剩余未回用部分与含油废水经中和、沉淀、隔油、气浮、过滤后接入市政污水管道；高铁停车场自带污水回用系统，洗车废水回用，剩余未回用部分与含油废水经中和、沉淀、隔油、气浮、过滤后接入市政污水管道	车辆段、高铁停车场、路窝站由于市政污水管网尚未建设，产生的生活污水由环卫抽运

7.3 验收调查结果

7.3.1 振动影响调查结果

1. 工程沿线共分布各类振动敏感目标57处,其中含有1处文物保护单位。

2. 环境影响报告书和批复意见提出的各项减振措施,均予以落实或根据实际情况调整减振措施。具体措施落实情况见4.2章节。

3. 环境振动监测点的监测数值和类比分析结果显示,沿线敏感目标振动环境均满足《城市区域环境振动标准》(GB 10070—88)相应标准要求。

4. 建筑物二次辐射噪声调查结果表明,除干休所(拟拆迁点)外,各敏感目标的昼、夜等效声级 L_{Aeq} 测量值满足《城市轨道交通引起建筑物振动与二次辐射噪声限值及其测量方法标准》(JBJ/T 170—2009)相应标准要求。

综上所述,工程运行没有对沿线敏感目标带来明显的振动影响,符合验收要求。

7.3.2 声环境影响调查结果

1. 经勘查,本次验收范围内声环境敏感目标共计16处。

2. 环评报告书和环评报告书批复中要求采取的降噪措施予以了落实;沿线车站地面设施设置了消声器等降噪措施。

3. 监测结果显示高架段、车站、主变电所周边声环境满足相应标准要求;停车场、车辆基地厂界处昼夜间满足《工业企业厂界环境噪声排放标准》(GB 12348—2008)相应标准要求。

综上所述,工程已基本落实环评报告和批复提出的降噪措施,工程运行未对沿线多数敏感目标带来明显的噪声影响。

7.3.3 水环境影响调查结果

本工程污水主要为地铁车站、停车场及车辆基地生活污水、停车场及车辆基地的洗车废水、生产废水;经调查,停车场及车辆基地的洗车废水经自带的设施处理后回用,生产废水尚未产生。车站、停车场及车辆基地生活污水均纳管或抽运,对环境无影响。

7.3.4 环境空气影响调查结果

本工程废气主要来源于排风亭排放的异味气体及车辆段、停车场食堂排放的油烟废气。

经调查,停车场、车辆段食堂灶头,设置有油烟净化装置,废气经净化处理后通过烟道高空排放,对周围环境空气质量影响轻微。

根据地铁车站排风亭臭气浓度监测结果,满足《恶臭污染物排放标准》(GB 14554—93)中的二级标准,对大气环境影响轻微。

7.3.5 固体废物影响调查结果

各车站、车辆段、停车场的生活垃圾均有环卫部门外运处理，车辆段、停车场危险废物废油桶已委外处置，废油企业内部综合利用，其他危废尚未产生。

本工程产生的固体废弃物均能得到妥善处置，不会对当地环境产生明显不利影响。

7.3.6 电磁辐射影响调查结果

工程新建乔家湖、杏山子主变电所。监测结果显示，本工程变电站周围、架空线周围测点处工频电场强度、工频磁感应强度满足验收标准《电磁环境控制限值》(GB 8702—2014)中规定的工频电场强度 4 000 V/m 和工频磁感应强度评价标准 100 μT 的标准限值要求。

7.4 公众意见调查结论

公众意见调查统计结果表明，沿线受影响居民和单位对轨道交通在社会、经济、环境方面的综合效益持肯定态度，公众对本工程环保工作表示满意或基本满意。

7.5 验收调查总结论

轨道交通属于大容量节能低污染交通工具，是世界发达国家大城市大力发展的城市交通形式，是符合城市交通可持续发展理念的交通形式，总体上是一种值得鼓励的城市交通主干线的建设模式。

对照环境影响报告书、环评批复以及国家和徐州市相关环保要求，结合现场检查、监测、公众意见调查等工作认为，徐州市城市轨道交通 1 号线一期工程落实了环境影响报告书和环评批复中提出的各项环保措施；工程沿线各敏感保护目标环境质量满足相应环保标准要求。

7.6 建议措施

1. 跟踪投诉情况，及时反馈信息以便和居民达成共识。

2. 加强运营期敏感目标的声环境和环境振动跟踪监测，对超标的环境敏感目标及时采取有效控制措施。

3. 做好各项环保设施的日常维护和管理，确保污染物长期稳定达标排放。

4. 做好运营期危险废物的贮存、转移和处置工作，完善车辆基地废蓄电池以及废油等危险废物的贮存设施。

4.5 全过程公众参与制度

4.5.1 公众参与的概念、意义与目的

(1) 公共参与的概念

公众参与从广义范围上讲,是指公众拥有参与政府公共决策的权利,公众在他们的权利和义务范围内有目的性地参加社会活动,参与主体一般包括社区居民、环保组织、团体、个人等等。公众参与不仅是我国社会群众的一项基本权利,更是我国民主文明建设的一项重要性内容。国内外相关学者从不同的方面对公众参与进行了研究,同时也给出了许多种说法,比如 Strauss 从公参结果的性质方面,提出了怎么去判定真实有效的公众参与;有学者认为,公众参与必须是遵照法律规定的程序参与到公共决策的行为;Lisk 从公众参与活动范围上研究,认为公参可以划分为决策、执行和评估三个层次的公众参与;另外还有学者认为公众参与的主要目的是影响政府公共决策的制定。

从狭义方面来说,环境影响评价中公众参与是建设单位或者环评单位与公众的一种双向交流,目的是使公众充分了解建设项目并且能够得到公众的认同和理解,进行公众参与可以优化建设方案,指导项目设计,使环保措施更合理,建设项目可以发挥最佳的经济、环境及社会效益。

环境影响评价公众参与不仅可以让更多的群众充分了解到环保行政主管部门调查并解决环境污染问题的过程和机制,而且可以使公众对拟建项目亦或是拟建项目的审批过程有个充分的认识,同时公众可以在参与过程中对拟建项目或者项目决策时可能存在的问题提出自己的观点及意见,环保行政主管部门需认真汲取公众提出的建议,并对这些建议进行处理及对结果进行反馈。

环境影响评价公众参与的流程有着"双向性""早期性""受益性""广泛性""特殊性"及"多样性"等方面的特点。"双向性"就是指建设单位或者环评单位与公众之间的一种双向交流;"早期性",指公众参与的介入时机要早,这样项目决策者与公众之间达成统一意见的可能性就越大;"受益性"是指公共决策经过公众参与过程后,都会从中受益;"广泛性"与"特殊性"则相反,就是指不同的公共决策项目,参与的相关方通常具有广泛性和特殊性;"多样性"是指公众参与方式多种多样,具体包括问卷调查、座谈会、听证会、走访等参与方式,并且在环境影响评价公众参与过程中可以选择多种方式同时进行的参与形式。

(2) 公众参与的意义

城市轨道交通环境影响评价公众参与的意义体现在以下几个方面：

① 公众参与是项目取得公众认可的主要途径

环境影响评价公众参与使公众可以充分了解拟建项目的信息，对城市轨道项目的选线、选址、规模及建设意义等有所掌握，公众对项目建设期和营运期的环境问题有客观、全面的了解。同时可以让更多的公众参与到环境影响评价中，从而可以增强公众对城市轨道项目建设政策的支持程度。只要拟建项目得到公众的支持，项目建设就可以顺利实施。

②公众参与是提高环评质量的关键因素

通过环境影响评价公众参与，可以收集受建设项目直接或间接影响区域的环境背景，从而可以客观、全面地掌握拟建项目区域的环境现状，同时进行公众参与，征求公众对项目建设的意见，选择性采取公众的意见，可以使拟建项目更贴近民意，环境保护措施更可行，从而全面提高环境影响评价的质量。

③ 公众参与是公众提高环保意识的重要途径

公众通过环境影响评价公众参与的过程可以对国家的相关法律、法规及政策有一个充分的认识，同时公众通过公众参与可以提高自身的环保意识及环保知识。因此环境影响评价公众参与对提高全民素质及实现可持续发展有着重要的意义。

④ 公众参与有助于提高政府决策效率

政府通过环境影响评价公众参与的结果制定相关政策或者对城市轨道项目规划、线路走向等进行优化。这样，既可以提高公众对当地政府或相关决策单位的信赖，而且可以提高政府对公众的责任心，使政府更加负责，同时提高政府决策效率。

⑤ 公众参与顺应了当今民主化趋势

环境影响评价公众参与体现了项目决策的科学性、开放性及民主性，通过采纳公众的意见及建议，使项目决策更贴近民意，同时更体现了当今社会民主化的趋势。

(3) 公共参与的目的

公众参与的目的是通过公众参与调查和当地相关行政主管部门和专家咨询座谈等方式，在项目实施前让公众充分了解实施的意义、可能的不利影响及拟采取的防护措施，同时征询公众对项目实施的意见和建议。加强公众和行政主管部门与编制部门和环评单位的多向信息交流，将公众参与贯穿整个环境影响评价过程中。结合公众参与，弥补环境影响评价可能出现的疏忽和遗漏，使规划制定及实施更加趋于完善和合理，力求使轨道交通项目的实施在环境效益、社会效益和经济效益三方面取得最优化的统一。同时也加强了公众的环境保护意识，充分发挥公众对环境保护的参与和监督作用，支持和配合项目的实施。

4.5.2　公众参与的国内外政策

（1）国外公众参与政策

在西方学术界，经常以“无公众参与无环境影响评价”来表达公众参与在环境影响评价中的重要程度。因为在西方国家，工业等行业发展比较早，相对应的环境污染问题也较早地表现出来，在经历了艰难的环境污染治理后，不论从公众的环保意识，还是对环保工作的参与程度，都明显具有较高的水平。

1969年，美国制定了《国家环境政策法》（NEPA），该NEPA不但详细规定了美国公众在EIA中享有的权利，并且制定了EIA制度，明确联邦政府在决策之前不但要进行环境影响评价、编写环境影响报告，而且需征求公众的意见和建议，公众参与是编制环境影响报告的一个必经程序和内容。1978年，美国环境质量委员会依据NEPA发布了《国家环境政策法实施条例》（CEQ条例），此条例对环境影响评价公众参与的程序作了具体的规定，从而形成了美国“一法一条例”的公众参与制度，美国明确规定参与评价的对象包括重大决策和具体项目，侧重战略层面上的评价，且公众参与整个环境影响评价报告的制定与实施的全过程。澳大利亚的环境立法和工程规划规定只要涉及影响公众生活质量的规划项目，都需进行公众参与。在维多利亚州及新南威尔士，环境规划及环境影响评价中必需部分包括：公众问询会及公众意见听证会。日本污染预防、污染治理及环境保护具有较好的效果，且环境立法方面也较完善，公众通过地方公共团体定期发表的公害调查及监测的结果了解公害的状况。同时建立公害监督委员会将公众的意见充分反映到公害控制中，此公害监督委员会由公众代表组成。1985年颁布的欧盟环境影响评价指令明确了欧盟EIA主要包括：项目审查、确定评价范围、编写环境报告、最终决策四个阶段。在这四个环节中，通过环境信息公开制度和环境公民诉讼制度，公众皆可从不同角度、不同方式、不同程度来参与环境影响评价，在降低项目风险的同时亦维护了自己的生存环境。

（2）我国公众参与政策

中国公众参与环境影响评价是在1991年实施的由亚洲开发银行提供赠款的环境影响评价培训项目中提出来的。公众参与作为环境保护法律的一项基本规定是1993年由国家环保局、国家计委、中国人民银行及财政部联合发布的《关于加强国际金融组织贷款建设项目环境影响评价管理工作的通知》中确定的，并首次对公众参与提出明确要求。2006年，国内环保领域第一部公众参与的规范性文件《环境影响评价公众参与暂行办法》发布，为国内公众参与建设项目环评提供了法律依据和途径。2014年以后，国家又相继发布《关于推进环境保护公众参与的指导意见》和《环境保护公众参与办法》等，并于2018年修订发布了《环境影响评价公众参与办法》，全面规定和细化了公众参与的内容、程序、方式方法和渠道等。在此之前，2005年至2011年，地方政府已有先行实践，沈阳、山西、昆明等地先后出台环保公众参与办法，为当地公众参与环保提供了具体指南。河北省还于2014年发布了全国首个环境保护公众参与地方性法规《河北省公众参与环境保护条例》。这些制度和规范的发布，为公众有序、理性参与环保事务提供了制度保障。

4.5.3 公众参与的对象、内容与方法

(1) 公众参与的对象

公众即是被政府管理和服务的公民、法人及其他社会组织、团体，具体包括城市居民、外来人员、机关单位、企事业单位及其他城市生产、生活共同体的成员。也就是说，公众不单单是个体的居民，具体还包括由个体组成的团体组织、营利性组织、专业服务性组织等非政府组织。因此对公众参与中公众的选取，需十分关注户籍及地域观念的淡化，只要是在一定时间和拟建项目的影响范围内生产、生活、与区域环境影响有利害关系的单位和个人，都应该作为公众的重要组成部分。

对城市轨道交通的规划与建设项目，公众参与对象包括沿线两侧敏感保护目标处的公众、团体法人或者其他组织的代表，文广新局、水利局、园林局、国土局、规划局、发改委、环保局、农委、建设局等相关行政主管部门，涉及风景区的线路，还应包括风景区管委会。

(2) 公众参与的内容

环境影响评价公众参与是业主单位或是环评单位与公众之间的一种双向交流，通过公众参与，不但可以使公众充分掌握建设项目的环境背景，而且可以让业主和环评单位掌握公众关注的环境问题。

城市轨道交通的规划和建设项目需向公众介绍规划和建设的基本情况、发布建设规划的环评报告，并公布规划单位和环评单位的联系方式，以便社会各界公众提出意见和建议。两次公示信息后，需对规划线路沿线居民进行走访调查或发放问卷，以获取公众的真实意见与建议。若规划和建设线路公众质疑意见较多，规划、建设与环评单位还需按意见内容开展专家咨询会，以获取行政主管部门和公众代表人的意见与建议。

(3) 公众参与的方法

我国的公众参与形式多种多样，公众具体通过网络、报纸、告示、电视等介质

获悉相关信息，通过填写调查问卷、举办座谈会、论证会等方式参与。就目前而言，我国环境影响评价公众参与大多采用信息公示与调查问卷相结合的方式，城市轨道交通项目一般还需召开座谈会或听证会等。

4.5.4 公众参与的阶段及案例

（1）规划阶段的公众参与

城市轨道交通的规划纲要编制阶段、规划研究阶段、规划编制阶段和规划报批阶段均应开展公众参与工作，见图 4.5-1。

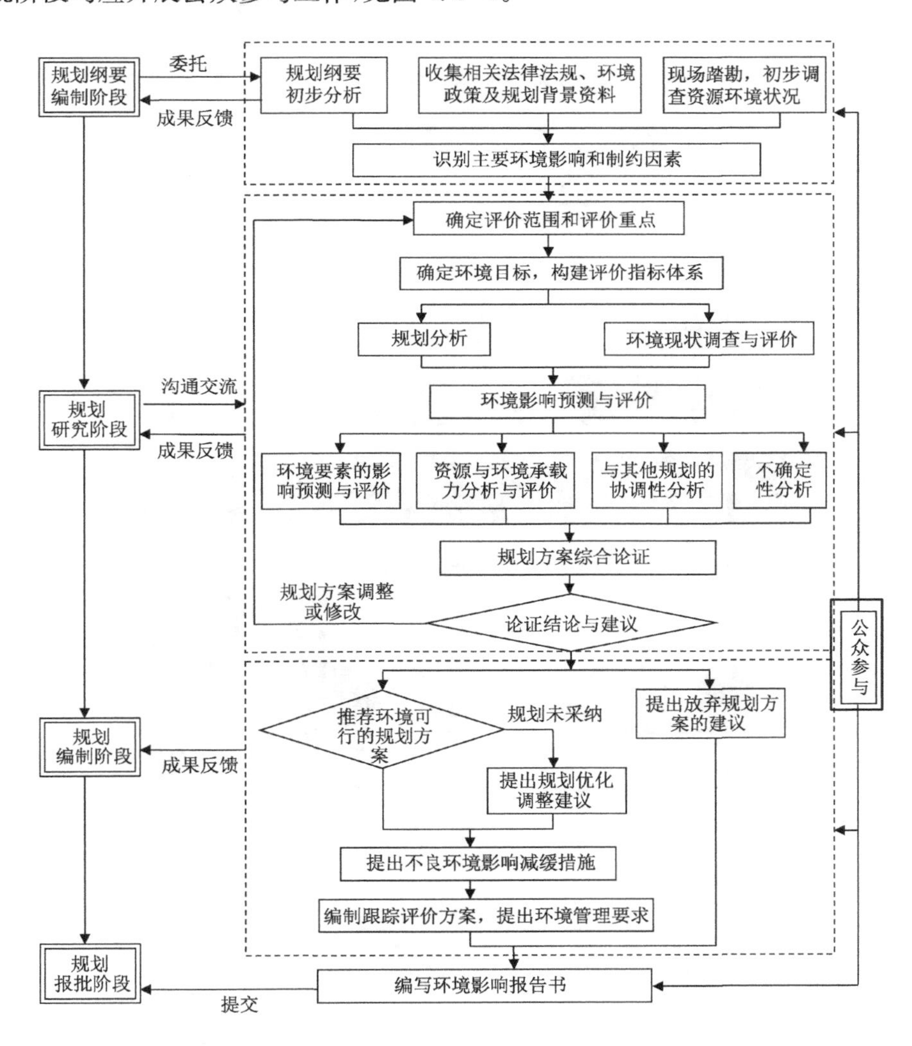

图 4.5-1　城市轨道交通规划阶段的公众参与

以徐州市轨道交通规划项目环评为例。

① 徐州市轨道交通规划环评网络公示

a. 一次公示

公示期间中国城市轨道交通协会、淮海网等进行了公示转载(如图 4.5-2),

2017年7月17日 星期一

中国城市轨道交通协会

China Association Of Metros

行业共贺协会成立五周年

工程咨询

徐州轨道交通近期建设及线网规划首次环评公示

来源：江苏环保公众网 作者： 发布时间：2017-05-16

5月15日获悉，根据《环境影响评价公众参与暂行办法》环发[2006]28号文，为让公众充分了解和支持“徐州市城市轨道交通近期建设规划（2018-2024）”，促使规划单位充分考虑公众对本规划的意见和建议，从而做出科学合理的决策，现就该规划的主要信息，向社会公众公开。

建设规划

2018～2024年，继续建设1、2、3 号线一期工程；同时结合线网规划方案，适时开工新线，包括3号线二期、4号线、5号线及6号线；规划建设规模为104.8公里，车站73座，以满足中心城区客运走廊的需求，发挥轨道交通大运量、快速的优势，使轨道交通初步成网，缓解城区的交通矛盾。

具体方案为：

3号线二期----下淀站~后蟠桃村站，线路全长约6.8公里，设站5座。

4号线------台上村站~桃山路站，线路全长约33.9公里，设站25座。

5号线-----孙店村站~徐矿城站，线路全长33.5公里，设站23座。

6号线-----珠江路站~徐州东站，线路全长30.6公里，设站20座。

线网规划

在近期线网基础上，开工建设1号线二期、2号线二期及7号线。同时，在轨道普线网的基础上，加强城市中心及外围组团的联系，适时建设贾汪方向轨道快线和萧县方向轨道快线。

根据规划，远景徐州市城市轨道交通方案由7条城市轨道普线和4条城市轨道快线构成，总规模323.1公里，177座车站，其中换乘车站31座，包含2座三线换乘车站。

中国城市轨道交通行业效能评价分析平台

淮海网

首页 新闻 图集 专题 看电视 点播 活动 广电 行风热线 法律 音乐厅

当前位置：首页 >> 新闻 >> 市井

重磅！徐州地铁4、5、6号线方案公示啦！远期共11条线177座车站......快看经过你家吗？

2017-05-15

徐州地铁2018-2024年建设规划公示啦！

当小编看到这条公示时抑制不住内心的激动急切地想与大家一起分享！来不及了，快看！

江苏环保公众网

《徐州市城市轨道交通近期建设规划（2018-2024）》及线网规划环境影响评价第一次公示

千呼万唤始出来！期待已久的徐州地铁“第二轮规划”终于有眉目了！此信息是来自江苏环保公众网的环评公示。

热门视频

即时新闻推荐

图 4.5-2　中国城市轨道交通协会、淮海网转载截图

加大了宣传力度，公众也在网络展开了讨论，部分公众通过电话、邮件等形式进行了参与，提出疑问和建议。通过第一次公示，徐州市民对本规划有了一定程度的了解，公众关心较多的问题主要为线路走向、站点设置、施工期环境影响等。

b. 二次公示

公示期间江苏省交通运输厅等进行了公示转载，加大了宣传力度（如图 4.5-3 所示）。通过二次公示，徐州市民对本次规划方案有了进一步的了解，公众也在网络展开了讨论，并通过电话、邮件等形式咨询规划情况及反馈意见。从反馈意见来看，大多数公众是支持本次规划的实施的，同时要求建设单位落实好各项污染防治措施，确保沿线居民的日常生活不受影响。

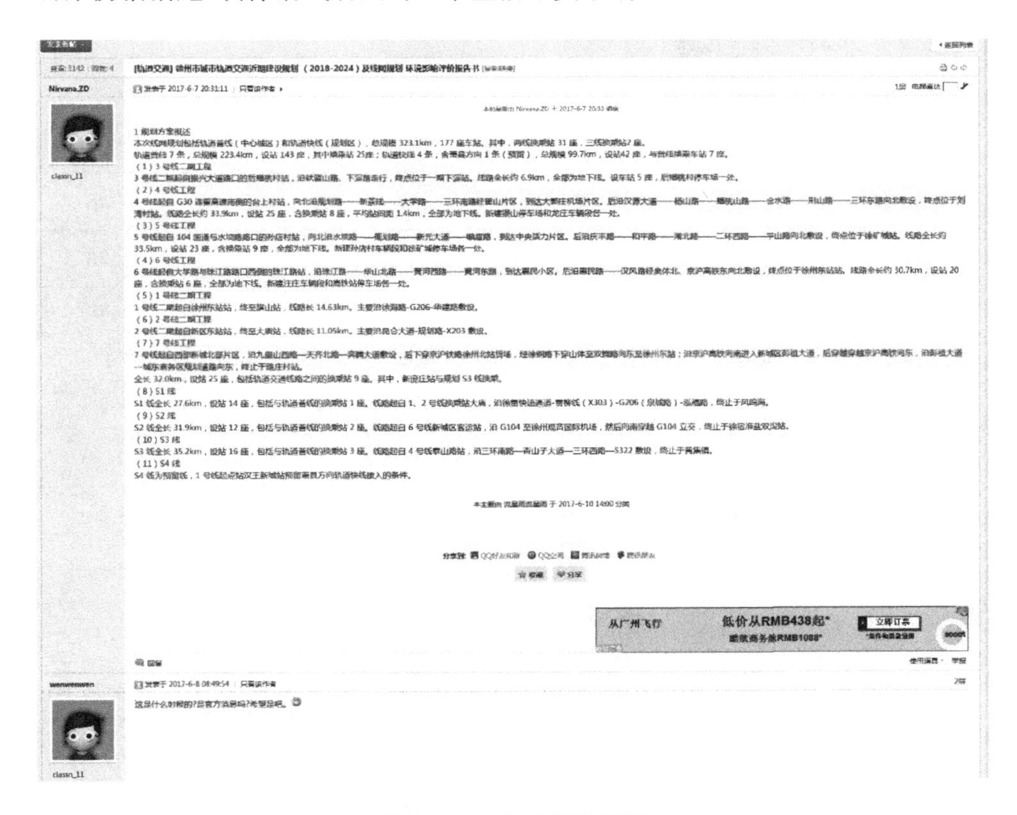

图 4.5-3　公众网络论坛

② 公众意见问卷调查

建设单位在规划线路沿线现场开展了广泛的公众参与调查，并将完成的轨道交通规划环评报告书简本资料在江苏环保公众网的网站上发布，进一步扩大公众调查范围，更广泛地收集公众意见和建议。共有 210 人参加与调查，参与调查的公众中男性117人，占55.7%，女性93人，占44.3%。有不同年龄段的受访者，主要集中于26～45岁。受访者的文化程度有小学、初中、高中、本(专)科、研究生等。

a. 公众对徐州市交通出行现状和轨道交通建设规划的认识

公众对徐州市目前环境状况和轨道交通建设规划的认识见表4.5-1。

表4.5-1　公众对徐州市交通环境状况和轨道交通建设规划的认识

类别	项目	人数(人)	百分比(%)
您是否了解《徐州城市轨道交通近期建设规划(2018—2024)》及线网规划	清楚	86	40.95
	听说过	102	48.57
	不知道	22	10.48
您认为《徐州城市轨道交通近期建设规划(2018—2024)》及线网规划实施后对改善徐州城市交通状况是否有利	有利	199	94.76
	不利	1	0.48
	说不清	10	4.76
您是否支持徐州市轨道交通的建设	支持	208	99.05
	不支持	0	0.00
	无所谓	2	0.95
从《徐州城市轨道交通近期建设规划(2018—2024)》及线网规划方案看，与您生活、办公场所是否邻近	很近	107	50.95
	还可以	88	41.90
	较远	15	7.14
您目前选取的出行方式是	自驾车	99	47.14
	公交车	38	18.10
	自行车	46	21.90
	步行	17	8.10
您目前上下班的平均出行时间	≥50分钟	29	13.81
	30～50分钟	78	37.14
	≤30分钟	103	49.05

（续表）

类别	项目	人数（人）	百分比（%）
您对徐州市交通现状是否满意	满意	24	11.43
	一般	43	20.48
	较差	123	58.57
	不满意	20	9.52
徐州市轨道交通建成后，您是否愿意选择这种交通工具出行	愿意	143	68.09
	看价格而定	35	16.67
	看车站距离而定	32	15.24

由表可见：

(a) 调查中发现，有 40.95%的人对本次建设规划及线网规划的情况较清楚，大部分的人通过现场讲解、网络、报纸等渠道对本次规划有一些了解。评价组成员通过对照规划线路图，详细地向公众介绍了本次规划线路的走线、敷设方式和规划站点。

(b) 调查公众中 94.76%的人认为本次建设规划及线网规划的实施对改善徐州城市交通状况有利。

(c) 本次受调查的大部分受访公众（约 99.05%）在详细了解本规划相关资料后，对本次建设规划均表示大力支持，并希望能够尽快实施。仅 2 人表示无所谓。

(d) 本次受调查的公众 50.95%表示本次规划线路与其生活及办公场所邻近，41.90%表示距离在可接受范围内，仅有 7.14%的公众表示距离较远。

(e) 本次受调查的公众中大部分出行采用的是自驾车（47.14%），其次为自行车（21.90%）和公交车（18.10%），少部分（8.10%）为采取步行出行；49.05%的公众平均出行时间在 30 分钟之内，37.14%在 30～50 分钟，13.81%超过 50 分钟。

(f) 本次规划路线沿线的居民普遍（58.57%）认为徐州市交通现状较差，20.48%的公众认为交通现状一般，11.43%的公众对交通现状表示满意，另有 9.52%的公众不满意交通现状。

(g) 本次规划沿线居民 68.57%表示愿意在徐州市轨道交通建成后，采取该交通工具出行，16.67%的人要视车票价格而定，15.24%的人要看具体车站距离而定。

b. 公众对轨道交通建设规划实施的环境影响方面的看法

公众对徐州市目前环境状况和轨道交通建设规划的认识见表4.5-2。

表4.5-2　公众对徐州市交通环境现状和轨道交通建设规划的认识

类别	项目	人数(人)	百分比(%)
您认为徐州市轨道交通施工期的主要环境影响有	噪声	125	59.52
	振动	40	19.05
	废气	18	8.57
	废水	8	3.81
	交通阻塞	124	59.05
	生态破坏	20	9.52
您认为徐州市轨道交通运营期将在哪些方面影响您的生活质量	噪声	90	42.86
	振动	54	25.71
	电磁	30	14.29
	固废	12	5.71
	废水	17	8.10
	风亭异味	26	12.38
	人流增加	92	43.81
如果您因为本规划建设而需要拆迁,您是否服从拆迁和重新安置	服从	113	53.81
	有条件服从	81	38.57
	不服从	3	1.43
	其他	13	6.19
在未来选择居住房屋时,靠近地铁车站是否会成为您决策的重要理由	会	172	81.90
	不会	17	8.10
	说不清	21	10.00

由表可见:

(a) 对在施工过程中可能会产生的环境影响,多数人认为噪声和交通阻塞是本次规划实施过程可能产生的比较大的环境影响;公众希望能尽快通车,减少对环境及交通状况的影响。

(b) 在运营期,大多数公众认为噪声、人流增加、振动方面是对其生活质量产生影响的最主要因素,其次是电磁辐射、风亭异味、废水、固废。

(c) 对于该规划的实施可能会涉及的搬迁问题,38.57%的人觉得如果有一定的补偿会同意搬迁,52.52%的人表示服从规划,同意搬迁;但是也有1.43%的人表示会因为给其带来不便等因素不同意搬迁；另有13人有其他考虑。

（d）81.9%的公众表示本次轨道交通线路中地铁车站的建设将成为自己选择居住房屋的重要依据，8.10%的公众表示不会考虑地铁车站的影响，10%的公众暂时不能确定是否会根据地铁车站来选择居所。

c. 公众意见落实情况

通过现场发放问卷调查表的方法，评价组基本了解了沿线居民的意见，除上述问题外，居民没有提出其他问题，但建设单位考虑到环境保护及建设友好地铁的理念，将落实居民提出的以上问题。同时，针对本次规划实施会引起的环境影响问题，环评单位与建设单位和规划编制单位进行了深入的沟通，并结合环境影响评价成果对规划方案采取了更环保的方案，针对公众关心的问题在报告书第六章的规划环境影响分析与评价做了详细的分析；关于本次规划涉及的其他问题，环评单位进行了充分的考虑，并针对相关问题咨询相关单位意见，反馈的内容分别反映在环评报告的相应章节，根据影响分析提出相应措施。

③ 相关单位意见、建议

咨询会上，建设单位及环评单位听取了本次建设规划及线网规划涉及的云龙湖风景区管委会、市文广新局、市水利局、市园林局、市国土局、市规划局、市发改委、市环保局、市农委、市建设局等有关单位的意见和建议，并采用独立问卷调查方式进一步征询意见，咨询单位对本规划方案实施均持支持态度。

相关单位的具体意见汇总如下：

a. 加强施工期对地下水、地下水饮用水源地及地下水源补给区的保护措施，从施工方法、防范措施等方面着手减少施工带来的不利影响；

b. 对于涉及地表水系的线路，关注线路建设对航运功能、防洪功能及防洪大堤稳定性的影响；

c. 补充说明穿越云龙湖风景名胜区的必要性分析，以及远景地上线建设的合理性分析；

d. 美化进出站口设计，与周边景观相协调，关注线路建设与地下快速道路的衔接；

e. 继续编制近期建设线路文物专题报告，各线路建设前提前申请考古勘探；

f. 规划实施中进一步做好集约节约用地，线路建设如果永久占用、临时占用林地，提前办理相关手续；

g. 加强规划环境影响分析，通过采取适当污染防治措施，确保线路周边敏感目标噪声、振动等能够达标；各线路车站废水需接管城市污水处理厂，周边暂时没有污水管网的站点，远期废水也应实现接管；

h. 关注运营期可能引起的噪声、振动影响的投诉。

(2) 实施阶段的公众参与

城市轨道交通实施阶段的公众参与在环境影响报告书公示之后。以南京地铁 6 号线工程为例。

该项目公众参与以公开公正的原则，公众参与的形式主要有两次网络公示、公众参与问卷调查、张贴公告等，广泛征求了公众意见和建议。调查以代表性和随机性相结合。

整个公众参与工作得到有效个人问卷调查表共 318 份。总体分析表明，被调查者的年龄、文化程度和职业结构分布，较有代表性。被调查的 318 人中，67.6%的公众表示坚决支持该项目的建设，26.1%的公众表示有条件赞成；另有 4 位公众表示反对，5.0%的公众表示无所谓。有条件赞成的公众要求施工期做到文明施工，将施工期的环境影响减小到最低。反对的公众认为本工程线路与居住小区距离较近，担心后期运营产生的噪声、振动影响，尽可能考虑线路偏移，远离其小区。针对自身房屋拆迁和线路改移的建议，考虑到整个工程线路走向、工程地质和设计标准要求的限制，相关区间线路设计在线路埋深、运行车速、转弯半径等方面进行了最大优化，尽可能减小对其小区敏感建筑物的影响，未采纳相关建议；同时，要求建设单位严格做好施工组织，加强防护，确保建筑安全，尽可能避免施工期间对小区建筑物的影响。对于地铁建设需要考虑振动和噪声影响的建议，进行了采纳，对相关区间进行最大优化，并采取相应的减振措施来最大限度地减少对周围环境的影响。

沿线被调查单位中 100%对本项目的建设表示支持，无反对意见。

建设单位认为：本工程通过多种方式进行了公众参与，并了解了广大公众的意见。建设单位表示在工程建设中，将文明施工作为合同的必要条件写入施工合同中，要求施工单位加强文明施工，加强施工人员的环保意识，加强环境管理，最大限度地减少对周围环境的影响。在运营过程中加强污染物的防治措施，确保污染物的达标排放。

(3) 竣工验收阶段的公众参与

根据原国家环境保护总局 2007 年发布的《建设项目竣工环境保护验收技术规范 城市轨道交通》(HJ/T 403—2007)，城市轨道交通竣工验收阶段的公众参与需针对施工、运行期间出现的环境问题、环境污染治理情况和效果、项目运行扰民情况等方面征询公众的意见和建议，可采用问卷填写、访谈、座谈、网上征询等方式，对轨道交通沿线敏感区范围内的居民、工作人员、管理人员等相关人员，根据敏感点距工程的远近及影响人数分布，按一定比例随机调查。

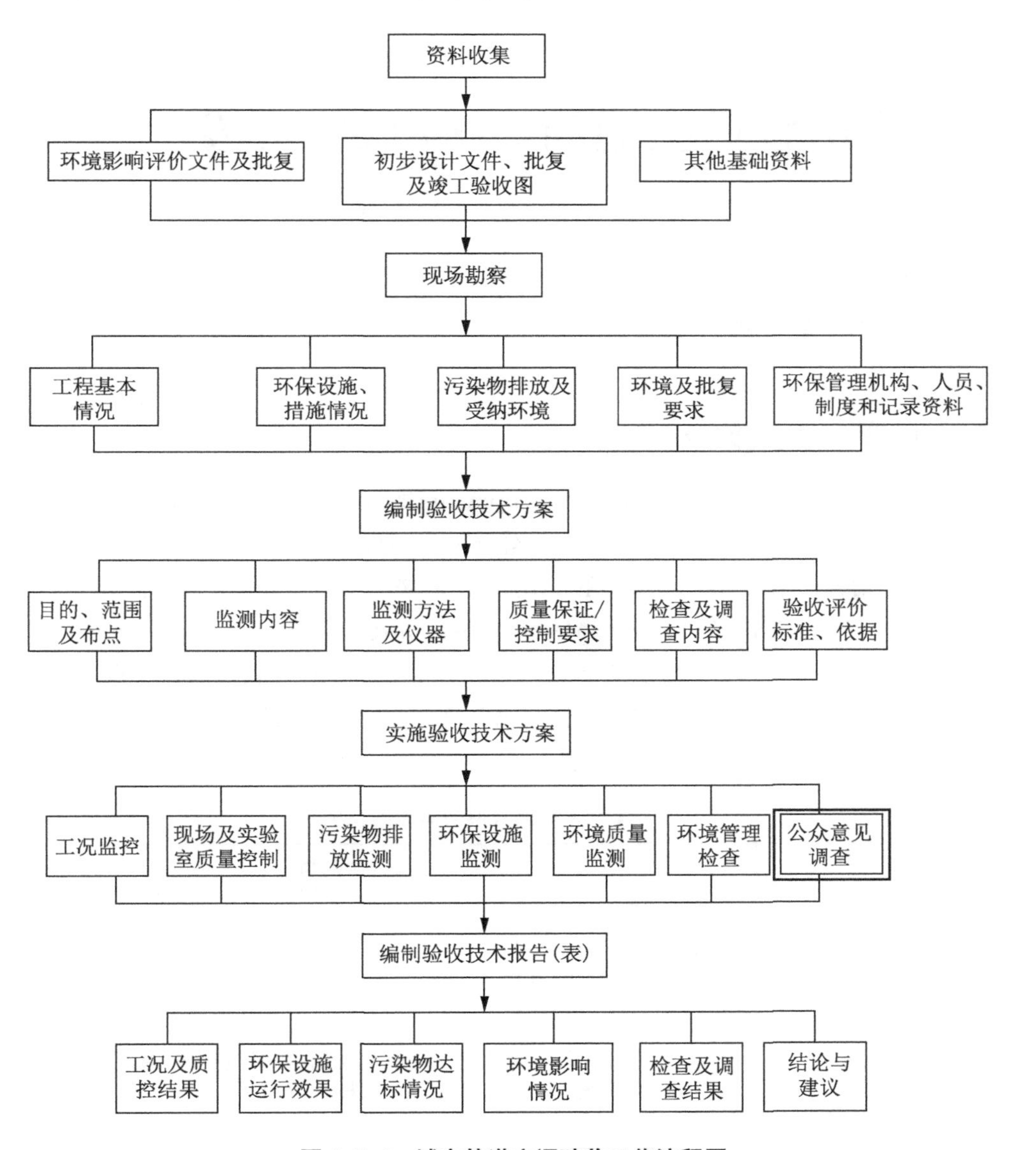

图 4.5-4　城市轨道交通验收工作流程图

5 城市轨道交通的 TOD 模式开发

5.1 TOD 模式概述

5.1.1 TOD 模式的概念

TOD 模式(Transit Oriented Development)即“以公共交通为导向的城市发展模式”。1993 年,美国杰出的城市及建筑设计师、“新城市主义”代表人物彼德·卡尔索普(Peter Calthorpe)在其出版的《未来美国大都市:生态·社区·美国梦》(*The Next American Metropolis-Ecology, Community, and the American Dream*)一书中提出 TOD 模式代替郊区蔓延式发展,并基于 TOD 模式制定了一系列城市土地利用准则。随着 TOD 模式逐渐被应用和接受,研究者进一步深化和拓展了其内涵(见表 5.1-1)。

表 5.1-1 TOD 模式典型概念的发展

年份	作者	概念阐释
1993	彼德·卡尔索普 (Peter Calthorpe)	TOD 是以公共交通站点为核心,以步行 400 m(10 min)为半径范围,集居住、办公、商业、公共空间为一体的集约化、高密度土地混合使用社区。TOD 分为邻里 TOD (Neighborhood TOD)和城市 TOD(Urban TOD)
1994	彼德·卡尔索普 (Peter Calthorpe)	提出 TOD 结构化用地模式,用地类型包括:交通干道、交通运输站点、通道、停车场、核心商业区、办公区、居住区、公共开放空间
1997	伯尼克 & 塞维诺 (Michael Bernick & Robert Burke Cervero)	提出高密度、多样性、合理设计(Density, Diversity and Design)的 TOD“3D”原则,指出 TOD 模式是基于为非机动交通和公共交通而非私家车服务的高密度、集约化,紧凑布局的城市土地利用模式,鼓励步行、自行车、公交和地铁出行

（续表）

年份	作者	概念阐释
1998	弗赖利克(Freilich, RobertH)	TOD 模式是一种城市开发的全新模式，通过大容量的交通运输，采用高密度、多样化、混合化的土地利用方式取代单一的土地利用方式
2000	马里兰州运输局(Maryland Department of Transportation)	TOD 模式是在大型公用汽车或轨道交通站点，且始于步行范围内，高密度混合居住、就业、商业及公用设施等功能，不限制汽车通行，但设计原则偏重于步行和自行车交通
2002	加利福尼亚州运输局(California Department of Transportation)	TOD 模式是以有利于公共交通使用为设计原则，在大型公交站点且始于步行范围内，高密度混合居住、就业、商业及公用设施等功能，适中或更高密度的土地利用，鼓励步行交通，但不限制汽车交通。此外，新建或重新开发的一座或多座建筑，其设计和导向能促进公交的使用也可视为 TOD
2008	阿林顿 & 塞维诺(Arrington G. B. & Cervero R.)	TOD 模式是一种旨在鼓励高效利用和紧凑布局混合发展的土地利用模式，通过鼓励和增加公共交通的使用，创造更多适宜居住的社区
2014	黄良会	TOD 通常是指通过城市轨道交通的建设和运营以促进和引导车站周边和轨道沿线社区的土地开发，TOD 的城市设计是指车站半径 300 至 600 m 或更少的范围内的以步行为主的混合式高密度土地利用发展模式

TOD 既可看作是抑制城市空间无序蔓延的一种有益开发模式，一种倡导公交出行的土地混合高效利用的社区；同时也可看作是一种特殊的土地开发模式。我国国内学者对 TOD 的定义为：TOD 模式即“以公共交通为导向的城市发展模式”，分为邻里 TOD 和城市 TOD。通过在不排斥小汽车出行但鼓励人们公共交通和非机动交通出行的情况下，在公共交通站点，且适于步行范围内高密度、生态化、混合化、多样化、紧凑化布局居住、办公、商业、休闲、绿地、公共设施等功能区，通过协调土地利用和交通政策来引导城市空间有序增长，是面向大容量公共交通设计的一种特殊土地开发模式。

5.1.2 TOD 模式的结构

经过几十年的发展，为了能更好地体现 TOD 模式的开发初衷以及实现 TOD 模式开发的有益引导，通过前人的不断摸索总结，国内外研究者在 TOD 的用地构成上有了一个基本的共识，TOD 的基本结构如图 5.1-1 所示。

(1) 核心商业区

紧邻公交站点开发的混合高效的核心区是一个 TOD 能否成功发展的关键,核心区商业用地的总面积至少应占整个 TOD 用地规模的 10%。同时,每个核心商业区的规模和土地混合利用的程度也不应该是一成不变的,而是应根据所处 TOD 的规模、位置及其所在区域的总体功能定位而发生改变。核心商业区提供完善的服务设施,主要包括:商场、超市、餐厅、影院及其他娱乐设施等,目的在于,使得 TOD 影响范围内的居民和就业者仅通过步行或自行车出行就能完成许多基本购物和生活的需要。

(2) 办公/就业区

为了缓解由于居住与就业岗位的空间分离所带来大量“钟摆式”通勤交通对城市交通系统的压力以及解决其余时间城市交通运营对人流的需求,TOD 强调了居住与就业岗位的均衡布局,在 TOD 的影响区域内都会布置有一定规模的办公/就业区,而且办公/就业区都会紧邻公交站点而布置,这样一来可以鼓励人们更多地依靠公交解决长距离的工作出行,二来也能够在很大程度上保证公共交通的出行效率。

(3) 居住区

居住区在 TOD 模式开发时特指那些位于核心商业区和公交站点适宜步行服务范围内的居住用地,居住用地区的密度应当满足不同类型住宅建设的基本要求。同时也要考虑对公交线路的布设要求的满足,邻里 TOD 最小的平均居住密度不应低于每公顷 18 个居住单元,而城市 TOD 最小的平均居住密度不应低于每公顷 25 个居住单元。

(4) 次级地区

虽然 TOD 鼓励高强度的土地开发,但同时也为更大范围的人口服务,有助于 TOD 内核心商业区的发展以及提高整个公交体系的服务效能,所以在紧邻 TOD 直接影响区的外围设置较低密度的发展区域也是必要的,一般称之为次级地区。次级地区紧邻 TOD 直接影响区,距公交站点的距离在 1 英里* 之内;次级地区内必须提供完善便捷的与公交车站及核心商业区联系的街道和自行车道。在次级地区内,主要布置适度低密度的住宅、公立学校、大型社区公园以及就业岗位较少的公司和换乘停车场。

(5) 公共/开敞空间

TOD 内应为人们提供良好的公共/开敞空间,包括:公园、广场、绿地及担当

* 1 英里≈1.61 km

此项功能的公共建筑。

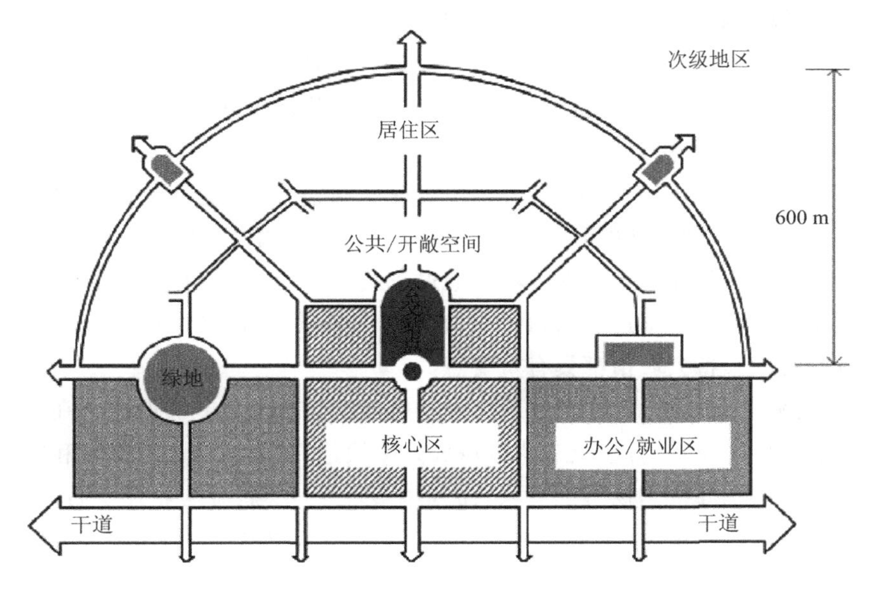

图 5.1-1 TOD 的基本结构

5.1.3 TOD 模式的特征与优势

TOD 主要具备 3 个特征，分别是土地混合开发、高密度建设以及适宜的空间设计。具体而言，TOD 理论在进行空间规划时以公共站点为核心，实现商业、居住、办公、休闲、娱乐、公共设施等多种城市功能的有机整合，打破各功能区分散的状态，创造多样性的生活空间与区域环境，将土地进行混合开发。此外，城市交通站周边通常进行高密度建设，这种建设方式能充分利用土地资源，将土地资源发挥出最大价值，在提高公共交通使用率的同时可在一定程度上实现城市资源节约和环境保护的目标，对于城市健康发展有着良好的促进作用。TOD 提倡的网格状道路可以更加安全便捷地帮助人们到达想去的空间，这种舒适的步行环境可以有效提高人们的出行效率，维持城市交通的稳定运行。此外一些良好的景观绿化以及便利停车空间都属于宜人的空间设计。

TOD 模式的类型通常分为城市型和邻里型。城市型 TOD 大多规划于城市交通网络主干线上，或居住和商业密度大的地区，建筑规模较大；邻里型 TOD 通常不会出现在城市交通主干线上，而是在距离轨道站 10 min 左右交通路程的交通支线上，与主干线连接，为附近的居民提供更为便利的生活体验和社区服务，在减少交通影响的同时增加居民的生活舒适度。TOD 模式的优势主要有以下几点：

① 高效的交通通达性。以站点为中心，以半径500～800 m为有效边界，换句话说通常步行10 min以内为宜，形成以公共交通为中心的放射状路网，同时良好解决换乘、步行、公交、自行车等的有效衔接，并且注重公共空间和良好生态环境的塑造，将大大提升区域的通达性和生活便利性。

② 空间集约开发。TOD模式高度实现交通整合，实现车站跟周边地区集约和互动，提升公共交通的利用率，同时注重用地的效率、集约化开发，实现了城市结构的优化。例如日本的涉谷项目通过车站移位，实现多线有效换乘，集约开发节约用地。对于日本这样人口密度高度集中的城市，以及我国北京、上海、广州、深圳、香港等特大城市都具有重要意义。

③ 区域价值重塑。以TOD理念规划设计的综合项目能够促进所在区域的快速发展和价值兑现，直接反映为区域成熟度快速提升，区域土地价值和物业价值快速增长。例如杭州杨柳郡区域，在区域实现TOD上盖物业开发后，杭州艮北新城的土地价格由2014年的9 942元/m^2，上升至2017年的30 029元/m^2。

④ 城市面貌及格局提升。理念先进、规模较大的TOD综合体自成体系，影响力大，有助于提升周边区域的城市面貌。例如上海瑞虹新城项目，原用地曾是虹口区最大的集中棚户区，市政配套落后、居住条件较差。后通过引入TOD模式进行旧城改造，实现了从最大棚户区到高品质TOD复合社区的华丽转身。

简单而言，轨道交通主导的TOD模式，是指在规划城市交通整体空间布局时，以打造高效率、高水平、高质量的轨道交通为发展核心，继而围绕其在商业、教育、文化、住宅以及工作等方面进行具体的开发与建设，从而确保能够有效满足人们对于交通出行方式的需求，也可以进一步地推进社会经济的发展。

5.1.4 我国TOD模式的任务

现如今，“建轨道就是建城市”的理念已经深入人心，伴随着轨道交通的投资热，TOD得到前所未有的重视，进入了快速发展时期。但与此同时，轨道交通高热的背后，是我国经济增速下滑以及除了基建投资外，缺乏其他有效拉动经济手段的困难局面。TOD是跨界多专业融合，需要全产业链整合才能落地的产品，必须承担其使命、完成其任务。

(1) 提升客流

目前，轨道交通呈现国家积极倡导鼓励、银行大力支持放贷的局面，即便二、三线城市乃至四线城市，轨道交通的建设资金往往因为有国家信用背书以及财政支持而暂时问题不大，但作为准公益产品的轨道交通难以光靠自身实现营利，同时又是一旦开建就无法停下的民生工程，因此，对于百年设计寿命的轨道交通来说，全项目生命周期的成本效益必须在规划设计阶段就要充分考虑。

根据中国城市轨道交通协会的统计，2013 年、2014 年和 2015 年的运营收支比分别为 52%、54%和 60%，普遍入不敷出。而在不高的轨道交通运营收入中，虽然包含广告等资源经营的收入，但票务收入仍然占大头。因此，对于要发展轨道交通的城市来说，无论是否打算把站点周边土地开发和经营的收益用来支撑轨道交通，如何通过 TOD 提升站点周边的人口聚集度、增加轨道交通客流是必须要解决好的根本性问题。要做到这一点，需要在轨道交通线网、全线、站点影响区和站点核心区的各个项目阶段运用一系列的交通和 TOD 规划设计手段才能实现。对于二、三、四线城市，还应注意避免对轨道交通拉动效应期望过高，进而导致轨道交通的功能定位和线站位选择发生偏颇的问题。

(2) 改变城市无限蔓延的“摊大饼”式发展模式

我国早期发展轨道交通的城市，由于受到城市和轨道交通条块分割等因素制约，较少进行站点与周边土地的综合开发，造成功能分散、使用不便以及交通基础设施和土地资源的利用效率均低下的状况。伴随着新一轮轨道交通建设热潮，一方面遵循 TOD 理念对围绕轨道交通站点的新市镇或地块进行集约节约开发已经成为共识。另一方面，已经拥有轨道交通的城市由于早期未按 TOD 理念规划，交通和土地利用对未来发展所需的弹性和承载力不足，某些地区在轨道交通通车后仅十多年就已经出现了交通整治和城市更新的需求，却面临着没有土地的困境。将轨道交通发展或改造与城市更新统筹考虑，无疑给各方都带来机遇和增值潜力，既有利于促进城市空间布局和功能提升，也能让轨道交通更好地服务和支持城市未来发展。

对于发展轨道交通的城市来说，无论轨道交通采用何种投融资模式、是否跟土地捆绑，TOD 都是城市发展的必选项。如果因为不缺资金、轨道交通赶工期或其他原因不开展 TOD 规划研究，将会重蹈之前轨道交通建设与城市发展脱节的覆辙，造成新一轮的资源浪费。

(3) 促进轨道交通 PPP 模式

社会资本合作模式(Public Private Partnership，PPP)指政府和私人企业之间通过签订特许权协议，共同提供某种公共产品或服务。它是介于外包和私有化之间并结合了两者特点的一种公共产品提供方式，充分利用私人资源进行设计、建设、投资、运营和维护公共基础设施，并提供相关服务以满足公共需求。PPP 模式的应用对环境财政经费紧张状况、提高基础设施的质量起到重要的促进作用。

自 2013 年推行 PPP 项目以来，截至 2016 年 2 月 29 日，全国各地共有 7 110

个PPP项目纳入PPP综合信息平台，项目总投资约8.3万亿元。在财政部2014年和2015年分别推出的两批共236个PPP试点项目中，轨道交通项目投资近4 000亿元，占了总投资8 375亿元的47.5%。然而，一方面PPP项目签约率低，轨道交通PPP项目落地更是尤为困难，并且作为“社会资本”参与轨道交通PPP项目的代表方基本上还是中央国企、地方国企和融资平台，真正的纯民营资本几乎为零。但另一方面，有大量的资本对站点周边的土地开发十分感兴趣，但苦于没有渠道介入，而且我国目前缺乏TOD所需的相关法律法规和体制机制。

TOD最大的“魅力”在于把交通和开发的土地资源统筹规划、功能立体复合后，能产生一加一远大于二的增值效益，形成政府、轨道公司、投资人和市民多赢的格局。将轨道交通和站点周边土地资源合理打包(T+TOD)，能够大大提升项目整体的经营性，真正吸引民间资本参与。因此，TOD的市场价值研究以及T+TOD的投融资模式研究将成为促进轨道交通PPP项目落地的关键。

(4) 引领产业发展和生活方式变革

一方面越来越多的二、三线城市甚至四线城市已经或者是准备加入发展轨道交通的行列，这些城市共同面临的挑战包括：人口、经济和产业基础相对较弱，轨道交通客流预测虚高；既有城市空间结构和交通结构不合理，难以有效支撑轨交客流和TOD开发；土地价值不高、房地产市场去库存压力大，TOD对开发商缺乏吸引力；城市未来发展缺乏大能级的驱动引擎等。

但另一方面，轨道交通对于中小规模城市产生的影响相对更大，有机会通过TOD带动城市发展和转型，尤其是提升中远期的发展潜力和收益。因此，我们率先提出“TOD+”的发展理念，旨在借助轨道交通主动引领沿线地区的产业发展和创新生活方式，让更多、更新、更绿色的产业能与轨道交通站点的影响范围复合(比如智慧城市、养生养老、文旅体育等)，进而创造出围绕交通节点将生活、工作、学习和休闲娱乐紧密整合、极端便利的崭新都市生活方式。最终，在TOD范围形成区域多核心、产业多层次、生活多想象的“TOD+”城市发展模式。

5.2 国内外TOD模式的发展

5.2.1 国外TOD模式的发展

(1) 美国

国外研究TOD最早最深入的当属美国。在经历了并正经历着机动车出行方式占主导地位的美国，其城市地区经历了以郊区蔓延为主要模式的大规模空间扩展过程，此举导致城市人口向郊区迁移，土地利用的密度降低，城市密度趋向分散化，因此带来城市中心地区衰落，社区纽带断裂，以及能源和环境等方面的一系列问题，并日益受到社会的关注。1990年代初，基于对郊区蔓延的深刻反思，美国逐渐兴起了一个新的城市设计运动——新传统主义（New－traditional Planning），即后来演变为更为人知的新城市主义（New Urbanism）。作为新城市主义倡导者之一的彼得·卡尔索尔普（Peter Calthorpe）所提出的公共交通导向的土地使用开发策略逐渐被学术界认同，并在美国的一些城市得到推广应用，如加利福尼亚（California）、马里兰（Maryland）、俄勒冈（Oregon）、佐治亚（Georgia）、佛罗里达（Florida）等州的许多城市和社区，其中最早、最负盛名的是位于佛罗里达州的"海滨社区"（Seaside）。

1993年，彼得·卡尔索尔普在其所著的《下一代美国大都市地区：生态、社区和美国之梦》一书中旗帜鲜明地提出了以TOD替代郊区蔓延的发展模式，并为基于TOD策略的各种城市土地利用制订了一套详尽而具体的准则，如中心商业区、居住区、次级地区、公园、广场与公建、街道与交通系统、步行与自行车系统、公交系统和停车场地配置等，在此基础上，介绍了采用TOD策略的若干实例，包括区域规划、车站地区规划、新邻里规划和城镇与新城规划等，其中圣迭戈市（San Diego）以基于TOD策略的土地利用规划较为完善。经过一年半的努力，圣迭戈市议会于1992年8月通过了与彼得·卡尔索尔普所倡导的TOD策略差别不大的《圣迭戈市土地控制体系：TOD设计方针》，并决定按照其设计原则逐步实施，已经取得了很好的效果。

2002年9月，加利福尼亚运输局提交的《加利福尼亚州实施TOD策略成功因素研究——最终报告》可以说是对美国基于TOD策略的城市土地利用研究的一个理论和实践的总结，报告首先对TOD进行了定义，并对实施TOD策略的优越之处进行了阐述；其次对TOD在美国的地位和经验教训进行了回顾与展望，并介绍了TOD策略在加利福尼亚州的实施情况；再次，报告论述了在加利福尼亚州实施TOD策略的机遇和挑战：报告最后讨论了实施TOD策略的阻力和如何克服这些阻力，并对如何促进TOD策略在加利福尼亚州的实施提出了合理的建议。

从区域性的大范围规划到小规模的扩建计划，从旧有建成区的更新到郊区新市镇的开发，从大众运输系统的廊道到车站地区，TOD的规划概念在美国已有相当广泛的应用。根据美国柏克莱大学在2002年的研究显示，全美国有多达137个大众运输导向开发的个案已经完成开发、正在开发或规划中。在区域性的大范围规划方面，波特兰（Portland）、萨克拉门托（Sacramento）与圣地亚哥（San Diego）为主要的代表个案。波特兰由区域性政府依据正式立法通过的区域性规划与都市发展界线纳入 TOD 的发展模式；萨克拉门托以制定 TOD 指导纲要作为执行更新综合计划的工具，并以区域性的轻轨系统来确定新开发区、扩建区及再发展区的区位；圣地亚哥市则采用 TOD 设计原则，作为土地整理与城市形式计划的重要成分。

在大众运输系统的廊道方面，目前在美国已有 21 个都会区采用以轨道交通为主的 TOD 发展模式，较为著名的有加州旧金山的湾区地铁系统（San Francisco Bay Area Ropid Transit District, BART）、波特兰的轻轨系统（Portland Light Rail System）、西雅图的轻轨系统（Seattle Light Rail System），达拉斯的捷运系统（Dallas Area Rapid Transit）等。虽然 TOD 规划概念可以应用在轨道交通、巴士甚至高速公路等各种大众运输系统，但由于轨道交通系统具有搭载量较大及安全性较高、能源消耗及空气污染较低的优势，因此目前在这个领域的应用非常普遍。

根据非营利机构 TOD 中心（Center for Transit-Oriented Development）为美国联邦交通署所作的一项新的研究显示，至 2025 年，全美对于轨道交通干线附近的 TOD 房屋的需求可能会增加一倍以上。这项研究发现，到 2025 年，全美可能会有 1 460 万的家庭打算租赁或购买轨道交通干线附近的房屋，是目前居住在这类邻里中心（Neighborhood）的家庭数量的二倍还多。如果要满足这一需求，则需要在此项研究中覆盖的全部 2 971 个车站的每个车站附近建造 2 100 个居民单位。

(2) 加拿大多伦多

多伦多的快速轨道交通一直以其沿线土地的高密度开发而著称。多伦多运输系统的建设使沿线的发展集中在多伦多中心及各个集结点。不但为中心商业区提供了更加畅通的内部循环，活跃市中心的商业活动，同时也促进了沿线副中心的开发。

(3) 丹麦哥本哈根

哥本哈根早在 1947 年就提出了著名的“手指形态规划”，该规划规定城市开发要沿着几条狭窄的放射形走廊集中进行。走廊间被森林、农田和开放绿地组成的绿楔所分隔。在以后的几十年里，该规划得到了很好的执行。发达的轨道交通系统沿着这些走廊从中心城区向外辐射，沿线的土地开发与轨道交通的建设整合在一起。大多数公共建筑和高密度的住宅区集中在轨道交通车站周围，使得新城的居民能够方便地利用轨道交通出行。同时，在中心城区公交系统与完善的行人和自行车设施相结合，共同维持并加强了中世纪风貌的中心城区的交通功能。作为欧洲人均收入最高的城市之一，哥本哈根的人均汽车拥有率却很低，人们更多的是依靠公共交通、步行和自行车来完成出行。

5.2.2　国内TOD模式的发展

我国内地约从2013年开始以公共交通为导向的开发TOD模式的探索和实践，一些先行先试城市（如北京、上海、广州、深圳、武汉、南京、杭州等）都进行了相关前期规划、土地收储、开发模式等方面的研究，并取得了相关突破。

2013年，深圳市首先提出“建轨道就是建城市”。2014年7月，国务院办公厅出台相关意见，正式以文件形式提出TOD概念。2015年，《城市轨道沿线地区规划设计导则》颁布，TOD理念正式出现在规划技术准则中。2017年6月18日和2018年6月13日，中国城市轨道交通高层论坛，提出“轨道＋物业”“轨道＋社区”“轨道＋小镇”“轨道＋新城”新型建设理念。

于是，各大城市纷纷密集出台相关配套和落地政策，大力支持和加快轨道交通和TOD的发展，其中，最具代表性的有：广州、杭州、成都等。其中成都是近年来推动TOD力度最大的城市，截至2019年底其首批次13个示范项目已全部如期开工建设，未来还将有数十个站点和区域以TOD的理念来规划设计和建设，其力度和手笔堪称国内领先。

深圳是TOD实践成果最为丰硕的城市之一：深圳市地铁集团有限公司按照“建地铁、建城市”的理念，创新确立了“轨道＋物业”发展模式，一方面充分利用上盖空间再造土地资源，另一方面以地铁上盖及沿线物业的升值效益反哺轨道交通建设运营，实现了轨道交通的可持续发展。深圳地铁地产2015年获评“深圳市房地产品牌价值十强企业”，在2016年深圳市房地产综合实力排名第14位。2016年度深圳地铁全年完成投资257.00亿元，实现营业收入124.63亿元，利润总额2 663.00万元，成为全国首家在全成本核算方式下实现盈利的轨道交通运营企业。截至2016年底，深圳地铁总资产2 703.57亿元，净资产1 789.44亿元，资产负债率33.81%。在2017年深圳房地产开发企业综合实力十强中，深圳市地铁集团有限公司位列第三。

从全国轨道的发展进程来看，地铁俨然已经成为城市轨道交通的核心，占比超过75%；2011年到2018年7月，国内拥有地铁的城市已经由13个增长到36个，再加上已经获批地铁规划的15个城市，未来全国总计将有51个以上的城市拥有地铁系统。可以说，TOD在我国已经具备了较为充分的理论基础、政策基础、行业基础、地方基础和市场基础，势必在各个城市的下一轮角力中发挥越来越重要的作用。但总体上内地轨道交通综合开发的发展历程较短,无论是政府还是轨道交通企业,在物业开发方面的经验相对缺乏,尤其是遇到很多政策上的限制。在物业开发的实际操作过程中,各城市的轨道交通综合开发基本上处于一事一议,尚未形成较为成熟的开发模式。在落地过程中,普遍遇到的问题和难点包括:① 难以控制土地资源,难以调规;② 开发主体和主导权不明确;③ 轨道交通企业难以获得土地开发权;④ 各方对土地价值预期差异巨大;⑤ 近期房地产市场无法支撑开发;⑥ 政策频出但难以落地。

造成这些问题的原因多种多样,有技术方面、市场方面,也有政策法规体制机制方面,而 TOD 工作推进的最大难点在于:即便知道问题出在哪里,还是难以发力、难以把理论上成立的解决方案落到实处。究其最根本原因:TOD 要求对城市既有利益格局进行重组,而效益要在未来才能显现。在这种情况下,对 TOD 孜孜以求者道路艰辛、四处碰壁,而墨守成规者即便无所作为或阳奉阴违,在近期内也不会暴露出问题,但造成的后果是一个又一个可集约利用土地且能够使轨道、城市和市民多赢的机会白白流失。

5.3 TOD 模式的应用

5.3.1 国内不同城市的 TOD 模式应用

TOD 模式在国内推广和应用的关键在于土地使用权如何获取,受限于我国的土地政策,可操作的土地主要集中在车辆段、停车场及车站周边。获得土地主要有以下三种方式:

① 作价出资,即政府以土地使用权的评估值作为资本金注入市属地铁集团,由其以此为依托进行轨道交通建设融资,并用物业开发收益偿还债务融资、平衡运营缺口。

② 协议出让,本质上与作价出资有些类似,即政府通过出台办法或会议纪要的形式,将相关地块的土地使用权协议出让给市属地铁集团,由其进行建设融资和物业开发。

③ 附条件“招拍挂”,即政府在招标公告里要求“参加竞投的主体资格,要具有地铁线路及其附属设施建设运营管理及相关土地利用的能力,并拥有建设一条以上地铁线路的经验”,最终实现了线路运营和上盖物业开发主体都是一家公司,既确保地铁建设和运营安全,又实现资金平衡,降低政府补助负担。

（1）南京模式：招拍挂出让，增值收益返还

通过政府指导、政策扶持、程序优化、市场运作等措施，实现南京地铁沿线土地收益和收益增值对地铁建设的转移支付。

具体运作方式为：政府提前对南京地铁沿线相关地块进行控制储备，委托规划局进行沿线土地属性调整、结构优化、集约利用，委托土地储备中心运作土地，委托地铁建设指挥部和相关单位在实施各条地铁线路征地拆迁中同步完成开发用地的征地拆迁工作，然后根据工程进展情况，待其土地增值后组织上市拍卖和挂牌出让。在挂牌出让过程中，南京地铁房地产公司将作为竞标单位参与全过程竞争。南京地铁房地产公司一是测算好挂牌地块的底价和相对房产开发利润的底线，在底价和底线内积极举牌，不致流标；二是超过底价和底线后不再举牌，由中标的开发商实施开发，拍卖的土地收益和土地收益增值由政府作为资本金投入地铁建设；三是如果在底价和底线内摘牌后，由地铁房地产公司贷款向土地储备中心缴纳全额费用，土地储备中心将该变现资金作为政府资本金注入地铁建设，地铁房地产公司再以拿到的土地向银行抵押贷款实施房产开发，开发所获利润全额上缴地铁建设指挥部，作为地铁建设指挥部自筹的专项基金再投入到地铁建设中去，开发形成的税费由政府作为资本金专项返还到地铁建设中，这样，保证了南京地铁沿线土地收益和土地收益增值更多地用于地铁建设。

（2）广州模式：政府授权，股份合作与开发商独立开发

广州的城市轨道交通沿线物业发展由广州市政府直接领导。在合作开发模式方面，由地铁公司向市政府取得沿线物业发展地块的开发权，然后与发展商签订合作合同，成立项目合作公司，共同开发，物业发展所得收益由双方按合同商定的方式分享。地铁总公司所得收益用于支付地铁部分建设费用。

（3）上海模式：招拍挂出让，捆绑运作，市区合作开发

沿线地块由政府按项目分别批租，没有统一的征用土地。地铁站点和车厂均单独设置，与城市面貌很难融合。地铁公司也有下属的房地产开发公司，但是不发展与地铁站点和车厂联系紧密的上盖物业，与地铁营运无直接的关联。上海地铁上盖物业的开发情况非常复杂，既有地铁公司直接参与开发，也有私人机构参与开发，而地铁二号线基本上由各区政府结合旧城改造独自开发。

（4）深圳模式：协议出让，捆绑招商

政府在土地出让竞买条件中，限制竞买者必须为地铁建设运营者，变相取得土地的特许经营权。2004年1月15日，港铁公司与深圳市人民政府签署了《关于深圳市轨道交通4号线投资建设运营的原则性协议》，原则上确定了以授予特许经营权的方式由港铁投资、建设、运营深圳轨道交通4号线35年（建设期5

年,运营期30年),期满后无偿移交给深圳市政府。在此协议的基础上,深港双方于2004年初开始就土地开发模式、监管、风险防范等重要内容进行了近一年的艰苦谈判,2005年5月,香港地铁与深圳市政府最终签署了《深圳轨道交通4号线特许经营协议》,确定了"服从规划、划定范围、评估地价、协议出让、招标开发、地价分成"的站点周边土地开发原则。按照协议,沿线划定的约80公顷*土地不走招拍挂程序,港铁在7年时间内分批分期按照当年地价的一定折扣向土地局缴纳地价款获得土地,再通过招标以多种合伙形式确定有实力的合作开发商,合伙开发各地块。开发完成后,由建铁负责售出或出租物业的经营管理。

(5) 香港模式:政府协议出让,地铁公司独家运作

地铁公司与政府达成协议,统一征用地铁沿线地块用作站点(车厂)上盖物业发展。地铁公司负责所有地块发展的统筹,包括确定用地规划指标,制定发展计划和物业方案,通过招标选择发展商,对属下的物业进行经营管理。地铁公司和开发商合作开发的形式:由地铁公司提供用地,开发商提供资金和开发经验,并负责具体操作,双方按协议的规定分享增值利益。地铁公司得到的开发利润内部转化为地铁的建设投资。

(6) 其他城市

① 杭州:杭州地铁在地铁车辆段等关联站上取得上盖物业开发权,但对沿线500 m范围土地采用地铁+物业的开发模式。

② 哈尔滨:哈尔滨地铁通过政府政策法规取得广告、地下空间等资源的开发权和邻近建筑接口费的收取,但对土地没有明确的意见。

③ 武汉:武汉地铁通过地方立法取得土地储备、开发权。

④ 福州:福州地铁办通过市政府的会议决议,将地铁公司拥有沿线500 m的收储权和开发权明确写入会议纪要,不需市政府另外投入,收益用来进行地铁建设及运营需要。

⑤ 天津:天津地铁通过取得沿线土地的整理权和收益权(特许经营权),对土地进行收储、开发。

⑥ 北京:地铁沿线的地块是由政府按项目批租给开发商,与地铁营运没有直接的联动关系。站点和车厂的设置也基本是独立的。也有少数开发商认识到地铁上盖物业的价值,与地铁出站口进行有机联系(例如东方商厦),但只是自发性的,没有统筹发展。

---

* 1公顷=10000 m^2

5.3.2 TOD模式下轨道交通站点应用

根据轨道交通线路周边的不同地区、城市功能、既有用地格局的影响，TOD模式下轨道交通站点地区用地布局呈现出差异性。因此有必要根据不同功能、区位对轨道交通站点地区进行分类。

按照城市功能可将轨道交通站点地区分为公共中心区、交通枢纽区、高密度一般地区、景观开放区、低密度一般地区和工业区(如表5.3-1)。

表5.3-1 TOD模式下轨道交通站点分类

交通站点	站点周边布局	特征
公共中心区	周边多为大型公建设施	土地开发强度大
交通枢纽区	站点附近为交通枢纽，且轨道交通站点对这些设施有着直接的联系	汇集市区公交和其他多种交通方式的客运中心地段
高密度一般地区	站点周围以居住为主，开发已完成或基本完成	站点周边平均开发程度中等，轨道交通为该地区带来再开发的契机，站点周边居民主要通勤出行
景观开放区	站点周边具有自然、历史、人文等景观资源或大型的公共设施	能产生或吸引大批本地或外来客流
低密度一般地区	以居住为主，开发尚未结束	居民依靠轨道交通出行的比例较其他地区高一点
工业区	站点附近以工业开发为主，辅以适量公共服务设施	

(1) 前海深港现代服务合作区——“商业区+轨道”式TOD模式

前海深港现代服务合作区(下称“前海”)是《深圳城市总体规划(2010—2020)》确定的深圳城市“双中心”之一，融合金融业、现代物流业、信息服务业、科技服务和其他专业服务等主导产业于一体。为打造宜居宜业现代化滨海名城，前海管理局将TOD模式作为城市发展的重要理念贯穿于规划、设计、管理等各个环节，同时前海范围内轨道交通工程与地块开发项目在建设时序上的一致性也为实施TOD模式提供了良好的契机。

① 前海TOD模式的规划设计

基于TOD价值理念，前海依据轨道交通走廊及站点分布，落实开发强度分层递减的混合土地开发模式，并在单元规划中落实导控要素，包括容积率、各类用地(办公、商业、公寓及公共服务设施)开发规模等指标，实现轨道站点500 m

覆盖约83%的人口和就业岗位。开发强度分层次递减，开发模式的内涵包括两方面：一是鼓励轨道站点周边地块进行混合用地开发，用地性质涵盖商业、办公、居住等；二是依据地块距离轨道站点的远近进行容积率控制，距离轨道站点越近容积率越高，但地块整体开发量仍以周边交通系统承载力为前提（见图5.3-1）。

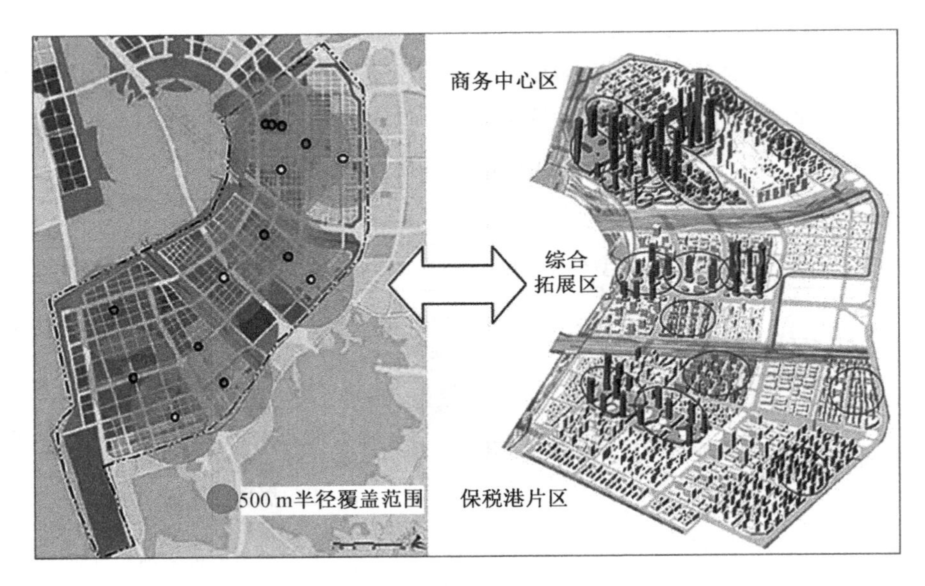

图5.3-1　深圳前海部分轨道站点与开发密度协调

前海高强度开发带来大规模短时聚集的潮汐交通成为对外交通面临的主要挑战。据测算，高峰小时对外机动化出行需求高达30万人次，机动车平均出行距离约15 km。前海对外通道极为有限，以小汽车为主导的交通方式显然无法适应前海发展的需求。参考纽约、伦敦等高密度开发CBD发展经验，前海确立“轨道＋慢行”为主导的交通发展模式。

a. 打造高密度轨道交通系统，支撑新区超高强度开发。打造高密度轨道交通系统，提出高峰小时轨道交通分担率不低于85%的发展目标。经过多轮规划，前海形成13条轨道线路，包括4条城际线，2条轨道快线，7条轨道干线，总长度约62 km，轨道网络密度为4.2 km/km^2，已超过伦敦中心区、曼哈顿，确立了轨道交通主导片区发展的总体方向。

b. 围绕轨道站点构建多层次、立体化步行系统，提升通达性、舒适性。围绕轨道站点、周边地块、地下空间、城市公共开放空间等提供多样的、舒适的通行空间，构筑“以人为本”的高品质出行环境，从而降低出行对小汽车的依赖性，保障轨道站点成为集聚城市活力的中心。前海规划了地下、地面、空中三层立体化步行系统，串联了轨道站点、地块、城市公共空间，构建了风雨无阻、寒暑无忧的多层次网络化步行系统。以轨道站点为中心，向周边地块发散，构筑了近 25 km 地下步行通道系统。将轨道站点传统的 4 个出入口，扩展到了 15～20 个，服务前海可开发建设总用地面积的 64%。规划约 20 km 二层空中步道步行系统，串联了各个地块与水廊道、滨海休闲带、城市带状绿地等公共开敞空间，同时兼顾行人的立体过街功能。

c. 打造小尺度密路网格局，提升步行与非机动车网络灵活性。推行 TOD 模式的目的之一是提供更加灵活和舒适的步行和非机动车出行环境，提升社区活力。传统宽大马路格局主要强调小汽车的机动性，被分割的大街区往往加剧了道路拥堵、降低了路网灵活性、牺牲了行人和自行车交通舒适性和安全感，间接影响社区人行活力和公共交通效率，不利于 TOD 模式实现。

前海以骨干路网为基底，规划安排了高密度的支路网体系，密度达到 11.98 km/km^2，与曼哈顿地区相近，是深标 1.3 倍、国标 1.5 倍。道路设计融入宁静交通理念，强调以人为本、低碳环保，全面保障慢行空间，提升慢行品质并可同时满足公交、自行车、步行等多样化出行。

② 前海 TOD 模式的规划实施

新区建设便于实施 TOD 模式的主要原因在于政府可以合理协调轨道工程与地块项目开发建设的时序，实现站点出入口、轨道站点接驳、慢行通道与地块地下空间一体化衔接。前海主要开展两方面工作。

a. 实施轨道交通土建预留工程。前海启动城市建设之初，前海范围内的地铁 5 号线二期、9 号线二期工程尚未列入轨道近期建设规划，无法按正常程序启动立项建设等工作。但根据交通预测，高峰小时对外交通需求达 30 万人次，为了保障片区交通畅通，提升出行效率和品质，同时支撑前海城市发展，推动基础设施建设，前海对 5 号线二期、9 号线二期工程配套土建预留工程先期启动建设工作，保障轨道交通工程建设时序与地块开发项目同步。

b. 合理安排在建轨道站点周边地块出让时序。前海综合考虑土地整备、产业发展、轨道交通建设等因素先期出让在建轨道站点周边地块，并在土地出让、规划用地许可等阶段要求地块落实 TOD 发展要求。截至 2016 年底，轨道站点周边 500 m 范围内出让地块占比高达 80%以上。

土地出让阶段，根据综合规划、单元规划要求，在土地合同中明确 TOD 开发的原则性要求，并将单元规划确定的导控要素作为用地出让条件与潜在开发商沟通。用地规划许可证阶段，将道路系统、轨道出入口、公交场站、地下步行通道、二层连廊系统等写入用地规划许可证的控制要点，作为地块开发的强制要求。方案设计核查阶段与工程规划许可证阶段，也对地块建筑方案是否落实 TOD 导控要素进行审查，包括规划符合性审查、规范符合性审查以及方案优化审查。

③ 存在的不足

一方面，TOD 开发项目涉及对象较多，包括土地、公共交通、建筑物等客体和政府、公众、开发商等主体；另一方面，TOD 项目实施涉及规划管理、行政审批、责权利划分、资金安排、运营维护、体制机制、政策保障等多个环节。由于环节众多且各方利益诉求及获取利益的手段和能力不同，因而需要协调客体的空间关系和主体的利益，实现系统综合最优而非某一方利益最大化。前海在实施 TOD 的过程中仍有以下方面需要改进和优化。

a. 轨道站点影响区建筑停车位配建指标缩减尚未落实

TOD 社区希望通过围绕轨道站点构筑舒适的公共空间，实现“轨道＋慢行”的出行方式，减少对小汽车的依赖，根据《城市轨道沿线地区规划设计导则》《深圳市城市规划标准与准则》（下称《深标》）的要求，轨道站点周边停车位需要缩减，《深标》即要求按停车位下限配建。但由于种种原因，前海当前允许开发商采取《深标》中限配建停车位，这与依靠公共交通引导城市发展，降低对小汽车依赖的初衷相悖。

b. 地铁空间与物业开发空间建设标准、装修标准、指引系统尚未统一，影响出行体验

地铁红线范围内的地下步行通道由深圳地铁集团负责建设，地块红线内通道由地块主体负责建设，按照现有的管控要求，即保证两个开发主体建设通道在接口位置、坡道、宽度实现对接即可，并未对通道建设标准、装修标准做出统一规定，导致通道建成后的使用体验不佳，如通道灯光的照度不统一、采用两套人行指引标识等。

c. 土地出让速度明显超前于城市轨道交通建设，间接刺激私人机动化方式发展

根据预测，当前海经营性土地出让比例超过 62%时，必须开通新的轨道线路才能解决合作区对外交通需求。依据当前出让速度，预计至 2024 年，合作区已开发地块比例可超过 62%，即需要开通新的轨道线路以支持城市发展。但是根据《深圳市城市轨道交通第四期建设规划（2017—2022 年）》，在第四期建设规划中并未在前海安排新的轨道线路，可以预见前海合作区交通系统会在 2024 年前后面临挑战。同时，因无新的轨道线路开通，间接性促进私人机动化发展，也不利于合作区“轨道＋慢行”交通发展模式的实现。考虑到轨道线路建设周期一般为 4～6 年，因而合作区应谋划建设新的轨道线路，最迟应于 2020 年开通建设新线路。

(2) 香港地铁——“物业+轨道”式TOD模式

港铁公司在香港的运营模式整合了轨道交通的发展和物业发展，即“轨道+物业”模式。一条新的地铁线开始规划的同时，香港政府授予港铁公司建造和运营地铁线路的所有权，同时将地铁沿线物业的开发权也交予港铁公司，即港铁公司以该地区通地铁前的地价买入土地。

在港铁线路方面，港铁公司负责其线路和站点的规划设计；在沿线土地方面，港铁公司以地铁站上盖土地和地铁站周边土地两种类型进行开发管理。针对地铁站上盖土地，港铁公司全权负责开发和管理，以保证地铁线路和地铁站点用地的无缝接合，提高地铁的乘客出行率，并保证投入资金能顺利回收。针对地铁站周边土地，港铁公司则将该地块的所有权部分或全权出售，通过引入房地产开发商来合作运营土地。房地产开发商通常支付土地溢价和该地块的建设费用，以此来分担港铁公司的开发风险。同时港铁公司作为该地块开发建设的监察方，获得土地溢价的部分利润。由于地铁站点周边物业的开发类型和密度很大程度上决定了该站点的乘客出行率，港铁公司在该地块的规划期就介入其中，将地铁站点的位置和出入口设计与规划的物业紧密结合，保证物业和土地价值的最大化。港铁线路规划和沿线土地规划的有机结合，保证该站点在进入运营期后，所获得的地铁交通收入和物业管理收入能支持港铁公司的运营和发展(如图5.3-2)。

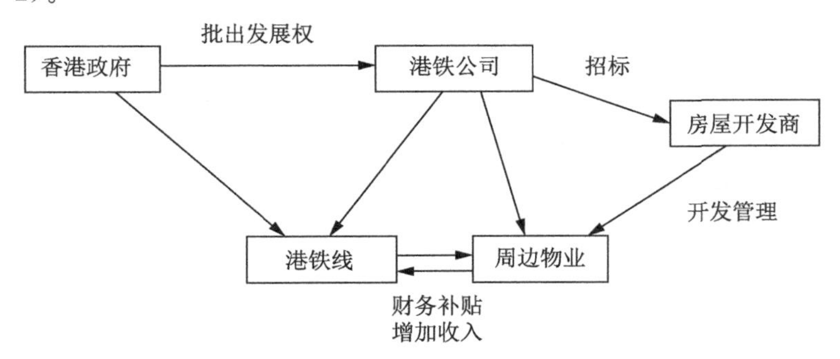

图5.3-2 港铁公司“轨道+物业”模式的参与方和权益分布

例如在港铁的一期规划中，观塘线、港岛线和荃湾线都遵循了这一规划原则。在港铁公司对这三条线路展开规划的同时有18个地铁沿线或周边的房地产项目也在规划当中。至今，这18个房地产项目中仍有10个依然由港铁公司进行管理，其中包括28 000间公寓，占地15万m^2的购物中心和占地12.8万m^2的写字楼群。这18个房地产项目的总建设费达到250亿港币，而项目投入使用后收获利润40亿港币，缓解了16%的成本压力。

地铁沿线物业的开发管理不仅在财政上支持港铁线路的建设和运营，更对港铁的乘客出行率有重要影响，位于东涌线的青衣站就是典型案例之一。青衣站地处新界葵青区，地理位置远离市中心，初建成投入使用后平均人流量仅为1万人/日左右。后与青衣站同期规划的购物中心青衣城投入运营后，每日平均人流量得到了极大的提升，达到4万人/日，大大提高了站的交通运营收入，也增加了青衣站点内部商铺的营业额。

港铁“物业＋轨道”模式的成功主要可归结于以下四点因素：

① 地铁站点周边土地的高容积率开发模式保证了港铁的使用出行率并最大化土地价值。选择地铁周边物业的人群与出行使用地铁的人群高度重合，这样的开发策略使得地铁站周边聚集了大量需要地铁出行的人群，从而保证了港铁的出行率。

② 港铁线路和站点的不同开发阶段促进了香港地铁的可持续发展。现运行的港铁系统可被分为两个发展阶段。第一阶段是城市地铁发展阶段(1980年至1990年末)，主要集中于九龙及香港岛的市中心区域，其重要目的是改善交通拥堵及改造旧城区，房地产的开发运营并不作为港铁公司的主营业务之一。第二阶段是郊区地铁发展阶段，主要打造了机场快轨线和荃湾线二期，将香港国际机场和香港岛的外围同香港市区连接起来。在这个阶段物业的发展规划被并入港铁公司的主营业务来开展，在Cervero R和Murakami J的研究中，就将这一业务变化和增长的趋势进行了计算(图5.3-3)。

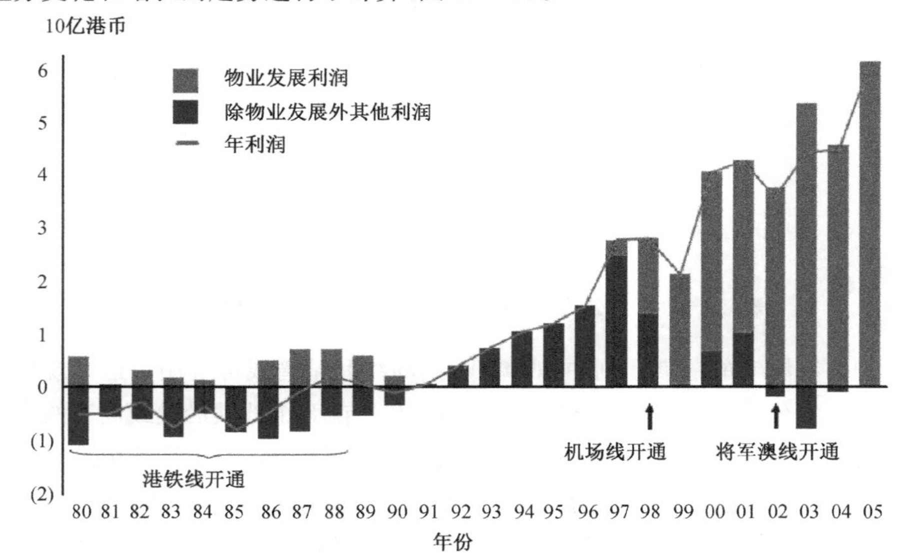

图5.3-3　1980年至2005年港铁公司财务收益与物业投资的关系

③ 针对选址于市中心的港铁站，港铁公司选择合作的方式入股港铁站已有的上盖建筑，而不选择重新建造新设施。以东涌线终点站的香港站为例，该站点坐落于香港最高建筑国际金融中心的地下层，当时港铁公司与国际金融中心的业主方签订合同购买底层至18层的物业，在将站点规划与建筑设施有机结合的同时，通过地铁通车后增加的人流量来提高物业价值，港铁公司由于持有相关物业，所以其物业管理的收入也有明显提升，反向补贴了地铁运营支出。

④ 在交通导向规划中，港铁站及周边区域以其打造的高密度混合用地及徒步可达性而被列为典型案例之一。在香港，有将近45%的市民住在距离港铁站500 m内的范围内，在密度较高的九龙、新九龙和港岛区域，该数字更是达到65%。与港铁站相连的人行系统规划在港岛的商务购物中心区是最发达的。该区域被巴士、地铁、有轨电车等公共交通工具所覆盖，并通过人行道和天桥、地下走廊等方式相连接。

综上所述，“轨道＋物业”模式的成功不仅是因为香港高昂的地价和地铁开通后给物业带来的纯物业价格提高，更多的是在港铁项目开发之初，港铁公司就已经将地铁线路、站点的规划与地铁沿线物业、站点上盖建筑的规划相结合。所以当地铁开通后，相关物业由于提高了可达性而变成有吸引力的物业类型，提高了物业的价值，而物业吸引到的客流又增强了地铁线路的运营收入。通过物业与地铁的协同作用，港铁的运营收入和物业收入共同得到提高，从而保证了港铁线路的可持续发展。同时在港铁的开发过程中，香港政府已经制定出比较完善的港铁财务补贴机制，通过指定港铁公司进行土地拍卖和补偿机制的做法，多方面地提供有力财务支持。

(3) 佛山轨道交通二号线——“BOT＋TOD”综合模式

BOT(Build—Operate—Transfer)，即建设-经营-转让，又称基础设施特许权。是指政府为了完成某项基础设施建设项目，通过与私营企业达成协议，允许其融资建设并在一定时期内经营和管理该项目，通过收取服务费用或出售产品来回收投资并赚取利润。特许期结束时，私营企业要按合同的约定将项目的经营和管理权移交给政府部门。其实质是政府通过出让基础设施特许经营权的方式，将民间资本引入到基本设施建设领域，以缓解财政资金压力。

承载岭南文化特色的佛山是华南地区经济最活跃的地区之一，也是位处全国经济实力和发展竞争力排名前列的城市。强劲的经济发展自然使政府领导和群众对轨道交通建设和生活素质的要求更高。但面对土地资源日益短缺、多方利益平衡、政府财政资源有限等矛盾，以及配合佛山未来在广佛同城、产业转型、强中心等战略发展需求下，佛山需要一个多维度、跨专业、高度融合的方法来处理轨道交通与城市发展融合的难题。

佛山城市轨道交通二号线一期工程项目由南庄站至广州南站，经过佛山禅城区、顺德区、南海区和广州番禺区，线路全长约 32.3 km，其中地下线长约 22.9 km，高架线路长约 8.3 km，过渡段长约 1.1 km；共设车站 17 座，其中地下车站 12 座，高架车站 5 座；设林岳综合维修基地 1 座，设湖涌停车场 1 座，新建石湾和花卉世界主变电所 2 座以及与 3 号线共用的湾华控制中心（线网 8 条线的集中控制中心，如图 5.3-4 所示）。

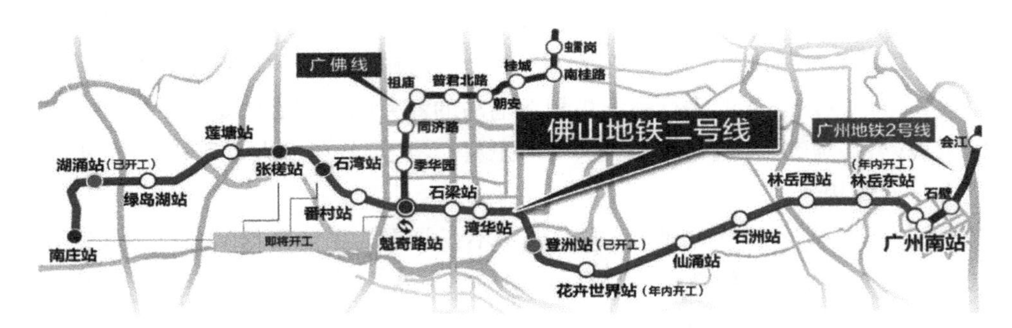

图 5.3-4　佛山市城市轨道交通二号线站点分布图

在新型城镇化快速推进、新一轮土地管理制度改革、优先发展公共交通的政策要求、铁路建设投融资体制改革和铁路用地综合开发快速发展的大背景下，为促进佛山市的城市升级、满足轨道交通可持续发展要求，经过“政府投资＋政府经营”、“政府投资＋企业经营”和“公私合作投资与经营”（即 PPP 模式）等三种投融资模式的比较分析，佛山城市轨道交通二号线一期工程项目采用 BOT（建设—运营—转让）投资建设和运营管理模式，并可通过“轨道＋物业”的方式，利用沿线土地 TOD 综合开发收益弥补轨道项目建设和运营的资金缺口，最终形成 BOT＋TOD 的投融资模式。

佛山市采用 BOT 的特许经营模式实施城市轨道交通的投资建设、运营管理与资产移交，并采用 TOD 模式将轨道交通沿线场站周边 TOD 综合开发范围内的土地一级开发收益及特定土地二级开发收益平衡轨道交通项目的建设投资和运营亏损，以构建并实施在政府财政、土地资源、税收减免及融资方式等方面优惠政策支持下的佛山市城市轨道交通准市场化的投融资模式，其实施路径如图 5.3-5 所示。

① 同步开展工程前期研究和 TOD 规划研究，配置 TOD 综合开发资源，充分挖掘轨道交通的社会经济效益。

② 利用 TOD 综合开发的高额收益，通过特许经营权招标，吸引社会投资人

参与轨道交通工程的投资、建设和运营以及 TOD 综合开发，剥离轨道交通债务资金与政府财政的关系，减轻政府的财政压力，降低政府的债务负担。

③ 进行轨道交通工程建设和建设期 TOD 综合开发范围内的土地一级开发，实现建设期工程投资平衡。

④ 特许经营项目公司进行项目运营管理及运营期 TOD 范围内土地一级开发和特定土地的二级开发，实现运营期资金平衡。

⑤ 特许经营期结束后，特许经营项目公司将轨道交通项目资产无偿移交给政府或政府指定的部门。

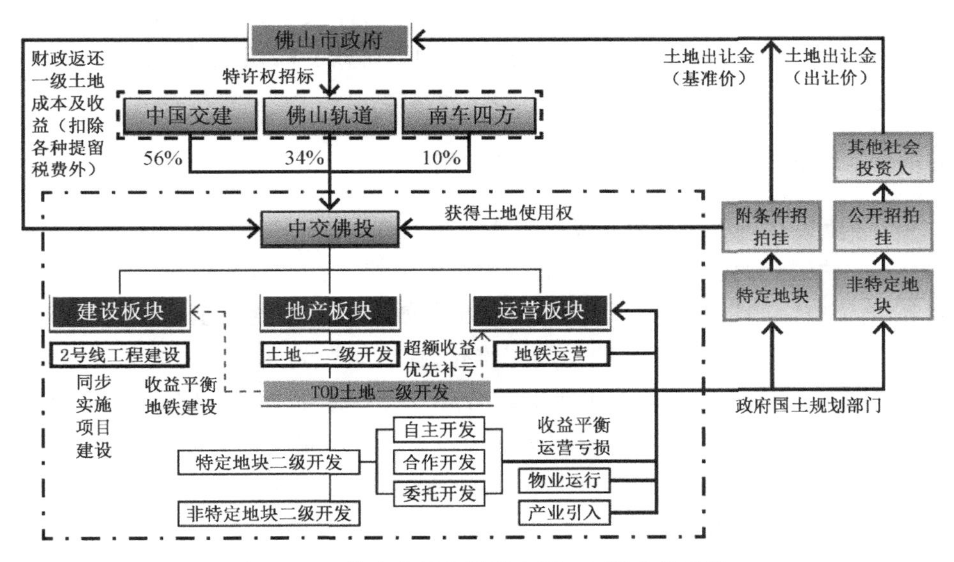

图 5.3-5　佛山市城市轨道交通二号线实施路径

5.4　城市轨道交通 TOD 模式未来发展

当前新时期下，城市轨道交通已不仅仅是满足人们出行的交通工具，更是集促进民生、输出文化、重塑经济及区域空间、带动产业布局等多功能于一身的综合体。未来的城市全局交通形态是以城市轨道交通发展为源头，以城市轨道交通系统作为公交系统的核心骨干网，通过横向、纵向的多元发展形成城市交通体系新格局。在未来，城市轨道交通是一种新的生活方式，更是一种高层次的文化需求。

在新时期，城市轨道交通的发展模式包括 SOD(服务导向发展)和 TOD(交通引导城市发展)。TOD是以公共交通为导向的城市发展模式,该模式旨在建立一种适合公共交通服务的城市土地利用模式,强调公交优先理念,并沿公交走廊加强紧凑布局的综合土地利用模式。TOD模式以步行、自行车交通为主,实现了多种交通方式的“零换乘”,是现今条件下交通通达性的最优表现。SOD模式是通过社会服务设施建设引导的开发模式,即政府通过规划将行政或其他城市功能进行空间迁移,同步配备新开发地区的市政设施和社会设施,进一步调整空间要素功能和保障所需资金。

未来是经济一体化大力发展时期,城市轨道交通发展宜综合考虑TOD与SOD模式相结合的交通发展模式,充分利用这两种模式的优势,在提高交通机动性的同时,保障方便、舒适的生活与工作环境,体现新时期“空间人文精神”,有助于优化城市空间、改善财政状况。

5.4.1 城市轨道交通的多元导向作用

(1) 地上及地下空间相互促进发展

城市轨道交通能够将沿线分割的建筑物及建筑群进行有机整合,实现城市地上、地下空间的资源再造。其中,最突出的效能是集约化的土地利用,对节约土地、缓解城市拥堵、拓展城市空间三维化、提供必要公共服务设施等方面意义深远。同时,地下空间和商业上盖的综合开发使得原本无法利用的地下土地得到了全面利用,产生了新的价值和经济效益增长点。城市轨道交通沿线及交通枢纽人流密度大,宜发展多个商业中心,使地面及周边建筑进一步升值,带动“商圈式消费”和“商业带式消费”,催熟城市商业。因此城市轨道交通本质已逐渐由交通概念范畴演变为城市商业概念范畴。

(2) 地下综合管廊与产业优化提升

地下综合管廊是保障城市运行的重要基础设施和“生命线”,不仅解决了城市交通拥堵问题,还极大方便了电力、通信、燃气、供排水等市政设施的维护和检修,且具有一定的防震减灾作用。在发达国家,地下综合管廊已存在了近一个世纪。城市轨道交通建设宜结合地下综合管廊及相关产业联动发展,充分发挥城市轨道交通内部效益外部化的最大经济属性。同时,城市轨道交通建设涉及建筑业、制造业和新技术产业,运营期直接影响房地产业、交通运输业和第三产业等的发展。城市轨道交通的发展能够优化提升车辆、信号、通信、环控,以及设计、施工、监理、监测、科研等产业发展。相关产业的发展还能进一步刺激就业,因此,发展城市轨道交通能够带来不可估量的社会总收益,具备显著的经济效益社会化。

(3) 促进城市公交系统发展

城市轨道交通作为城市公交系统的重要组成部分,将原本分割的城市各个功能区、不同建筑群和城市各类单元有效串联。城市轨道交通车站是城市三维立体空间的节点和人流集散地,其主要交通属性是将各种交通工具快速、有效地进行整合,使人们在最短的时间内能换乘到自己所需的交通工具并快速到达目的地。同时,城市轨道交通将道路公交系统、行人系统、关联建筑物等有机结合,实现交通、车站、行人体系、商业及商务的一体化,有效提高了城市公交系统的运行效率及其社会效益。

(4) 带动城市文化发展

城市轨道交通文化已日益成为全新的城市文化形态和文化标签。打造先进的城市文化品牌,有利于提高城市知名度、增强城市核心竞争力、促进跨区域经济发展。当前,乘坐城市轨道交通已成为人们高层次文化需求的外在体现。作为城市文化的缩影,城市轨道交通文化经提炼、加工后能使城市文化特点更明晰、层次品味更高,进一步推动智能城市的发展。城市轨道交通文化的基本走向与城市文化的发展方向一致,依赖于城市文化这一灵魂和核心,是城市文化的浓缩提炼和动力源泉,并影响着城市文化的建设发展。城市轨道交通文化对城市文化的发展具有较大影响,通过精准的文化定位,进一步深化融合本地文化,能够逐步影响并推动跨区域文化,促进区域文化一体化。

5.4.2 新时期城市轨道交通的发展理念

(1) 结合科技发展

以“互联网+”和大数据等为代表的新兴科技,大力推动了社会经济实体的发展。在“互联网+”背景下,大数据、云计算的发展及应用已成为必然,大大提升了资源配置的效率。新时期,城市轨道交通宜立足于宏观,充分结合“互联网+”、大数据等科技手段,在交通信息化、智能化、全局化、网络化、立体化、层次化等各领域进行深入探索,如充分利用地下空间BIM(建筑信息模型)技术、GPS(全球定位系统)技术、GIS(地理信息系统)技术及4G通信技术等;宜升级传统的交通管理模式,整合并统一管理当前分散的交通信息,实现信息及资源的最优配置,完善交通管理体系,实施“互联网+”战略,以信息化带动城市轨道交通智能化,以城市轨道交通智能化促进信息化,为城市轨道交通行业的可持续、快速发展提供强有力的信息技术支撑;宜优化交通发展布局,以点带面,以交通系统的智能化带动智能城市的发展。

(2) 重视乘车体验

新时期,运营理念多以人为本,人们对城市轨道交通提供的乘车体验愈加重视,除正常出行外,人们更关注车厢宽敞性、大件行李的携带及存放便捷性等。国外城市轨道交通的发展理念不仅仅局限于站立密度等理论值的论证,更重视乘车体验和人文关怀,如丹麦专门为自行车设置了专列车厢,极大地提升了出行灵活性、环保性和出行覆盖面;德国车厢内饰选择了横排软座,提高了档次和乘车舒适性;悉尼地铁车辆的双层设计,给乘客带来了全新的乘车体验。重视乘车体验的新理念不仅方便了人们出行,城市交通的整体层次亦随之大大提升。

新时期,我国城市轨道交通发展不应仅立足于当前客流分析模型,宜立足于城市长远可持续发展,立足于满足新时期人民日益增长的对美好生活的需求。宜遵循以人为本、重视体验的理念进行车辆技术选型。

(3) 注重车辆选型

在城市轨道交通发展新理念下,技术理念亦应随之革新。建设时期的设计、规划等问题关乎后期的成本及效率,因此,应重视线网规划、建设规划、预可行性研究、可行性研究、总体设计等前期技术工作。对于城市轨道交通建设,宜在科学论证基础上采用较为统一的工程主体结构参数、设备、设施、车辆型号等。已建或在建轨道交通的城市,宜预留跨区域轨道交通接口,并统一主体结构参数、设备、车辆型号等的采用标准。

车辆作为城市轨道交通的核心组成部分,其技术性能与结构对轨道交通工程的性能、造价、运营效益、安全会产生较大影响。不同车辆选型会引起整体系统的供电、通风空调、低压配电、设备监控系统、火灾报警系统、自动售检票系统、门禁系统、给排水系统、通信和信号、屏蔽门等选型的变化。城市轨道交通建设具有不可逆性,通过后期改造提升运力的难度极大。因此,车辆选型编组方案的合理与否决定了城市轨道交通系统的运能、运营水平和服务质量,亦决定着乘客乘坐舒适度、用户满意度,从而在很大程度上决定了系统的安全可靠性。同时,车辆选型对后期线路乃至整个线网存在极大影响,决定着整个系统的长期运营维护成本。

国外城市的车型选择理念是重视乘客乘车体验及舒适性,并充分考虑未来城市人口的大规模扩张。纽约、柏林、东京等在城市轨道交通发展初期即将未来城市发展与乘客乘坐舒适性充分结合。在线网加密的过程中,以城市轨道交通建设带动城市的产业发展。以纽约地铁为例,在20世纪初的早期发展阶段就选用了大车型以应对未来城市人口扩张,目前的年客流量近20亿人次。面对飞速增长的客流量,高标准的车辆选型规格保证了其运营能力,体现出历史的前瞻性。

从国内开通轨道交通的城市的车辆选型来看，A型车(适用于大运量的城市轨道交通系统，单向运能可达5万～7万人次/h)占比约33%，B型车(适用于中大运量的城市轨道交通系统，单向运能可达到3万～5万人次/h)占比约67%。其中选择A型车的有上海、深圳、广州等经济发达的沿海城市。从城市轨道交通建设时期看，初期较发达城市多选择A型车以面对客流激增的问题。随着城市发展，原先选择B型车的部分城市，如北京，已出现运能不足问题。

城市轨道交通作为百年工程，一旦建成，后期很难改造。但是，依据现有的技术手段很难精确预测远期客流，因此，宜从城市长期可持续发展并结合新时期乘车体验需求，适当提高规划及建设标准。如上海轨道交通11号线昆山—花桥段，预测客流量为2.48万人次/日，2017年10月的实际客流量为6.56万人次/日，运营仅3年，实际客流即超过预测客流的2.5倍。

城市轨道交通是一个集民生、文化、经济空间、产业、城市更新等于一体的多元综合体，宜综合考虑TOD与SOD模式相结合的交通发展模式，发挥城市轨道交通对城市地下空间、综合管廊、商业综合体、公交系统、文化、环境等发展的积极促进作用；城市轨道交通发展宜从城市长期可持续发展并结合新时期乘车体验需求，适当提高规划及建设标准，充分利用“互联网＋”及大数据背景综合推动城市交通系统的发展，以创新的综合理念革新技术，打造以人为本的方便、高效、安全、舒适的新常态交通系统。

参考文献

[1] 刘彦平.建设项目环评公众参与制度研究[D].兰州:兰州大学,2021.

[2] 艾浏洋.现代环境治理体系中环境保护公众参与的立法完善[D].兰州:西北民族大学,2021.

[3] 刘佳琦,胡雨辰,邓杰,等.地铁站电磁环境检测评估及防护建议[J].安全与电磁兼容,2021(01):92-96.

[4] 韩宝明,杨智轩,余怡然,等.2020年世界城市轨道交通运营统计与分析综述[J].都市快轨交通,2021,34(01):5-11.

[5] 李娟,寇英卫.城市轨道交通建设项目环境监理工作的管理[J].中国高新科技,2020(23):95,107.

[6] 周晓勤.中国城市轨道交通发展战略与“十四五”发展思路[J].城市轨道交通,2020(11):16-21.

[7] 乔志.城市轨道交通减振降噪分析及工程措施刍议[J].时代汽车,2020(22):193-194.

[8] 张瑶,杨宏伟,葛成冉.浅析国内外轨道交通项目环境影响评价——以世行贷款轨道交通项目为例[J].四川环境,2020,39(05):128-132.

[9] 叶喆.地铁施工沉降监测与控制方案研究[J].科技创新与应用,2020(30):127-128.

[10] 赵晓玉.城市轨道交通环境减振措施试验研究[D].张家口:河北建筑工程学院,2020.

[11] 李明宏.某地铁车站降噪研究[D].大连:大连交通大学,2020.

[12] 侯博文,曾钦娥,费琳琳,等.城市轨道交通地下车站站台噪声评价方法[J].清华大学学报(自然科学版),2021,61(01):57-63.

[13] 李振格.城市轨道交通环控通风系统消声降噪研究[J].黑龙江环境通报,2020,33(01):58-59.

[14] 宋波,张辉,呼延辰昭,等.基于调研与实测的高架地铁轨道的振动影响研

究[J]. 机车电传动,2019(04):72-76,130.
[15] 潘博. 地铁地下车站站台层噪声场特性与分布规律研究[D]. 北京:北京交通大学,2019.
[16] 卢力,辜小安,杨宜谦,等. 城市轨道交通环评导则重点修订内容探析[J]. 环境影响评价,2019,41(02):20-23.
[17] 朱正玲. 国内城市轨道交通环境影响及管理现状研究[J]. 铁路通信信号工程技术,2018,15(10):101-104.
[18] 官廉. 城市轨道交通环境影响评价——以武汉市轨道交通 7 号线小东门站为例[J]. 交通世界,2018(21):178-180.
[19] 韩丽. 城市轨道交通环境影响评价中噪声源强问题综述[J]. 上海船舶运输科学研究所学报,2018,41(02):5-9.
[20] 韩艺犟. 城市轨道交通不同减振措施减振效果研究[D]. 成都:西南交通大学,2018.
[21] 李阳. 城市轨道交通振动对文物的影响研究现状[J]. 城市建设理论研究(电子版),2018(11):74.
[22] 吴楠,孟双和,丁潮,等. 新时期城市轨道交通发展理念探索[J]. 城市轨道交通研究,2018,21(03):1-4.
[23] 谢志行,拜立岗,施卫星. 基于我国规范的城市轨道交通环境振动计算与评价[J]. 结构工程师,2017,33(05):111-117.
[24] 信心. 我国城市轨道交通产业安全评价体系研究[D]. 北京:北京交通大学,2017.
[25] 郑曼,陈巍. 轨道交通项目竣工环境保护验收调查关注点[J]. 上海船舶运输科学研究所学报,2017,40(02):57-62.
[26] 曹宇静. 城市轨道交通类建设项目环境影响评价公众参与探讨[J]. 铁路节能环保与安全卫生,2017,7(01):17-20.
[27] 杨露,彭越,童圣宝. “BOT＋TOD”轨道交通投融资模式初探——以佛山市地铁二号线为例[J]. 城市观察,2016(05):47-53.
[28] 徐琳,姜文斐,王佳,等. 我国城市轨道交通噪声环境影响评价探讨[J]. 资源节约与环保,2016(09):128.
[29] 刘维宁,马蒙,刘卫丰,等. 我国城市轨道交通环境振动影响的研究现况[J]. 中国科学:技术科学,2016,46(06):547-559.
[30] 张逸静. 城市轨道交通振动对古建筑的影响[D]. 苏州:苏州大学,2016.
[31] 刘冰玉. 地铁车厢环境空气质量研究[D]. 北京:北京市市政工程研究

院,2016.
[32] 曹银平.智能化,城市轨道交通未来发展方向[J].自动化博览,2016(01):82-84.
[33] 刘茜,辜小安,周鹏.我国城市轨道交通车站站台噪声影响现状[J].铁路节能环保与安全卫生,2015,5(06):247-250.
[34] 施毅,李双,刘秀娟,等.苏州轨道交通1号线风亭噪声特性分析[J].都市快轨交通,2015,28(06):26-29.
[35] 张逸静,陈甦,周俊杰,等.城市轨道交通振动对古建筑影响综述[J].华东交通大学学报,2015,32(06):1-7.
[36] 李娜.地铁建设项目环境监理的应用方案[D].天津:天津工业大学,2016.
[37] 陈云莎,夏丽莎,黄瑞,等.城市轨道交通车站站台噪音的评价与分析[J].科技创新与应用,2015(31):12-13.
[38] 王帅.城市轨道交通声环境的影响预测与降噪措施研究[D].西安:西安建筑科技大学,2015.
[39] 马少杰,王星星,刘舸,等.城市地铁风亭噪声监测与源强分析[J].广东化工,2015,42(13):217-218+229.
[40] 魏丽娜.基于轨道交通TOD模式的城市休闲空间布局研究[D].厦门:华侨大学,2015.
[41] 贺磊.地铁施工期生态环境影响及保护对策[J].资源节约与环保,2015(05):77. DOI:10.16317/j.cnki.12-1377/x.2015.05.066.
[42] 陈婷婷.城市轨道交通环境影响评价公众参与分析[D].成都:西南交通大学,2015.
[43] 曾泽民.地铁车辆段列车运行引发振动与噪声效应的现场试验研究[D].广州:华南理工大学,2015.
[44] 郑德华.国内外城市轨道交通规划环境影响评价进展[J].科技传播,2014,6(12):95,97.
[45] 傅菡媛.基于商业模式创新的重庆轨道交通研究[D].重庆:重庆大学,2014.
[46] 韩欣岐.中美环境影响评价制度比较研究[D].兰州:兰州大学,2014.
[47] 李江.浅谈城市轨道交通现状及未来发展方向[J].企业改革与管理,2014(04):153.
[48] 张佳.地铁工程竣工环保验收工作管理研究[J].科技资讯,2013(31):123-125.

[49] Cui Qing,Chen Fan,Zhan Cun Wei, et al. Analysis and Countermeasures Research on Planning Environment Impact Assessment (PEIA) of Urban Rail Transit Planning in China[J]. Advanced Materials Research,2013,(838-841):1281.

[50] 朱赛敬,陈群. 城市轨道交通项目全程环境管理体系研究[J]. 建筑经济,2013(09):109-111.

[51] 常海青. 西安城市轨道交通规划文物影响评估研究[D]. 西安:西安建筑科技大学,2013.

[52] 孙海涛. 苏州城市轨道交通对环境振动的影响[D]. 苏州:苏州大学,2013.

[53] 刘昶. 城市轨道交通活塞风亭噪声控制[J]. 中国环保产业,2013(02):32-34.

[54] 池源,李升峰,叶懿安,等. 地铁停车场上盖物业开发声环境影响评价研究[J]. 环境保护科学,2012,38(06):51-55.

[55] 傅亦民. 城市轨道交通建设对沿线古建(构)筑影响分析及保护对策研究[J]. 中国文物科学研究,2012(04):46-50,70.

[56] 陆明. 城市轨道交通系统综合效益研究[D]. 北京:北京交通大学,2012.

[57] 刘运鹏. 我国环境影响评价问题及对策研究[D]. 北京:中国地质大学(北京),2012.

[58] 薛峰. 浅析城市轨道交通规划环境影响评价[J]. 化学工程与装备,2011(11):219-221.

[59] 郭颖. 广州地铁中央空调典型冷却塔运行性能分析及评价[D]. 广州:华南理工大学,2011.

[60] 张蕾. 轨道交通项目环境影响评价要点[J]. 环境保护,2011(15):50-53.

[61] 韩彦来,付正军,赵鑫. 成都地铁 4 号线施工期环境影响分析及对策[J]. 环境科学与技术,2011,34(S1):383-386.

[62] 刘爱勤. 城市轨道交通规划环境影响评价指标体系研究[D]. 大连:大连海事大学,2011.

[63] 于海平. 城市轨道交通微幅振动对西安南城墙的影响分析[D]. 西安:西安建筑科技大学,2011.

[64] 谭宗平. 城市轨道交通环境影响评价[J]. 科技资讯,2010(32):128.

[65] 乔皎,吕巍,曹娜. 我国城市轨道交通环境影响评价存在的问题及对策[J]. 现代城市轨道交通,2010(04):1-4,89.

[66] 尹坚,仇昕昕. 城市轨道交通规划环境影响评价的回顾与探析[J]. 城市轨道交通研究,2010,13(04):8-12.

[67] 田超.武汉市轨道交通一号线一期工程对城市景观的影响分析[J].科技创业月刊,2009,22(09):139-140.

[68] 王凌.西安市地铁一号线工程施工期环境影响分析及对策[C]//中国铁道学会环境保护委员会(环境影响评价学组)第三届学术交流会论文集2007—2009,2009:102-105.

[69] 陈群,成虎.城市轨道交通建设对城市环境的影响分析[J].福建工程学院学报,2009,7(03):232-236.

[70] 覃路燕.城市轨道交通线网规划环境影响评价指标体系应用研究[D].西安:长安大学,2009.

[71] 陈爱侠,杨晓婷,王文科.城市快速轨道交通建设对地下水环境影响分析——以西安市城市轨道交通二号线为例[J].西北大学学报(自然科学版),2008(02):313-317.

[72] 何宗华.《城市公共交通分类标准》解读[J].都市快轨交通,2008(02):102-103.

[73] 何赟.城市轨道交通噪声环境影响验收技术和评价方法的研究[D].上海:同济大学,2007.

[74] 刘晶晶.规划环境影响评价与建设项目环境影响评价的衔接研究[D].北京:北京化工大学,2007.

[75] 张毅,张三明.轨道交通高架线路对沿途景观的影响——以杭州地铁一号线为例[J].城市问题,2003(05):19-22+18.

[76] 加岛章.日本城市轨道交通的环境政策[J].城市轨道交通研究,2003,6(01):64-71.